高等职业教育酿酒技术专业系列教材

白酒分析与检测技术

主编 先元华 李雪梅

中国轻工业出版社

图书在版编目（CIP）数据

白酒分析与检测技术/先元华，李雪梅主编. —北京：中国轻工业出版社，2023.8

高等职业教育酿酒技术专业系列教材

ISBN 978 - 7 - 5019 - 9968 - 2

Ⅰ.①白…　Ⅱ.①先…②李…　Ⅲ.①白酒—分析—高等职业教育—教材②白酒—检测—高等职业教育—教材　Ⅳ.①TS262.3

中国版本图书馆CIP数据核字（2014）第237892号

责任编辑：江 娟 贺 娜　　策划编辑：江 娟　　责任终审：唐是雯
整体设计：锋尚设计　　　　责任校对：燕 杰　　责任监印：张 可

出版发行：中国轻工业出版社（北京东长安街6号，邮编：100740）

印　　刷：北京君升印刷有限公司

经　　销：各地新华书店

版　　次：2023年8月第1版第7次印刷

开　　本：720×1000　1/16　印张：16.5

字　　数：330千字

书　　号：ISBN 978 - 7 - 5019 - 9968 - 2　　定价：34.00元

邮购电话：010 - 65241695

发行电话：010 - 85119835　传真：85113293

网　　址：http://www.chlip.com.cn

Email：club@chlip.com.cn

如发现图书残缺请与我社邮购联系调换

231235J2C107ZBW

内容简介

  本教材分为 5 个项目 23 个任务。全书打破传统教材体系，以"项目化"、"任务式"方式，以白酒生产过程为主线，详细介绍了白酒分析基本能力训练，白酒生产中原料、半成品、成品、微量成分的分析检验所需仪器、原理、方法、步骤、技能要点及操作中应注意事项。

  教材理论实践一体化，集理论知识、技能训练、职业素养培养与提升为一体，遵循职业岗位能力需要，构建教材体系，选择教学内容。教材内容力求理论与技术相结合，理论与实际相结合，突出技能培养，具有较强的可读性和可操作性。

  本教材适合从事白酒类生产及检验人员使用，可供高职高专院校生物技术及相关专业师生的教与学，也可作为我国培养从事白酒分析检测生产技术指导和技术推广人员的参考资料。

高等职业教育酿酒技术专业（白酒类）系列教材

编委会

本书编委会

主　编

先元华　（宜宾职业技术学院）
李雪梅　（宜宾五粮液集团）

副主编

兰小艳　（宜宾职业技术学院）
朱玉洁　（江苏食品药品职业技术学院）
王　琪　（宜宾职业技术学院）
彭昱雯　（四川大学锦江学院）
刘琨毅　（宜宾职业技术学院）

编　者　（按姓氏笔画排序）

李海龙　（宜宾市酒类食品产业促进局）
张书猛　（宜宾职业技术学院）
吴冬梅　（泸州职业技术学院）
沈　红　（宜宾职业技术学院）
周　宁　（江苏食品药品职业技术学院）
郭云霞　（宜宾职业技术学院）
辜义洪　（宜宾职业技术学院）

前　言

　　酒类分析检测技术发展至今已 40 余年，经过多年的发展，现在白酒行业分析检测技术有了新的发展趋势，新仪器、新技术、新方法的应用已成为白酒分析检测领域的主潮流，随着人们对食品安全要求的提高，白酒与健康的关系研究也有赖于分析检测技术的进一步发展。

　　本教材以白酒生产过程为主线，集理论知识、技能训练、职业素养培养与提升为一体，按照典型白酒生产检验企业相关岗位的技能要求，以《白酒分析方法》国家职业标准为依据，构建教材体系，选择教学内容，突出培养学生职业能力，便于实行课程考核与职业技能鉴定的"直通车"。

　　全书 5 个项目共 23 个任务，详细介绍了白酒分析基本技能训练，白酒生产中原料、半成品、成品、微量成分分析检验所需的仪器、原理、方法、步骤、技能要点及操作中应注意的事项。

　　教材内容力求理论与技术相结合，理论与实际相结合，注重技能培养，具有较强的可读性。与同类教材相比，主要创新点如下：

　　一是打破传统课程体系格局。以"项目化""任务式"方式，构建白酒分析检测工作过程中必备的知识与技能，教材既能较好地满足职业岗位能力需求，又能满足生产岗位能力提升发展的需要。

　　二是以白酒生产过程为主线，设有学习目标、项目概述、项目实施、小结、关键概念、思考与练习、拓展阅读等内容，将白酒分析必备的理论知识与技能融为一体，方便学习者边学边用。

　　三是实现教材理论实践一体化，全书图文并茂，深入浅出，有利于学生学习。

　　本书由宜宾职业技术学院先元华副教授、宜宾五粮液集团李雪梅高级工程师担任主编；宜宾职业技术学院兰小艳老师、王琪老师，四川大学彭昱雯老师，江苏食品药品职业技术学院朱玉洁老师，宜宾职业技术学院刘琨毅老师担任副主编；参编人员有宜宾职业技术学院郭云霞老师、张书猛老师、辜义洪副教授、沈红副教授，泸州职业技术学院吴冬梅老师，江苏食品药品职业技术学院周宁老师，宜宾市酒类食品产业促进局李海龙博士。具体分工如下：绪论由王琪、沈红老师编写；项目一由刘琨毅、李雪梅老师编写；项目二由张书猛、周宁老师编写；项目三由吴冬梅、先元华老师、李海龙博士编写；项目四由彭昱雯、辜义洪、朱玉洁老师编写；项目五由郭云霞、兰小艳老师编写。全书由先元华、李雪梅统稿。

本书适合从事白酒类生产及检验人员使用，可供高职院校生物技术及相关专业师生的教与学，也可作为我国培养从事白酒分析检测生产技术指导和技术推广人员的参考资料。

由于编者水平有限和时间仓促，本书还存在许多不足，欢迎广大师生及其他读者批评指正。

编者
2014 年 7 月

目　录

白酒的分析与检测是白酒生产和安全不可缺少的重要组成部分。白酒行业经历了从手工到机械，从传统到现代，从感性到理性的飞跃。白酒的分析与检测也经历了发展初期、稳定发展期、成熟期、发展新时期四个阶段，它在保障白酒安全、研究白酒风味物质、指导勾兑、指导生产等方面都起到了重要的作用。

目前白酒分析与检测的方法很多，主要包括传统理化分析检测、色谱（联用）技术、光谱（联用）技术以及其他技术。但是，这些方法完整操作步骤却基本相似，都是从明确检测项目、采样、选择分析方法、制样、检测、分析，最后得出数据。

随着白酒生产技术的不断发展、更新，以及新产品的产生，白酒的分析与检测也要不断与现代、高效的科学技术结合，不断地完善质量检测体系和检测标准，朝着更深层次的方向研究，为白酒的发展提供有力的保障。

一、白酒分析与检测的发展历程及作用

白酒作为我国传统食品之一，与白兰地、朗姆酒、威士忌、伏特加、金酒等并称为世界六大蒸馏酒。

我国传统的白酒分析与检测主要靠手摸、鼻闻、眼观、口尝，言传身教，且没有文字记载，全靠经验，既缺乏科学知识又不能准确地把握好白酒产品的品质。随着白酒行业的转型升级，行业发展的要求使白酒分析与检测要上一个新的台阶。利用现代高科技手段，不仅要分析与检测白酒生产的原料状况，同时还要分析与检测半成品、成品状况，不断推动白酒生产行业健康持续地发展，不断完善白酒生产工艺并提高产品品质，进而提高优质白酒的产量。

（一）白酒分析与检测的发展历程

白酒的分析与检测最早在新中国成立前就有相关方面的研究，但是其真正

意义上的起源和发展是在新中国成立后，最突出的是 20 世纪 60 年代轻工业部在山西汾酒厂和贵州茅台酒厂的科学试点工作。

在试点工作中，白酒企业开始对制品进行分析与检测。当时整个白酒生产过程的检测内容主要是酸度、淀粉、糖、酒精含量、水分，其后又对成品酒中的总酸、总酯、甲醇、杂醇油、固形物、铅等进行了分析检测。通过检测，人们逐渐认识到这些成分与白酒的质量和产量存在着密切关系，于是开始研究这些成分对白酒品质的影响，从而调整这些成分的含量和比例关系，对提高白酒的出酒率起到了重要的作用，成品的质量也有相应的提高。

根据白酒分析与检测的发展历史和各个历史时期的不同特点，可以将其划分为以下四个阶段：

第一阶段——发展初期　　20 世纪 60 年代到 70 年代末

第二阶段——稳定发展期　20 世纪 70 年代末至 80 年代末

第三阶段——成熟期　　　20 世纪 80 年代末至 90 年代末

第四阶段——发展新时期　21 世纪至今

当然各个阶段的划分并不能简单地分割开，也不具有绝对的意义，只是为了方便描述与分析该时期。

1. 发展初期

这一阶段具有里程碑式的意义，开创了白酒分析与检测现代意义上的先河。其特点以定性和定量为主，设备设施简陋，技术分析方法相对简单，操作繁琐复杂。尽管当时的科研条件还比较落后，但是取得了巨大的成就，特别是 20 世纪 60 年代的科学试点，真正开创了白酒行业科技发展的新纪元。这一阶段出现了许多白酒行业的第一：第一次找出浓香型白酒的主体香；第一次使用气相色谱仪分析白酒成分；第一次使用 DNP 填充柱气相色谱用于白酒成分监控；第一个蒸馏酒及配制酒卫生标准出台等。可以说白酒行业其后的一系列科技发展，均起始于这一阶段。

2. 稳定发展期

这一阶段具有承前启后的意义，并开创了白酒分析与检测的新局面。在此阶段：

（1）引进了当时比较先进的仪器设备和方法，科研和常规的质量检测已经逐步分开。

（2）形成了系列化的白酒分析与检测国家标准和行业标准。

（3）对白酒香气香味成分的研究已经逐步转向多组分定量分析的程度。

取得了一系列的成果：

（1）主要包括气相色谱技术的普及并对生产监控、白酒勾兑、质量控制产生深远影响。

（2）大量国家标准和行业标准出台，特别是有关白酒分析与检测的国家标准和行业标准的陆续推出，为规范白酒生产和销售，加强监管提供了有力的保障。

3. 成熟期

这一阶段的特点是基础理化检测与科研并进，并通过基本的分析检测手段对质量进行监控，该阶段的重点集中于白酒成分的分析。国内白酒香味物质分析的方向已从以往偏重定性种类的发掘转入到高效分离结合准确定量的基点，研究工作在较多地融入国外新技术的同时，更多考虑的是定量的准确性和产品质量控制分析的实用性。在这一阶段：

（1）各种标准得以健全和完善。

（2）各种分析检测技术日趋完备，色谱、光谱技术等得到普及。

（3）上一阶段所取得的科研成果得到普及，为白酒行业分析检测领域的飞速发展做出了极大贡献。

4. 发展新时期

这一阶段与前面阶段最大的不同就是，随着白酒行业的发展，白酒分析与检测也提出了新的课题：

（1）基于风味物质研究、饮酒与健康的研究。

（2）更加严格的食品安全控制的分析检测方法有待于进一步加强。

（3）新技术、新方法的应用成为新的时代特征，新的变革正在酝酿中。

（二）白酒分析与检测的作用

1. 保障白酒生产安全

随着 QS 标志在白酒行业中的强制执行，对于食品安全的要求越来越严格。自从 20 世纪 70 年代有了第一个国家白酒卫生标准以来，相关监控的手段和体系越来越先进，越来越系统化。例如，到了 20 世纪 80 年代，在白酒卫生指标中就增加了金属锰的检测要求。

首先，随着 HACCP 体系越来越完善，以及更多白酒企业进行 HACCP 认证，需要进行安全控制的关键点将会增多，并且对危害的分析将会越来越深入，例如，对水质化学危害分析就有可能更加深入。

其次，在加入 WTO 之后，我国白酒行业面临的一个考验就是与国际现行标准的接轨，白酒出口量越多，所面临的考验就越严峻。但遗憾的是，我国相关检测标准不是很完善，而且国际上已经执行的有些指标还未进入我国现行的检测标准之中。例如，我国台湾地区对白酒中铁和铝的含量进行了严格的控制，而我国大陆现行的白酒卫生标准中却无相关规定，可见我国检测标准相对于实际生产还是滞后。

再次，随着白酒中检出成分的逐渐增加，对于未知成分，或已知成分但未被定为危害成分的危害性分析等也成了行业的一个重要问题。

因此，只有白酒分析与检测技术不断发展，对于白酒安全的控制才能更细致、更系统、更有效，才能更好地保护消费者的利益，产品的质量才能得到更好的保障。白酒分析与检测手段是提升白酒安全控制的重要方式，而白酒安全的高要求也能更好地促进白酒分析与检测技术的进一步发展。

2. 白酒风味物质的研究离不开理化检测与分析

白酒中风味物质的种类和含量十分丰富，主要包括醇类、醛类、酸类、酯类、酮类、内酯类化合物、硫化物、缩醛类化合物、吡嗪类化合物、呋喃类化合物、芳香族化合物以及其他化合物，这些物质是决定白酒香气、口感和风格的关键，表 0 - 1 总结了白酒中主要风味物质的种类及作用。

表 0 - 1　白酒中主要风味物质的种类及作用

序号	名称	作用
1	酯类	酯类在白酒中起着重要作用，是形成酒体香气的主要因素，己酸乙酯、乙酸乙酯、丁酸乙酯、乳酸乙酯是白酒重要的香味成分
2	酸类	酸类主要影响白酒的口感和后味，是影响后味的主要因素，主要包括乙酸、己酸、丁酸、乳酸等有机酸类
3	醇类	醇类除乙醇外，主要包括：异戊醇、正丙醇、异丁醇、正丁醇、仲丁醇等，属于醇甜和助香剂的主要物质来源，对形成酒的风味和促使酒体丰满、浓厚起着重要作用
4	羰基化合物	羰基类化合物主要指酒中的醛、酮及缩醛等，包括：乙醛、糠醛、双乙酰、乙缩醛等，对白酒的香气有极大的协调和烘托作用
5	酚类	酚类在白酒中含量不多，主要包括 4 - 乙基愈创木酚、丁香酸、香草酸、阿魏酸等，在白酒中起着助香的作用，使酒味绵长
6	含氮化合物	白酒中含氮化合物为碱性化合物，主要包括：2 - 甲基吡嗪、2, 3 - 二甲基吡嗪、三甲基吡嗪、四甲基吡嗪等 4 种含氮化合物
7	含硫化合物	白酒中的挥发性含硫化合物，大多来自胱氨酸及蛋氨酸等含硫氨基酸，包括硫醇、硫化氢、二乙基硫等，是新酒臭的主要成分
8	呋喃类化合物	白酒中的呋喃类化合物以呋喃甲醛较为突出，是酱香型白酒的特征成分之一，其次还有带羟基的呋喃酮等
9	醚类	醚类含量极微，包括二乙基醚、乙二醇醚类、甲乙醚、苯乙醚等

对于白酒风味物质的研究并不是一个新的概念，也不是一个全新的课题。

20世纪60年代茅台酒的科技试点，找出己酸乙酯是浓香型的主体香，应该是白酒风味物质研究的开始。后来，以此为契机，又相继讨论了米香型、清香型，以及其他部分香型白酒的主体香或特征成分。在此成果的基础上，对白酒的微量成分进行了深入探讨，并逐渐提出白酒的骨架成分、协调成分和微量成分的概念，为白酒风味物质的研究起到了极大的推动作用。然而，之后的很长时间，研究人员把目光仅仅停留在对成分的分析上，没有及时提出白酒风味物质以及风味贡献力的概念和更深入的研究思路。

目前，我国与国际酒类研究相比，对风味物质的研究远远落后于国外。国际上，啤酒、葡萄酒和蒸馏酒等酒类的芳香成分种类已经发现超过1000种，更为重要的是国际上早就在关注不同的微量成分及其含量，以及对酒质和口味的影响，并且取得了重大的成就。很多国外的学者已经将目光转移到了神秘的中国白酒，2005年美国俄勒冈州立大学发表了新、老洋河大曲酒成分分析的文章，结合应用样品处理技术、分析技术、闻香技术等分析了其中主要风味物质的风味强度以及在新老酒中的差别。而国内的研究水平仍然停留在依靠部分物质的闻香阈值上，并且该类数据几乎全部来源于国外早期的研究，其准确性尚待考证。

因此，对于白酒组分的深层次研究，应该是对白酒中风味物质的深入剖析，并对其在酒体中的风味贡献力进行探讨。目前当务之急是尽快建立中国名优白酒的风味物质数据库，并依据数据库进行进一步的统计分析。显然，风味物质的发展有赖于白酒分析与检测技术的进一步完善和发展。

3. 为白酒的质量标准制订作支撑

过去白酒的质量主要是以酒精度来衡量。随着社会的进步，人们对白酒的品质要求越来越高，酒精度已经不再是判断酒质的唯一标准。一是为了减少酒精的刺激和副作用，酒精度已经降到了52%以下；二是受市场欢迎和消费者喜爱的酒精度也不再局限于某特定数值。

目前白酒的质量是用白酒中微量成分的多少和量比关系来确定的。例如，现在的浓香型白酒，除了用感官鉴别酒质外，还有一个硬性指标，那就是微量物质成分的含量和量比关系，即微量物质成分总量、己酸乙酯的含量、己酸乙酯和乳酸乙酯及乙酸乙酯的量比关系、总酸总酯的含量等。

各个白酒企业各个等级酒的规定指标也不完全一致，以酒精度60%计算，一般分为五个等级：

调味酒　总微量成分为≥16g/L，己酸乙酯≥8g/L，乙酸乙酯≥乳酸乙酯

特级酒　总微量成分为≥13g/L，己酸乙酯≥6g/L，乙酸乙酯≥乳酸乙酯

优级酒　总微量成分为≥10g/L，己酸乙酯≥4g/L，乙酸乙酯≥乳酸乙酯

一级酒　总微量成分为≥8g/L，己酸乙酯≥2g/L，乙酸乙酯≥乳酸乙酯

二级酒　总微量成分为≥7g/L，己酸乙酯≥1.6g/L，乙酸乙酯和乳酸乙酯没有规定

上述等级中，若其中一个指标不符合要求，则应在口感确定的等级酒的基础上下降一个等级。

运用白酒分析与检测的数据，可以加强对酒企白酒生产过程的控制及质量提升，也可以用来准确评定白酒的等级。与此同时，新型白酒和功能型白酒也都制订了相应的微量成分含量的验收标准，例如功能型白酒制订了皂苷、黄酮、多糖、氨基酸、金属元素等成分的标准。泸州老窖生产的滋补大曲酒，规定了人参皂苷含量≥10mg/L，黄芪皂苷≥3mg/L；四川省大邑的"古鹤松"白酒，规定了黄精多糖的含量≥150mg/L，使消费者能够清楚有效功能成分的含量，因此白酒分析与检测对白酒酒质提升、白酒等级分类和功能型白酒的发展等有一定的积极作用，为白酒企业制订白酒质量标准提供支撑。

4. 勾兑技术离不开理化检测与分析

白酒属于食品，各种食品都有色、香、味、体，白酒也有。没有理化检测数据，勾兑人员就无法正常工作，组合和调味都是盲目的，凭感觉、体会进行，不易得到满意的结果。在选用基酒和调味酒时，勾兑人员都必须了解各种基酒和调味酒的理化检测数据，这样才能选准、选好基酒和调味酒。组合完成后，必须检测组合好的基础酒是否符合要求的规定标准，符合才能进行下一步调味工作，不符合就必须重新组合。

用检测分析数据来控制和保证产品质量，用分析检测研究数据来确定添加什么样的调味酒，有了可靠的科学数据，使勾兑人员心中有数，给勾兑工作奠定了牢固的基础，并且能够帮助勾兑人员提高感官认识，使勾兑更为简便、易行。现在勾兑人员都能灵活、有效地运用理化检测数据来指导勾兑工作的顺利进行。白酒分析与检测在使勾兑人员正确辨香、仿香、创香方面起着重要作用，能够确保白酒质量的提高和创新，使勾兑技术沿着科学发展的方向不断深化和高速前进。

5. 指导白酒生产

随着白酒生产工艺的不断成熟，白酒理化分析与检测项目能够在白酒生产过程中指导和控制白酒生产的工艺参数，进而提高白酒的产量和质量。例如，在生产中，通过对入窖粮糟淀粉的测定，调整粮糟比；通过对入窖粮糟酸度的测定，调整投粮量、糠壳量、加水量等控制酸度；对出窖黄水、酒尾、尾水等的成分进行分析检测，将其变废为宝。

二、白酒分析与检测的技术及一般步骤

（一）白酒分析与检测的技术

白酒分析与检测的内容包括原材料、半成品、成品酒的常规分析与色谱分析，以及对白酒中的金属元素、极微量物质成分、酚类化合物、含氧的杂环化合物、含氮化合物、含硫化合物等的分析检测，理化检测为进一步研究白酒质量奠定了良好的基础。

1. 传统理化分析技术

传统理化分析技术是指有别于现代分析仪器和手段进行分析检测的一类分析方法。主要有酸碱滴定法、电位滴定法、pH滴定法、容量法、质量法、比色法等，是20世纪70年代以前理化检测的基础方法，至今仍在采用，并具有一定的指导作用和深远的历史意义。

传统理化检测的方法虽然简单，其作用却不可小觑。其分析项目有水分、淀粉、糖、浑浊度、总硬度、氯化物、碱度、溶解性总固体、导电率和黏度。

传统理化分析技术除了可以独立应用外，在很多情况下都是与现代分析技术联合使用，发挥了极大的作用，如色谱分析的前处理，原子吸收光谱分析的前处理，近红外分析基础理化数据的储备等。

2. 色谱分析及联用技术

色谱分析是20世纪70年代初才开始在白酒中使用和推广的一种方法，它分析项目多且快速而准确，被很快普及和发展起来，受到了白酒界的重视，促进了白酒科技的进步和生产的飞跃发展，目前主要包括气相色谱（联用）技术、液相色谱（联用）技术以及其他色谱技术。图0-1为气相色谱-质谱联用仪。

图0-1　气相色谱-质谱联用仪

1994年，轻工业部组织专家在茅台酒厂进行科学试点的时候，就已经采用了色谱分析的方法，不过当时使用的是比较原始的纸层析色谱法，定性分析出茅台酒中的45种香气成分，为白酒的成分分析奠定了基础。1996年，轻工业部食品发酵工业研究所与中科院大连化学物理所合作，对茅台酒香味组分进行了剖析研究，采

用了包括填充柱、毛细管和制备色谱在内的系列分离方法以及红外、质谱等鉴定技术，从茅台酒中定性鉴定了 50 种组分，从而奠定了我国采用现代色谱技术分析白酒的基础。1976 年，沈尧绅首次采用了 DNP 填充柱检测白酒中的微量成分，开辟了单独使用填充柱分析白酒成分的先例。至 1998 年，在中国白酒中能够分析分离的微量成分种类已达到了 340 多种，定量检测可达到 180 多种。

目前利用色谱分析技术，能够从白酒中检测出的微量成分更多。用填充分析法分析的项目有：乙醛、甲醇、乙酸乙酯、正丙醇、仲丁醇、乙缩醛、己酸乙酯、乳酸乙酯、戊酸乙酯、丁酸乙酯等；用毛细管柱分析的项目有：β - 苯乙醇、糠醇、乙酸、丙酸、异丁酸、苯甲醛、糠醛等。图 0 - 2 为白酒中微量成分气相色谱数据分析。

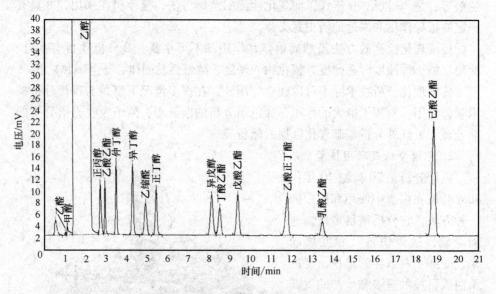

图 0 - 2　白酒中微量成分气相色谱数据分析

除了气相色谱技术在白酒行业的普及，液相色谱技术也在白酒分析与检测中起着非常重要的作用。液相色谱技术在白酒分析与检测方面主要应用于白酒中不挥发有机成分、氨基酸、原料及大曲组分的分析。

3. 光谱分析及联用技术

白酒分析与检测的光谱技术包括紫外 - 可见光谱分析法、近红外光谱分析法、原子吸收光谱分析法等。

紫外 - 可见光谱分析多用于样品中单一成分或少数成分的分析，对酿酒原料的检测具有很大的作用。例如，贵州茅台酒厂技术中心开发出双波长法检测酿酒原料糯高粱中支链淀粉的含量，如今已经成功应用于对原料的监控。对于高粱中单宁的检测，同样多用此类分析方法进行检测。图0-3为目前最常用的扫描型紫外-可见分光光度计。

图0-3 扫描型紫外-可见分光光度计

原子吸收光谱分析技术，可以快速、高效地鉴定出产品中的多种金属离子的含量。例如，采用石墨炉原子吸收分光光度法检测白酒中铅的含量，采用火焰原子吸收光谱法测定白酒中铁和锰的含量，采用平台石墨炉原子吸收光谱法测定酒中锰的含量等。图0-4为原子吸收光谱仪。

图0-4 原子吸收光谱仪

近红外光谱技术是近年才引起白酒行业关注的一类分析检测技术。它可以进行定量分析，也可以进行定性分析。由于其具备强大的化学计量学软件，因此对大量样品的光谱图进行数学的处理和分析，可以得到许多意想不到的结果。该类技术具有快速、灵敏、无损的特点，是现在研究者们关注的对象。

4. 其他分析技术

除了上述的一些技术之外，目前应用于白酒分析与检测的还有一些颇具特色的方法和技术。例如，利用原子力显微镜分析酒的胶体性质，可以从微观状态直接对酒体形态进行研究；利用 LK98 微机电化学分析仪，采用方波溶出伏安法检测白酒中铅、锰含量，方法简便快速，灵敏度高，能够得到比较好的结果；还有利用氨基酸分析仪结合凯氏定氮仪测定原料和大曲中的蛋白质等方法。

（二）白酒分析与检测的一般步骤

白酒分析与检测的方法尽管有很多，但其完整的分析过程一般可以按照以下流程图操作，见图0-5。

从上述分析过程的流程可见，进行白酒分析首先必须了解待分析样品的性质和分析的目的，明确分析需要取得的信息，以确定采用何种分析技术，选择相应的分析方法。然后通过分析，取得分析样品需要的原始分析信息，根据原始分析数据，提取有价值的信息，进行数学处理，提供分析结果，以及对分析结果进行解释、研究和利用。

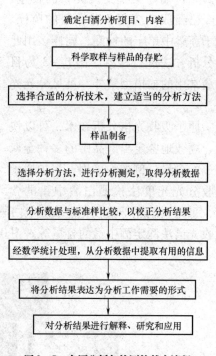

图0-5　白酒分析与检测的基本流程

三、白酒分析与检测的发展方向

（一）白酒分析与检测的服务对象

白酒分析与检测发展至今，已经非常成熟，其检测技术种类丰富，检测手段多样。但是，摆在广大研究者面前的问题是白酒分析检测的服务对象究竟是谁？实际上，归根到底，白酒分析与检测只是一种白酒生产安全的监控手段，它服务于消费者，服务于白酒企业。因此，白酒分析与检测不是与白酒行业其他领域孤立开的，而是相互结合、相互促进的，其目的都是为了更好地生产，实现对质量更好的控制，为消费者提供更好的服务。所以，一个长期存在的要求就是，白酒的分析检测必须要与生产过程结合起来，为生产发酵过程中的质量监控贡献力量；与上游技术研究结合起来，为酿造微生物研究等上游研究提供有力的下游技术保证；要与产品质量检测结合起来，真正为优秀的产品提供科学的依据，保护优质产品，打击假冒伪劣；要与新产品开发结合起来，为新产品开发提供科学严谨的数据，使开发出来的新产品更符合市场、卫生和消费需求。

（二）白酒分析与检测的发展方向

白酒分析与检测从目前来看，应坚持以下几个发展方向：

一是发展更加精准、快速、高效的检测技术和方法，使现有的质量监控体系更加完善、有效，更好地为企业和消费者服务。白酒行业新方法、新品种越来越多，例如，新工艺白酒的进一步发展，纯粮固态发酵白酒、降度白酒和低度白酒、陈年酒等对白酒分析与检测技术提出了更高的要求。

二是与现代科技发展结合，朝着更加深入的方向发展。现代社会的竞争是科技的竞争，白酒分析与检测不能停留在现有的基础上，而应该有危机感，朝着更加深入的方向研究。例如，对白酒微量成分的深入研究，对酿造有机废物的循环经济研究，酿酒微生物发酵过程中动态变化的跟踪等，要达到一个全新的高度。

三是对于行业的一些标准的制订、修改、完善，这些都需要白酒分析与检测技术的深层介入，同时也是该领域新的历史使命。

思考与练习

1. 查阅资料，白酒分析与检测标准主要存在哪些问题？
2. 白酒分析与检测的发展方向是什么？
3. 白酒分析与检测在白酒生产过程中的主要作用有哪些？
4. 白酒企业等级酒的规定指标有哪些？
5. 列举白酒中主要风味物质的种类与作用。
6. 列举白酒分析与检测的传统理化分析技术。
7. 白酒分析的主要步骤有哪些？举例说明。

拓展阅读

拓展阅读一　白酒检验室的管理和使用

在白酒生产中，白酒检验室的主要任务是利用理化检验和感官鉴评的检测手段，对白酒原料、中间品、半成品及成品酒的质量进行检验，指导和监督白酒生产的正常进行，不断改进和提高产品质量。

白酒检验室在质量检测过程中，会涉及试验仪器、检测设备、药品试剂、检测方法、工作环境等因素，这些因素都会对检测数据的准确性产生一定的影响。通过建立检验室管理体系，规范检验室的工作程序和操作规程，可以使检验人员的技术水平和工作质量有很大的提高,以确保白酒质量检测数据的科学性、准确性。

一、白酒检验室的制度手册

《白酒检验室的制度手册》是检验人员的行为准则,它规定了白酒检验室的各项操作制度、检验人员工作准则和做事原则,内容包括计量器具的使用规则、原辅料检测规程以及白酒生产中间品、半成品、成品酒的检测方法等。它作为白酒质量检验的技术依据,指导检验人员进行检测工作,使白酒检验方法和检验规程标准化、统一化、规范化、科学化。

二、白酒检验人员的管理

1. 白酒检验人员的素质要求

(1) 白酒检验人员应热爱白酒检验工作,具有高度的质量意识,以及一丝不苟、精益求精、认真负责的工作态度。

(2) 熟悉国家质量方面的法律、法规和规定,掌握与质量检验有关的专业知识、白酒检测技术以及相关技术标准。

(3) 掌握质量检验管理、质量监督、标准化、计量基础知识和产品质量方面的政策、执行技术标准或规定。

2. 白酒检验人员应具备的条件

(1) 白酒检验人员应是经过酿酒工艺、质量检验等专业培训,并取得检验人员资格证书,具有一定实践经验的质量检验技术人员。

(2) 掌握有关白酒质量检验的基本理论和检测技术知识,并能运用科学方法处理检验技术问题。

(3) 能够正确使用和维护检测设备、仪器、器具、器皿等,能独立进行白酒检验工作。

(4) 熟悉白酒生产工艺的操作规程和工艺标准,有一定的生产实践经验和较强的质量分析能力和判断能力。

(5) 身体健康,无色盲、高度近视等眼疾,做好储存的台账并负责保管。

三、检测设备、仪器的管理和使用

正确使用和严格管理检验所需的检测计量器具、测试仪器和各种专用的测量设备等,是确保质量检验结果准确可靠的基本条件。

1. 玻璃仪器的管理和使用

白酒检验室需要用到多种玻璃仪器,本着方便、实用、安全的原则进行管理和使用。

（1）检验室的玻璃仪器应有专用的储藏室。对于易损坏的玻璃仪器，应分类存放在专用的橱架上，并有专人负责玻璃仪器的领取及破损登记。

（2）玻璃器具如吸管、容量瓶、滴定管、量筒、烧杯、移液管等应按规定由计量部门检定或校准合格后方可使用。使用完后清洗干净，倒置存放于原位。

2. 精密检测设备、仪器的管理和使用

对于精密检测设备、仪器的管理，重点在仪器的保养和维护上，以达到保持仪器的正常灵敏度和延长使用时间的目的。

（1）精密仪器应存放在防震、干燥、避光的专用房间，由专人负责日常的保管、维护和定期送检工作。

（2）依据说明书制订精密仪器的操作规程，并由专人负责操作。建立精密仪器使用登记制度，每次使用后都要登记、签名并记录使用情况。

（3）发现仪器异常，应及时处理维修，未经批准，不准任意拆卸。对停用、报废的精密仪器应贴有标识，注明停用、报废的原因。

四、化学药品、试剂、配制溶液的管理和使用

（1）化学药品、试剂应有专门的储藏室，并有专人负责保管。化学药品、试剂储藏室应干燥通风、严禁明火、方向朝北。

（2）化学药品、试剂应分类存放，分类方法应以取用方便为原则。所有的药品试剂必须有完整、清晰的标签，并要定期检查。

（3）配制的试剂和溶液应根据试剂的性质和用途选择合适的试剂瓶盛装。试剂瓶上必须贴有与内容相符的标签，并标注配制溶液的名称、浓度、配制日期、保质期、配制人等。

（4）危险化学药品、试剂应有明显的标识，应由专人负责保管，并要做好贮存的台账。做好危险化学物品使用登记记录、配制记录并标明用途。严格执行危险化学药品的领取制度。

（5）过期失效的化学药品、试剂要及时处理、更换。腐蚀性强的试剂应倒在专用的废液缸里，集中处理。

五、检测样品的管理

（1）白酒检验室应设有专门的样品室，由专人负责保管样品，定期检查。样品室要整洁、干燥、温度相对恒定。

（2）抽取的样品应做到真实完整，具有代表性。样品应有标签，内容包括送样单位、取样名称、取样地点、取样人、取样日期等。

（3）检验室对样品的接收、保管、领用、传递、处理等过程进行严格管理，确保样品不污染、不损坏、不变质，保持完好的原始状态。

（4）样品在保存期内不得移作他用。过期的样品申报后，经同意，可以处理。

六、原始记录和分析结果报告的管理

（1）白酒检验室应有专门的检验数据原始记录本，应做到真实、准确、完整、清晰，并且检验原始记录本应与分析报告分开。

（2）实事求是并及时准确地记录原始检验数据。若检测记录时记错数字，应及时以杠改的方式更正，并在空白处签名或盖章。

（3）原始记录本上要清楚、整洁地记录每一样品的名称、来源、送样日期、取样地点、测定项目及检验人员的签名等。

（4）白酒检验室应设统计员，对检验室检测的结果进行整理和统计，并确保统计分析数据科学、准确、真实。

（5）原始记录和分析报告单应按规定和实际需要保留一段时间，以备查考。

七、环境与安全管理

（1）检验室应保持清洁整齐、空气流通、光线充足、无噪声、无异味及相对恒定的温度和湿度的工作环境。

（2）制订并严格遵守白酒检验室安全操作规则，加强对检验人员安全知识的培训，提高检验人员的安全意识。

（3）定期对检验室的烘箱、电磁炉、水浴锅等用电设备以及有毒、有腐蚀性的药品的存放进行安全检查。

拓展阅读二　化学试剂

一、化学试剂的级别

试剂的纯度对分析结果的准确度影响很大，不同的分析工作对试剂纯度的要求也不相同，因此必须了解试剂的分类标准，以便正确使用试剂。

化学试剂的级别见表 0-2。

表 0-2　化学试剂的级别

质量次序	1	2	3	4	5
级别	一级品	二级品	三级品	四级品	五级品
中文标志	优级纯	分析纯	纯	实验试剂	生物试剂
符号	GR	AR	CP, P	LR	BR, CR

续表

质量次序	1	2	3	4	5
颜色	绿	红	蓝	棕	黄
主要用途	基准物、精密分析	大多数分析工作	适用于一般用辅助试剂	—	—

此外还有一些特殊用途的所谓高纯试剂，如"光谱纯""色谱纯"试剂。

二、试剂的保管与使用

试剂保管不善或使用不当，极易变质和沾污。这在分析化学实验中往往是引起误差甚至造成失败的主要原因之一。

因此，必须按一定的要求保管和使用试剂。

(1) 使用前，要认清标签；取用时，不可将瓶盖随意乱放，应将瓶盖反放在干净的地方，按规定取用药品。

(2) 盛装试剂的试剂瓶都应贴上标签，写明试剂的名称、规格、日期等，不可在试剂瓶中装入与标签不符的试剂，以免造成差错。

(3) 使用标准溶液前，应把试剂充分摇匀。

(4) 易受光分解的试剂，如高锰酸钾、硝酸银等应放入棕色试剂瓶，并保存在暗处。

(5) 剧毒试剂如氰化物、三氧化二砷、二氧化汞等，必须妥善保管和安全使用。

项目一　白酒检测分析基本能力训练

一、知识目标

1. 掌握白酒分析实验室中常见仪器的使用方法。
2. 掌握白酒分析实验室中常见溶液的配制方法。
3. 掌握白酒酒糟水分测定的方法。
4. 掌握白酒酒糟酸度测定的方法。
5. 掌握白酒酒糟残余淀粉测定的方法。
6. 掌握白酒分析与检测实验中误差减免的方法。

二、能力目标

1. 会正确使用白酒分析实验中的常见仪器。
2. 能正确配制标准溶液和一般溶液。
3. 能进行白酒酒糟水分、酸度和残余淀粉的实验测定。

三、素质目标

1. 具有主动参与、积极进取、团结协作、崇尚科学、探究科学的学习态度和思想意识。
2. 具有理论联系实际的能力，以及严谨认真、实事求是的科学态度。
3. 培养良好的职业道德和正确的思维方式。
4. 培养创新意识和解决实际问题的能力。

项目概述

　　玻璃仪器是白酒分析与检测实验室中最常用的仪器，它透明度好、化学稳定性高，有一定的机械强度和良好的绝缘性能。

　　玻璃的化学成分主要是 SiO_2、CaO、Na_2O、K_2O，玻璃受侵蚀时，其表面会吸附溶液中的待测离子，在微量分析中必须注意。本项目将介绍白酒分析与检测实验室中最常用的玻璃器皿及其使用方法。

　　一般溶液用于控制化学反应条件，在样品处理、分离、掩蔽、调节溶液的酸碱性等操作中使用。在配制时试剂的质量由托盘天平称量，体积用量筒或量杯量取。配制这类溶液的关键是正确地计算应该称量溶质的质量以及应该量取液体溶质的体积。

　　标准溶液是用于滴定分析法测定化学试剂、白酒产品纯度及杂质含量的已知准确浓度的溶液，标准溶液的配制和标定需按照规定进行。

　　缓冲溶液是一种在加入少量酸、碱或水后 pH 变动幅度不太大的溶液。在白酒分析工作中，常常需要使用缓冲溶液来维持实验体系的酸碱度。

　　白酒酒糟分析包括入池和出池酒糟中水分、酸度和残余淀粉等的测定。酒糟中各成分分布不均匀，取样应力求具有代表性，入池酒糟从堆的四个对角部位及中间的上、中、下层取样。出池酒糟在窖池内按出房曲箱的取样方法，在窖壁和窖中的上、中、下层等量取样。用四分法缩分后，取供试样品 25g。

项目实施

任务一　常用仪器的使用

一、学习目的

1. 了解白酒分析实验室中常见的仪器。
2. 掌握白酒分析实验室中常见仪器的使用方法。

二、知识要点

1. 常见仪器的简介。
2. 常见仪器的使用方法。

三、相关知识

（一）常用玻璃仪器

玻璃仪器是白酒分析与检测实验室中最常用的仪器，它透明度好、化学稳定性高、有一定的机械强度和良好的绝缘性能。

玻璃的化学成分主要是 SiO_2、CaO、Na_2O、K_2O，引入 B_2O_3、Al_2O_3、ZnO、BaO 等，这些成分的不同配比可以改变玻璃的性质，如特硬玻璃和硬质玻璃具有较高的 SiO_2 和 B_2O_3 含量，属于高硼硅酸盐玻璃。这种玻璃具有较高的热稳定性，耐酸、耐碱性能好，适合于生产直接加热的玻璃仪器。SiO_2 和 B_2O_3 含量较低并含有一定量 ZnO 的玻璃为软质玻璃。这种玻璃透明性好，适合制成量筒、量杯、滴定管等玻璃仪器，但不能直接加热。

玻璃受侵蚀时，其表面会吸附溶液中的待测离子，在微量分析中必须注意。氢氟酸强烈地腐蚀玻璃，故不能用玻璃仪器进行含有氢氟酸的实验。碱液，特别是浓的或热的碱液，明显地侵腐玻璃，贮存碱液的玻璃瓶如果是磨口的，瓶塞和瓶口会粘在一起，无法打开。因此，玻璃容器不能长时间存放碱液。

白酒分析与检测实验室所用到的仪器种类繁多，见表 1-1。这里仅介绍一些常见的玻璃仪器。

表 1-1　常用玻璃仪器名称、用途一览表

名　称	规　格	主要用途	使用注意事项
烧杯	25mL、50mL、100mL、400mL、500mL、800mL、1000mL	配制溶液，溶解处理样品	用火焰加热时必须置于石棉网上，使其受热均匀，不可烧干
锥形瓶及碘量瓶	50mL、100mL、250mL、300mL、500mL	容量滴定分析，加热处理样品；碘量法及其他生成易挥发性物质的定量分析	磨口锥形瓶加热时，须打开瓶塞；非标准磨口瓶塞要保持原配
烧瓶	平底、圆底单口、双口及三口等容积；250mL、500mL、1000mL、2500mL	加热及蒸馏液体，反应容器；平底烧瓶可自制洗瓶	不许用火焰直接加热，用球形电炉、加热套、各种热浴加热，平底烧瓶不能加热
凯氏烧瓶	50mL、100mL、250mL、300mL、500mL	消解有机试样	加热时瓶口不能对着人

续表

名　称	规　格	主要用途	使用注意事项
试剂瓶、细口瓶、广口瓶、下口瓶	30mL、60mL、125mL、250mL、500mL、1000mL、10000mL，无色、棕色	细口瓶用于贮存液体试剂，广口瓶存放固体试剂，棕色瓶用于存放见光易分解的试剂、样品	不能加热，不许在瓶内配制在操作过程中放出大量热的溶液；磨口瓶中不得存放碱溶液及浓盐类试剂；磨口塞要保持原配
滴瓶	30mL、60mL、125mL、250mL，无色、棕色	装指示剂溶液及各种需要滴加的试剂	不能加热，不许在瓶内配制在操作过程中放出大量热的溶液；磨口瓶中不得存放碱溶液及浓盐类试剂；磨口塞要保持原配
称量瓶	扁型高型	扁型用于测定水分，在烘箱中烘干样品；高型用于称量基准物、样品	烘烤时不许将磨口塞盖紧，磨口塞要保持原配
漏斗	短颈：口径 50mm、60mm，颈长 90mm、120mm。长颈：口径 50mm、60mm，颈长 150mm，锥体高均为 60mm	短颈用于一般过滤，长颈用于定量分析过滤沉淀	不可直接用火加热
分液漏斗	50mL、125mL、250mL、500mL、1000mL。球形、锥形、筒形	在萃取分离和富集中分开两种互不相溶的液体	磨口塞及活塞必须原配，不得漏水，不可加热。操作时及时倒置，从活塞处放气
砂芯玻璃漏斗（耐酸漏斗）	容量 40mL、60mL、140mL。孔径 2～120。滤板代号 G_1～G_6	G_1、G_2 适用于粗颗粒沉淀及胶体沉淀过滤；G_3、G_4 适用于细颗粒沉淀过滤；G_5、G_6 适用于细菌过滤	必须抽滤，不能骤冷、骤热；不许过滤含 HF 及碱的液体；用后立即洗净
砂芯玻璃坩埚	容量：10mL、15mL、30mL，其他规格同上	称量分析中过滤需烘干的沉淀	抽滤用，不能骤冷、骤热；不许过滤含 HF 及碱的液体；用后立即洗净
抽气管（水流泵水抽）	伽氏：全长 229mm，上管外径 12mm，下管外径 8.5～9.5mm	上管接水龙头，侧管接抽滤瓶，用于减压过滤。真空度达 2～4kPa	厚壁胶管接水，用铁丝捆牢，停止抽气前先断开抽滤瓶，放空气再停自来水
抽滤瓶	250mL、500mL、1000mL	抽滤时接收滤液	能耐压，不许加热

续表

名　称	规　格	主要用途	使用注意事项
试管	试管：10mL、20mL；离心试管：5mL、10mL、15mL；带刻度和不带刻度	定性分析中检验离子；离心试管在离心机中用作分离沉淀和溶液	试管可直接加热，不可骤冷；离心管只能用水浴加热
比色管	10mL、25mL、50mL、100mL带刻度、不带刻度，具塞、不具塞	目视比色分析用	不能直接用火加热，非标准磨口，塞子必须原配，不许用硬物刷洗
表面皿	直径 45mm、60mm、75mm、90mm、100mm、120mm	盖烧杯及漏斗等	直径要略大于容器；不能直接用火加热
研钵	直径 70mm、90mm、105mm	研磨固体试剂及试样	不能研磨与玻璃作用及硬度大于玻璃的试样，不能撞击，不能烘烤
干燥器	直径 150mm、180mm、210mm，无色、棕色	保存冷却烘干过的称量瓶、试样、试剂、灼烧过的坩埚	底部放变色硅胶或其他干燥剂，磨口处涂适量的凡士林油；不可将红热的物体放入
酒精灯	容量100mL、150mL、200mL	加热试管，熔封毛细管、安瓿球进样口等	瓶内酒精不得多于 4/5，熄灭时不许用嘴吹
温度计	标准温度计，常用温度计	测量反应器中液相、气相、烘箱、各种浴锅等的温度	不许骤冷和骤热，不许超过最大量程，液泡完全浸入液体，不应与器壁相碰

　　常见玻璃仪器主要有锥形瓶、烧瓶、漏斗、分液漏斗、称量瓶、干燥器等。

　　1. 锥形瓶

　　锥形瓶（又名"三角"烧瓶）是一种化学实验室常见的玻璃仪器，由德国化学家理查·鄂伦麦尔于 1861 年发明，是硬质玻璃制成的纵剖面呈三角形状的滴定反应器。口小、底大，有利于滴定过程中进行振荡，反应充分而液体不易溅出。该容器可以在水浴或电炉上加热。外观呈平底圆锥状，下阔上狭，有一圆柱形颈部，上方有一较颈部阔的开口，有时可用由软木或橡胶制成的塞子封闭。常见锥形瓶见图 1-1。

2. 烧瓶

烧瓶是实验室中使用的有颈玻璃器皿，用来盛液体物质。因可以耐一定的热而被称作烧瓶。在分析实验中，是试剂量较大而又有液体物质参加反应时使用的容器。烧瓶都可用于装配气体发生装置。

烧瓶随其外观的不同可分平底烧瓶和圆底烧瓶两种，平底的称为平底烧瓶，圆底的称为圆底烧瓶，见图1-2。通常平底烧瓶用于室温下的反应，而圆底烧瓶则用于较高温度的反应。这是因为圆底烧瓶的玻璃厚薄较均匀，可承受较大的温度变化，主要用途：①液体和固体或液体间的反应器；②装配气体反应发生器（常温、加热）；③蒸馏或分馏液体。

| 不具塞 | 具塞 | 碘瓶 | 长颈 | 短颈 | 平底 |

图1-1 锥形瓶　　　　　　　　　　**图1-2 烧瓶**

3. 漏斗

漏斗是一个锥型物体，用于把液体及细粉状物体注入入口较细小的容器。漏斗嘴部较细小的管状部分可以有不同长度（图1-3）。漏斗的种类很多，常用的有普通漏斗、热水漏斗、高压漏斗、分液漏斗和安全漏斗等。漏斗是过滤实验中不可缺少的仪器。过滤时，漏斗中要装入滤纸。滤纸有许多种，根据过滤的不同要求可选用不同的滤纸，应根据漏斗的尺寸购买相应尺寸的滤纸。

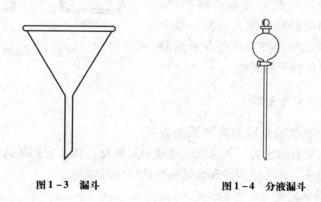

图1-3 漏斗　　　　　　　　**图1-4 分液漏斗**

4. 分液漏斗

分液漏斗包括斗体、斗盖、三通、下管，见图1-4。在斗体上口的盖称为斗盖,斗体的下口安装一三通结构的活塞,活塞的两通分别与两下管连接。分液漏斗可使实验操作过程利于控制,减小劳动强度,当需要分离的液体量大时,只需旋动活塞便可将斗体内的两种液体依次流至下管,无需更换容器便可一次完成。

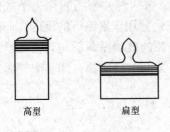

高型　　　　　扁型

图1-5　称量瓶

5. 称量瓶

称量瓶为磨口塞的筒形玻璃瓶,是用于差减法称量试样的容器,见图1-5。因有磨口塞,可以防止瓶中的试样吸收空气中的水分和CO_2等,适用于称量易吸潮的试样。

称量瓶主要用于使用分析天平时称取一定质量的试样,也可用于烘干试样。称量瓶平时要洗净、烘干,存放在干燥器内以备随时使用。称量瓶不能用火直接加热,瓶盖不能互换,称量时不可用手直接拿取,应带指套或垫以洁净纸条。

常见的称量瓶有高型和扁型两种,高型的瓶高40~60mm不等;扁型的瓶高40~60mm不等。扁型用于测定水分或在烘箱中烘干基准物;高型用于称量基准物、样品。

6. 干燥器

干燥器是通过加热使物料中的湿分(一般指水分或其他可挥发性液体成分)汽化逸出,以获得规定湿含量的固体物料的机械设备,见图1-6。

干燥过程需要消耗大量热能,为了节省能量,某些湿含量高的物料、含有固体物质的悬浮液或溶液一般先经机械脱水或加热蒸发,再在干燥器内干燥,以得到干的固体。

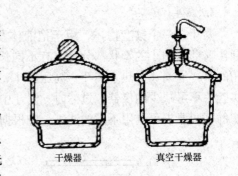

干燥器　　　　　真空干燥器

图1-6　干燥器

(二) 常用量器

量器指能准确量取溶液体积的玻璃仪器,主要有滴定管、移液管、量瓶和量筒及量杯。它们用透明性能较好的软质玻璃制成,其热稳定性和耐腐蚀性较硬质玻璃差。

1. 常用滴定管

滴定管是滴定分析中用于盛装滴定剂并进行滴定的能精确测量滴定剂体积的玻璃仪器。按其用途可分为酸式滴定管和碱式滴定管两类。酸式滴定管如图

1-7（1）所示，在管的下端有一玻璃活塞，用于装酸性、中性、氧化性类标准溶液。碱式滴定管如图1-7（2）所示，用一段软管把滴定管身和管尖端连接，管内装一个直径略大于软管内径的玻璃球，用于盛装碱性标准滴定溶液，不能用来盛装 $AgNO_3$、$KMnO_4$、I_2 等氧化性标准滴定溶液，因为胶管容易被氧化变脆。

除此之外，还有自动滴定管［图1-7（3）］和微量滴定管［图1-7（4）］。

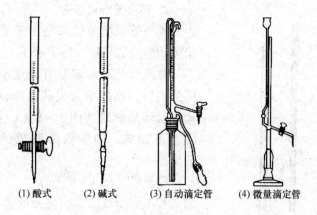

(1) 酸式　　　(2) 碱式　　　(3) 自动滴定管　　　(4) 微量滴定管

图1-7　常用滴定管

滴定管按其体积可分为常量滴定管、半微量滴定管和微量滴定管。常量滴定管体积有 100mL、50mL 和 25mL 三种，分度值为 0.1mL，主要用于常量分析。半微量滴定管体积是 10mL，分度值 0.05mL，主要用于半微量分析。微量滴定管体积有 5mL、2mL、1mL 三种，分度值 0.01mL，主要用于微量分析。滴定管的规格见表1-2。

表1-2　滴定管的规格

形式	标称容量/mL	分度值/mL	20℃容量允差/mL		
			A 级	A₂ 级	B 级
酸、碱式滴定管	5	0.02	±0.01	±0.015	±0.02
	10	0.05	±0.025	±0.038	±0.05
	25	0.1	±0.04	±0.06	±0.08
	50	0.1	±0.05	±0.075	±0.1
自动滴定管	5	0.02	±0.01	±0.015	±0.02
	10	0.05	±0.025	±0.038	±0.05
	25	0.1	±0.04	±0.06	±0.08
	50	0.1	±0.05	±0.075	±0.1

续表

形式	标称容量/mL	分度值/mL	20℃容量允差/mL		
			A 级	A₂ 级	B 级
半微量、微量滴定管	2	0.01	±0.005	±0.008	±0.01
	5	0.02	±0.01	±0.015	±0.02
	10	0.05	±0.025	±0.038	±0.05

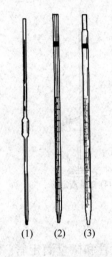

(1)　(2)　(3)

图 1-8　移液管和吸量管

2. 移液管和吸量管

移液管和吸量管都是用于准确吸取一定量体积溶液的量器（图 1-8）。

移液管上下两部分有较细窄的管颈，中间为大肚，出口缩为尖端以防流速过快，上部刻有环形标线［图 1-8（1）］。移液管为完全流出式，即吸取溶液至标线处，完全放出。

吸量管［图 1-8（2），（3）］有完全流出式和不完全流出式，是分度吸量管的简称，它是带有分度的量出式量器，用于移取非固定量的溶液。吸量管容量的准确度级别分为 A 级和 B 级，其产品大致分为以下三类：

（1）规定等待时间 15s 的吸量管，这类吸量管的容量准确度均为 A 级。其形式为完全流出式，零点在上。它的任一分度线的容量定义为在 20℃时，从零线排放到该分度线所流出水的体积（mL）。当液面降至该分度线以上几毫米时，应按紧管口停止排液 15s，再将液面调到该分度线。在量取吸量管的全容量溶液时，排液过程中水流不应受到限制，液面降至流液口处静止时，应等待 15s，再从受液容器中移走吸量管。

（2）不规定等待时间的吸量管，这类产品分为 A 级和 B 级。

（3）快流速和吹出式吸量管，这类吸量管的容量准确度均为 B 级。不规定等待时间，其形式为完全流出式，有零位在上和零位在下两种。快流速的产品上标示"快"字，吹出式产品上标有"吹"字。使用吹出式吸量管的全容量时，液面降至流液口静止后随机将最后一滴残留液一次吹出。这两种吸量管流速快、准确度低，适于仪器分析实验中添加试剂，一般不用它加标准溶液。

常见吸量管的规格及参数见表 1-3。

表 1 – 3 常用吸量管的规格及参数

标称总容量/mL	分度值/mL	容量允差/mL			水的流出时间/s						分度线宽度/mm
					完全流出式			不完全流出式		快流速和吹出式	
		A	B	快流速和吹出式	有等待时间15s	无等待时间		无等待时间			
					A	A	B	A	B		
0.2	0.001 0.005	—	±0.003	±0.004							A级 ≤0.3
0.5	0.005 0.01 0.02		±0.010	±0.010	—	—	—	2~7		2~5	
1	0.01	±0.008	±0.015	±0.015	4~8			4~10		3~6	B级 ≤0.4
2	0.02	±0.012	±0.025	±0.025				4~12			
5	0.05	±0.025	±0.050	±0.050	5~11			6~14		5~10	
10	0.1	±0.05	±0.1	±0.10				7~17			
25	0.2	±0.10	±0.20	—	9~15			11~21			
50	0.2	±0.10	±0.20	—	17~25			15~25		—	

3. 容量瓶

容量瓶主要用于实验中精确计量溶液的体积，用于配制一定体积标准溶液和定容实验，见图 1 – 9。容量瓶在颈部刻有环形标线，瓶体有 20℃ 字样，表示 20℃ 时溶液液面到刻度其容积等于量瓶标称容量。容量瓶的规格有 25mL、50mL、100mL、250mL、500mL、1000mL、2000mL。

容量瓶为非标准磨口，所以瓶塞和量瓶配套使用，不能混用。

容量瓶只适于配制一定体积的溶液，不适于长期存放溶液。

容量瓶均为量入式，颈上应标有 "In" 字样。准确度级别分为 A 级和 B 级，国家规定的容量允差见表 1 – 4。

表 1 – 4 常用容量瓶的容量允差

标称容量/mL		10	25	50	100	200	250	500	1000	2000
容量允差/mL	A 级	±0.02	±0.03	±0.05	±0.10	±0.15	±0.15	±0.25	±0.40	±0.60
	B 级	±0.04	±0.05	±0.20	±0.30	±0.30	±0.50	±0.50	±0.80	±1.20

容量瓶的容量定义为：在20℃时，充满至刻度线所容纳水的体积，以mL计。通常采用下述方法规定弯月面：调节液面使刻度线的上边缘与弯月面的最低点水平相切，视线应在同一水平面。

4. 量筒与量杯

量筒与量杯是用于量取液体体积要求不太精确的量器，见图1-10。在配制非标准溶液时可以使用它们量取体积。例如，滴定分析中，除了标准滴定溶液外，所需要的各浓度溶液都可用量筒和量杯量取体积配制。规格有5mL、10mL、25mL、50mL、100mL、250mL、500mL。不得在量筒和量杯中配制和稀释溶液，不能直接用火加热和骤冷。

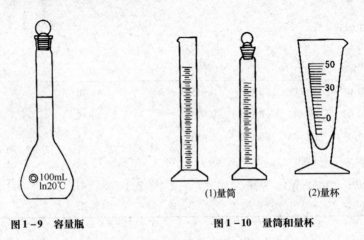

图1-9　容量瓶　　　　　　　　图1-10　量筒和量杯

（三）常用仪器

1. 紫外-可见分光光度计

紫外-可见分光光度计是用来测定溶液吸光度的分析仪器，主要由光源、单色器、吸收池、检测器和信号显示系统等五个部分组成，其组成见图1-11。主要工作原理：接通电源后，钨丝灯点亮发射光波；此光波经玻璃棱镜的色散作用被分解成不同波长的光；这些不同波长的光经狭缝后，就成为近似的单色光（单色光的波长是通过棱镜的旋转角度来加以控制和选择的）；此单色光经吸收池的吸收后，到达接收器"光电管"；光电管将接收到的光信号转变为微弱的光电流；此光电流再经微电流放大器放大后，可直接在微安表上指示出吸光度（A）和透射比（T）。

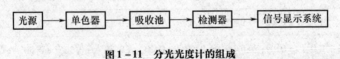

图1-11　分光光度计的组成

（1）光源　光源的作用是提供激发能，使待测分子吸收。要求能够提供足够强的连续光谱、有良好的稳定性、较长的使用寿命，且辐射能量随波长无明显变化。常用的光源有：氢灯或氘灯（180～375nm），用作紫外光光源；钨灯（320～2500nm），用作可见光光源。

（2）单色器　单色器的作用是使光源发出的光变成所需要的单色光。通常由入射狭缝、准直镜、色散元件、物镜和出射狭缝构成。常用的色散元件有滤光片、棱镜和光栅。

（3）吸收池　又称比色皿，用于盛放试液。石英池用于紫外－可见区的测量，玻璃池只用于可见区。

（4）检测系统　检测器的作用是对透过吸收池的光作出响应，并将它转变成电信号输出，其输出电信号大小与透过光的强度成正比。常用的检测器有光电池、光电管及光电倍增管。

（5）信号显示系统　将检测器产生的电信号经放大处理后，用一定的方式显示出来，以便于计算和记录。

2. 原子吸收分光光度计

原子吸收分光光度计一般由光源、原子化系统、分光系统和检测系统四个主要部分组成，如图1－12所示。光源（空心阴极灯）由稳压电源供电，发射出的谱线经过火焰时，其中待测元素的一部分共振线被待测元素的基态原子吸收，透过的谱线经单色器分光后照射到检测器上，产生的电信号经放大后，就可以在读数装置上读出吸光度值。

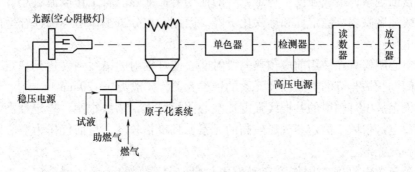

图1－12　原子吸收分光光度仪结构示意图

（1）光源　光源的作用是辐射待测元素的共振线。为了获得较高的准确度和灵敏度，所使用的光源应满足以下要求：能发射待测元素的共振线，且有足够的强度；发射线的半宽度要比吸收线的半宽度窄得多，即能发射锐线光谱；辐射光的强度要稳定且背景小。

空心阴极灯、无极放电灯和蒸气放电灯都可以用于原子吸收分光光度分析，其中空心阴极灯应用最为广泛。

空心阴极灯是一种气体放电管，由一个阳极和一个空心圆筒组成，用待测元素的金属作为阴极或衬在阴极材料上，将两个电极密封在充有一种低压惰性气体（氖、氩、氙或氦）并带有石英窗的玻璃管中。其结构如图 1 – 13 所示。

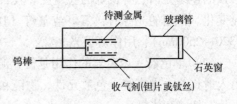

图 1 – 13 空心阴极灯

当正负极间施加适当的电压（一般为 300 ~ 500V）时，电子就会从阴极表面流向阳极，开始发光放电，与惰性气体原子发生碰撞并使之电离产生电子和阳离子，惰性气体阳离子在外加电场的作用下猛烈轰击阴极表面，使阴极表面的金属原子溅射出来。溅射出来的待测元素的原子再与电子、惰性气体原子及离子发生碰撞而被激发，从而发射出阴极物质和惰性气体的光谱。

可以用不同的金属元素作阴极材料，制成各相应待测元素的空心阴极灯，并以此金属元素来命名，表示它可以用作测定这种金属元素的光源。例如，"铜空心阴极灯"就是用铜作阴极材料制成的，能发射出铜元素的共振线，可以用作测定铜的光源。

空心阴极灯辐射的谱线强度与灯的工作电流有关。增大灯的工作电流，可以增加辐射的谱线强度，但工作电流过大，会使谱线变宽，测定灵敏度降低，发生自蚀现象，谱线强度不稳定，灯的使用寿命缩短。若工作电流过小，又会使谱线强度减弱，稳定性和信噪比下降。因此，在分析工作中应选择合适的灯工作电流。

空心阴极灯在使用前应预热一段时间，使灯辐射的谱线强度达到稳定。预热时间的长短与灯的类型以及元素的种类有关，一般为 5 ~ 20min。

无极放电灯辐射的共振线强度比空心阴极灯大，谱线很窄，稳定性高。但无极放电灯仅限于测定蒸气压较高的元素，且价格较高，目前仅作为空心阴极灯的补充光源。

蒸气放电灯通常用作测定激发电位低、易蒸发的元素（碱金属、汞、镉等）的光源。其结构简单，价格较低，能辐射较强的共振线，但谱线较宽，测定的灵敏度较低，目前很少使用。

（2）原子化系统　原子化系统的作用是将试样中的待测元素转变为基态原子蒸气。原子化的方法有火焰原子化和无火焰原子化两种。

（3）分光系统　分光系统（单色器）的作用是将待测元素的共振线与邻近线分开。一般由色散元件（光栅）、反光镜、狭缝等组成。

（4）检测系统 检测系统主要由检测器、放大器、对数转换器及显示装置组成。检测器的作用是将单色器分出的光信号转换成电信号。通常使用的是光电倍增管。在使用时，注意不要用强光照射，尽可能不使用太高的增益，避免引起光电倍增管"疲劳"乃至失效，以保持光电倍增管的良好工作特性。

3. 气相色谱仪

（1）基本结构 气相色谱仪一般由载气系统、进样系统、分离系统、检测系统、温度控制系统和记录与数据处理系统等六部分组成，如图1-14所示。

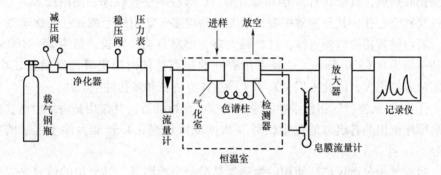

图1-14 气相色谱仪结构示意图

① 载气系统：气相色谱仪中的载气系统是一个载气连续运行的密闭的管路系统。整个载气系统要求载气纯净、密闭性好、载气流速稳定及流速测量准确。

载气是气相色谱的流动相，用来载送样品进入色谱柱进行分离。常用的载气是氢气、氮气、氦气和氩气，使用热导池检测器时常用氢气作载气，使用氢火焰离子化检测器时常用氮气作载气，氦气和氩气由于价格较高，较少使用。

② 进样系统：气相色谱仪的进样系统包括进样器和气化室。

A. 进样器：进样器的作用是将样品定量地引入色谱系统。气相色谱常用的进样器有六通阀、微量注射器和自动进样器。

六通阀主要用于气体样品的进样，有0.5mL、1mL、3mL、5mL等规格，使用温度高，使用寿命长，耐腐蚀，死体积小，气密性好，可以在低压下使用。

微量注射器用于液体样品和固体样品溶液的进样，常用的有1μL、5μL、10μL、50μL、100μL等规格，实际工作中可根据需要选择合适规格的微量注射器。

现在许多高档的气相色谱仪还配置了自动进样器，使得气相色谱分析实现了完全的自动化。

B. 气化室：气化室的作用是将液体样品瞬间气化为蒸气。气相色谱分析要求气化室热容量要大，温度要足够高，体积尽量小，无死角，以防止样品扩散，减小死体积，提高柱效。

③ 分离系统：气相色谱仪的分离系统主要由柱箱和色谱柱组成，色谱柱是气相色谱仪的核心部件，它的主要作用是将多组分样品分离成单一的纯组分。

色谱柱一般可分为填充柱和毛细管柱。填充柱是指在柱内均匀、紧密填充固定相颗粒的色谱柱，柱长一般为 1~5m，内径一般为 2~4mm，柱材料多为不锈钢和玻璃，其形状有 U 形和螺旋形，U 形柱的柱效较高，使用较多。毛细管柱又称空心柱，其分离效率要比填充柱高得多，常用的毛细管柱为涂壁空心柱，其内壁直接涂渍固定液，柱材料大多为熔融石英，柱长一般为 25~100m，内径一般为 0.1~0.5mm，这种毛细管柱的缺点是柱内固定液的涂渍量较小，固定液容易流失，因此人们又发明了涂载体空心柱和多孔性空心柱。

④ 检测系统：气相色谱检测系统的核心是检测器，其作用是将经色谱柱分离后顺序流出的各组分的化学信号（浓度或质量变化）转变为便于记录的电信号。

目前气相色谱仪广泛使用的检测器是微分型检测器，其显示的信号是组分随时间的瞬时量的变化。微分型检测器按原理不同分为浓度型检测器和质量型检测器。浓度型检测器测量的是载气中某组分浓度瞬间的变化，即检测器的响应值和组分的浓度成正比，如热导池检测器和电子捕获检测器等。质量型检测器测量的是载气中某组分进入检测器的速度变化，即检测器的响应值和单位时间内进入检测器某组分的质量成正比，如氢火焰离子化检测器和火焰光度检测器等。

（2）色谱常用术语

① 色谱图：样品经色谱柱分离和检测器检测后，由记录仪绘出各组分的信号随时间变化的曲线（图 1-15）。色谱图上有一组色谱峰，每一个色谱峰代表样品中的一个组分。

② 基线：当色谱柱后没有组分进入检测器时，在实验操作条件下，反映检测器系统噪声随时间变化的线称为基线，稳定的基线应该是一条水平的直线。

③ 色谱峰：是指从色谱柱流出的组分通过检测系统时所产生的相应信号的微分曲线。

④ 峰高和峰面积：峰高是指色谱峰的峰顶到基线的距离，以 h 表示。峰面积是指每个色谱峰与基线所包围的面积，以 A 表示。峰高或峰面积的大小与组分在样品中的含量有关，因此色谱峰的峰高或峰面积是色谱进行定量分析的参数。

⑤ 保留值：是用来表示试样中各组分在色谱柱中滞留时间的数值。通常用

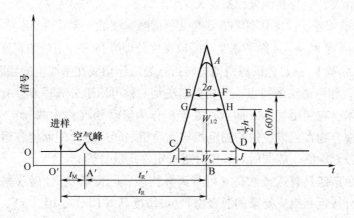

图1–15 色谱流出曲线

A—峰面积 h—峰高 t—时间 t_M—死时间 t_R—保留时间

t_R'—调整保留时间 W_b—峰底宽 $W_{1/2}$—半峰宽 σ—标准偏差

时间或用将组分带出色谱柱所需载气的体积来表示。在一定的固定相和操作条件下，任何一种物质都有一确定的保留值，因此保留值是色谱定性分析的参数。

死时间 t_M：指不被固定相吸附或溶解的气体（如空气）从进样开始到柱后出现浓度最大值时所需的时间。显然，死时间与色谱柱的空隙体积成正比。

保留时间 t_R：指被测组分从进样开始到柱后出现浓度最大值时所需的时间。

调整保留时间 t_R'：指扣除死时间后的保留时间，即 $t_R' = t_R - t_M$。

死体积 V_M：指色谱柱在填充后固定相颗粒间所留的空间、色谱仪中管路和连接头间的空间以及检测器的空间的总和，即 $V_M = t_M \cdot F_c$（F_c 是操作条件下柱内载气的平均流速）。

保留体积 V_R：指从进样开始到柱后被测组分出现浓度最大值时所通过的载气体积，即 $V_R = t_R \cdot F_c$。

调整保留体积 V_R'：指扣除死体积后的保留体积，即 $V_R' = t_R' \cdot F_c$ 或 $V_R' = V_R - V_M$。

相对保留值 $r_{2,1}$：指组分2的调整保留值与另一组分1的调整保留值之比，即，

$$r_{2,1} = \frac{t_{R(2)}'}{t_{R(1)}'} = \frac{V_{R(2)}'}{V_{R(1)}'}$$

$r_{2,1}$ 也可用来表示固定相（色谱柱）的选择性。$r_{2,1}$ 值越大，相邻两组分的 t_R' 相差越大，分离得越好；$r_{2,1} = 1$ 时，两组分不能被分离。$r_{2,1}$ 仅与柱温及固定

相的性质有关，而与其他操作条件无关。

⑥ 标准偏差 σ：即 0.607 倍峰高处色谱峰宽度的一半。

⑦ 半峰宽 $W_{1/2}$：又称半宽度或区域宽度，即峰高为一半处的宽度。

⑧ 峰底宽 W_b：自色谱峰两侧的转折点处所作切线在基线上的截距。

（3）气相色谱法的特点　气相色谱法是一种可用于分离挥发性有机混合物的色谱技术。它利用气体（如氢、氮等）作为流动相（称为载气），载着欲分离的有机混合物在色谱柱中的固定相与流动相之间进行分配而使各组分得以分离，然后分别检测，能同时对各组分进行定性定量分析。

气相色谱法具有选择性高（可分离异构体、同位素）、分离效率高（可分离沸点十分接近和组成复杂的混合物）、灵敏度高（$10^{-13} \sim 10^{-11}$ g）、分析速度快（几分钟或几十分钟）、样品用量少（气体 1mL，液体 1μL）和应用范围广（不仅可以分析气体，还可以分析液体和固体）等优点。

气相色谱法的缺点是不能直接给出定性结果，难以分析无机物和高沸点有机物。

（四）常用辅助仪器

1. 托盘天平

托盘天平又称台秤，是化学实验室中常用的称量仪器。用于精度不高的称量，一般能精确至 0.1g，也有能精确到 0.01g 的托盘天平。托盘天平形状和规格种类很多，常用的按最大量程分为四种，如表 1-5 所示。

表 1-5　托盘天平的种类

种类	最大量程/g	能精确至最小量/g	种类	最大量程/g	能精确至最小量/g
1	1000	1	3	200	0.2
2	500	0.5	4	100	0.1

常用的各种托盘天平构造是类似的。一根横梁架在底座上，横梁的左右各有一个秤盘构成杠杆。横梁的中部有指针与刻度盘相对，根据指针在刻度盘左右摆动的情况可以看出托盘天平是否处于平衡状态，如图 1-16 所示。

2. 分析天平

天平是称量物体质量的工具。其中分析天平是准确称量的精密仪器，具有较高灵敏度，误差小，一般最大称量不超过 200g。

常用的分析天平有阻尼天平、半自动电光天平、全自动电光天平、单盘电光天平、微量天平和电子天平等。国内分析天平的型号与规格见表 1-6。

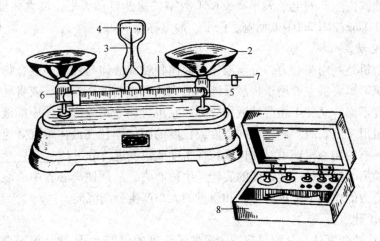

图 1-16　托盘天平
1—横梁　2—秤盘　3—指针　4—刻度盘　5—游码标尺　6—游码　7—调零螺丝　8—砝码盒

表 1-6　国产分析天平型号与规格表

	分析天平名称	型号	最大称量/g	分度值/mg
双盘天平	阻尼式分析天平	TG-528B	200	0.4
	半自动电光天平（部分机械加码电光天平）	TG-328B	200	0.1
	全自动电光天平（全机械加码电光天平）	TG-328A	200	0.1
单盘天平	单盘电光天平	TG-729B	100	0.1
	微量天平	TG-332A	20	0.01
	电子天平	MD200-1	200	0.1

3. 电子天平

随着电子工业的飞速发展，分析天平已由机械天平向电子天平发展。电子天平是将质量信号转化为电信号，然后经过放大，数字显示而完成质量的精确计量。电子天平采用了现代集成电路技术和微计算机技术，使天平的结构更加简单，称量快速。与机械天平相比，电子天平不存在空载灵敏度与负载灵敏度的差异；不存在不等臂性误差，还具有自动校准、自动显示、自动去皮、自动故障寻迹、自动数据输出等功能，可与打印机、电子计算机联机使用实现数据处理，称量快速，一般在 5~10s 内即可完成称量。且抗干扰能力强，可在恶劣、振动环境下保持良好的稳定性。

目前国内生产的电子天平有：KZT 数字式快速自动天平，最大称量 100g，分度值 0.1mg；MD200 - 1 型电子天平，最大称量 200g。

4. 电动离心机

离心机是利用离心力，分离液体与固体颗粒或液体与液体的混合物中各组分的机械。离心机主要用于将悬浮液中的固体颗粒与液体分开，或将乳浊液中两种密度不同，又互不相溶的液体分开；它也可用于排除湿固体中的液体，如用洗衣机甩干湿衣服。利用不同密度或粒度的固体颗粒在液体中沉降速度不同的特点，有的离心机还可对固体颗粒按密度或粒度进行分级。

电动离心机通过一定速度的旋转产生离心力，从而使离心管中的液态试验物在离心力的作用下根据其颗粒和质量的大小产生分离沉淀。

5. pH 计

pH 计即酸度计，是测量溶液中氢离子活度的仪器。pH 计是根据直接电位法测量原理设计的。在实际应用中，既可以测量各种溶液的酸度，又能配以离子选择电极测量溶液中各种离子的活度或浓度。pH 计被广泛应用于环保、污水处理、分析检测、制药、发酵等领域。

四、任务实施与训练内容

（一）常用玻璃仪器的使用

1. 锥形瓶的使用

锥形瓶常见的容量有 50 ~ 250mL 不等，但亦有小至 10mL 或大至 2000mL 的特制锥形瓶。

使用锥形瓶的规程如下。

（1）注入的液体最好不超过其容积的 1/2，过多容易造成喷溅。

（2）加热时使用石棉网（电炉加热除外）。

（3）锥形瓶外部要擦干后再加热。

（4）使用后需使用专用洗涤剂清洗干净，并进行烘干，保存在干燥容器中。

（5）一般情况下不可用来存贮液体。

2. 烧瓶的使用

圆底烧瓶是实验室中使用的一种玻璃器皿，用来盛放液体物质，特别适于加热煮沸液体。

加热也可通过电热垫、水浴等进行。圆底烧瓶也常连接到旋转蒸发器上，经减压加热后可排除挥发性溶液。

平底烧瓶是实验室中使用的一种玻璃器皿，主要用来盛放液体物质，可以轻度受热，加热时可不使用石棉网。强烈加热则应使用圆底烧瓶。

使用烧瓶的规程如下。

（1）应放在石棉网上加热，使其受热均匀，加热时烧瓶外壁应无水滴。

（2）平底烧瓶不能长时间用来加热。

（3）不加热时，若用平底烧瓶作反应容器，无需用铁架台固定。

（4）注入的液体不超过其容积的2/3，不少于其体积的1/3。

（5）蒸馏或分馏要与胶塞、导管、冷凝器等配套使用。

3. 漏斗的使用

漏斗是用于把液体注入入口较细小的容器。漏斗嘴部较细小的管状部分可以有不同长度。

漏斗使用规程如下。

（1）将滤纸对折，连续两次，叠成90°圆心角形状。

（2）把叠好的滤纸，按一侧三层，另一侧一层打开，成漏斗状。

（3）把漏斗状滤纸装入漏斗内，滤纸边要低于漏斗边，向漏斗口内倒一些清水，使浸湿的滤纸与漏斗内壁贴靠，再把余下的清水倒掉。

（4）将装好滤纸的漏斗安放在过滤用的漏斗架上（如铁架台的圆环上），在漏斗颈下放接收过滤液的烧杯或试管，并使漏斗颈尖端靠于接纳容器的壁上，以防止液体飞溅。

（5）向漏斗里注入需要过滤的液体时，右手持盛放液体的烧杯，左手持玻璃棒，玻璃棒下端靠紧漏斗三层纸一面上，使杯口紧贴玻璃棒，待滤液体沿杯口流出，再沿玻璃棒倾斜之势，顺势流入漏斗内，流到漏斗里的液体，液面不能超过漏斗中滤纸的高度。

（6）当液体经过滤纸，沿漏斗颈流下时，要检查一下液体是否沿杯壁顺流而下，注到杯底。如果不是则应该移动烧杯或旋转漏斗，使漏斗尖端与烧杯壁贴牢，就可以使液体顺杯壁下流了。

4. 分液漏斗的使用

分液漏斗的使用规程如下。

（1）分液漏斗在使用前要将漏斗颈上的旋塞芯取出，涂上凡士林，但不可涂太多，以免阻塞流液孔。将分液漏斗插入塞槽内转动使油膜均匀透明，且转动自如。

（2）关闭旋塞，往漏斗内注水，检查旋塞处是否漏水，不漏水的分液漏斗方可使用。

（3）漏斗内加入的液体量不能超过容积的3/4，而且不宜装碱性液体。为防止杂质落入漏斗内，应盖上漏斗口上的塞子。

（4）使用时，左手虎口顶住漏斗球，用拇指食指转动活塞控制加液。此时玻璃塞的小槽要与漏斗口侧面小孔对齐相通，才使加液顺利进行。

（5）当分液漏斗中的液体向下流时，活塞可控制液体的流量，若要终止反应，就要将活塞紧紧关闭，这样，可立即停止滴加液体。

（6）放液时，磨口塞上的凹槽与漏斗口颈上的小孔要对准，这时漏斗内外的空气相通，压强相等，漏斗里的液体才能顺利流出。分液时根据"下流上倒"的原理，打开活塞让下层液体全部流出，关闭活塞，上层从上口倒出。

（7）分液漏斗不能加热。漏斗用后要洗涤干净。长时间不用的分液漏斗要把旋塞处擦拭干净，塞芯与塞槽之间放一纸条，并用一橡皮筋套住活塞，以防磨砂处粘连。

5. 干燥器的使用

（1）干燥剂不可放得太多，以免沾污干燥器底部。

（2）搬移干燥器时，要用双手拿着，用大拇指紧紧按住盖子。

（3）打开干燥器时，不能往上掀盖，应用左手按住干燥器，右手小心地把盖子稍微推开，等冷空气徐徐进入后，才能完全推开，盖子必须仰放在桌子上。

（4）不可将太热的物体放入干燥器中。

（5）有时较热的物体放入干燥器中后，空气受热膨胀会把盖子顶起来，为了防止盖子被打翻，应当用手按住，不时把盖子稍微推开。

（6）灼烧或烘干后的坩埚，在干燥器内不宜放置过久，否则会因吸收一些水分而使质量略有增加。

（7）变色硅胶干燥时为蓝色，受潮后变成粉红色。可以在120℃烘受潮的硅胶，待其变蓝后反复使用，直至破碎不能用为止。

（二）常用量器的使用

1. 滴定管的使用

滴定管分为碱式滴定管和酸式滴定管。前者用于量取对玻璃管有侵蚀作用的液态试剂；后者用于量取对橡皮有侵蚀作用的液体。滴定管容量一般为50mL，刻度的每一大格为1mL，每一大格又分为10小格，故每一小格为0.1mL。

（1）检漏　使用滴定管前应检查其是否漏水，活塞转动是否灵活。若酸式滴定管漏水或活塞转动不灵，就应给活塞重新涂凡士林；若碱式滴定管漏水，则需要更换橡胶管或换个稍大的玻璃珠。

涂凡士林的方法：将滴定管平放，取出活塞，用滤纸条将活塞和塞槽擦干净，在活塞粗的一端和塞槽小口端，均匀地涂上一薄层凡士林。为了避免凡士林堵住塞孔，油层要尽量薄，尤其是小孔附近；将活塞插入槽时，活塞孔要与滴定管平行。转动活塞，直至活塞与塞槽接触的地方呈透明状态，即表明凡士林已均匀，见图 1 – 17、图 1 – 18。

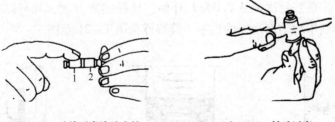

图 1 – 17　玻璃活塞涂凡士林　　　　　　　　**图 1 – 18　转动活塞**

（2）洗涤　根据滴定管的沾污情况，采用相应的洗涤方法将它洗净，为了使滴定管中溶液的浓度与原来相同，最后还应该用滴定用的溶液润洗三次（每次溶液用量约为滴定管容积的 1/5），润洗液由滴定管下端排出。

（3）装液　将溶液加入滴定管时，要注意使下端出口管也充满溶液，特别是碱式滴定管，它下端的橡胶管内的气泡不易被察觉，这样会造成读数误差。如果是酸式滴定管，可迅速地旋转活塞，让溶液急剧流出以带走气泡；如果是碱式滴定管，向上弯曲橡胶管，使玻璃尖嘴斜向上方，向一边挤动玻璃珠，使溶液从尖嘴喷出，气泡便随之除去。排除气泡后，继续加入溶液到刻度"0"以上，放出多余的溶液，调整液面在"0.00"刻度处，如图 1 – 19、图 1 – 20所示。

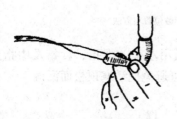　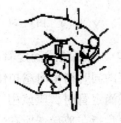

图 1 – 19　碱式滴定管赶气泡　　　　　　　　**图 1 – 20　玻璃活塞的控制**

（4）读数　读数应读到小数点后两位。注入或放出溶液后应稍等片刻，待附着在内壁的溶液完全流下后再读数。读数时，滴定管必须保持垂直状态，视线必须与液面在同一水平面。对于无色或浅色溶液，读弯月面实线最低点的刻度。为了便于观察和读数，可在滴定管后衬一张读数卡，读数卡是一张黑纸或中间涂有一黑长方形（约 3cm × 1.5cm）的白纸。读数时，将读数卡放在滴定管后，使黑色部分在弯月面下约 1cm 处，则弯月面反射成黑色，读取此黑色弯月面最低点的刻度即可。若滴定管背后有一条蓝线（或蓝带），无色溶液就形成了两个弯月面，并且相交于蓝线的中线上，读数时就读此交点的刻度。对于深色溶液如 $KMnO_4$ 溶液、碘水等，弯月面不易看清，则读液面的最高点。

滴定时，最好每次都从 0.00mL 开始，这样读数方便，且可以消除由于滴定管上下粗细不均匀而带来的误差，读数详见图 1－21 至图 1－24。

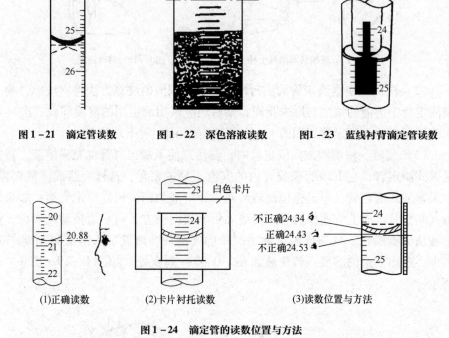

图 1－21　滴定管读数　　　　图 1－22　深色溶液读数　　　图 1－23　蓝线衬背滴定管读数

(1)正确读数　　　　　(2)卡片衬托读数　　　　　(3)读数位置与方法

图 1－24　滴定管的读数位置与方法

（5）滴定　使用酸式滴定管时，必须用左手的拇指、食指及中指控制活塞，旋转活塞的同时稍稍向左扣住，这样可避免把活塞顶松而漏液。

使用碱式滴定管时，应该用左手的拇指及食指在玻璃珠所在部位稍偏上处，轻轻地往一边挤压橡胶管，使橡胶管与玻璃珠之间形成一条缝隙，溶液即可流出，要能通过手指用力的轻重来控制缝隙的大小，从而控制溶液的流出速度。滴定手势如图 1－25 所示。

滴定时，将滴定管垂直地夹

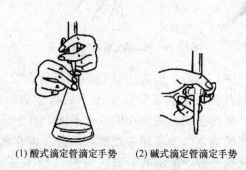

(1)酸式滴定管滴定手势　　　(2)碱式滴定管滴定手势

图 1－25　滴定管滴定手势

在滴定管架上，下端伸入锥形瓶口约1cm。左手按上述方法操作滴定管，右手的拇指、食指和中指拿住锥形瓶的瓶颈，沿同一方向旋转锥形瓶，使溶液混合均匀，不要前后、左右摇动。开始滴定时，无明显变化，溶液流出的速度可以快一些，但必须是成滴而不是成股流下。随后，滴落点周围出现暂时性的颜色变化，但随着旋转锥形瓶，颜色很快消失。当接近终点时，颜色消失较慢，这时就应该逐滴加入溶液。每加入一滴后都要摇匀，观察颜色的变化情况，再决定是否还要滴加溶液。最后应控制液滴悬而不落，用锥形瓶内壁把液滴沾下来（这样加入的是半滴溶液），用洗瓶以少量蒸馏水冲洗瓶的内壁，摇匀。如此重复操作，直到颜色变化符合要求为止。

　　滴定完毕后，滴定管尖嘴外不应留有液滴，尖嘴内不应留有气泡。将剩余溶液弃去，依次用自来水、蒸馏水洗涤滴定管，滴定管中装满蒸馏水，罩上滴定管盖，以备下次使用或将滴定管收起。

　　2. 移液管和吸量管的使用

　　常用的移液管有5mL、10mL、25mL和50mL等规格。常用的吸量管有1mL、2mL、5mL和10mL等规格。移液管和吸量管所移取的体积可准确到0.01mL。

　　根据所移溶液的体积和要求选择合适规格的移液管，在滴定分析中准确移取溶液一般使用移液管，反应需控制试液加入量时一般使用吸量管。使用步骤如下。

　　（1）检查仪器　检查移液管的管口和尖嘴有无破损，若有破损则不能使用。

　　（2）洗净仪器　先用自来水淋洗后，用铬酸洗涤液浸泡，操作方法如下：用右手拿移液管或吸量管上端合适位置，食指靠近管上口，中指和无名指张开握住移液管外侧，拇指在中指和无名指中间位置握在移液管内侧，小指自然放松；左手拿吸耳球，持握拳式，将吸耳球握在掌中，尖口向下，握紧吸耳球，排出球内空气，将吸耳球尖口插入或紧接在移液管（吸量管）上口，注意不能漏气。慢慢松开左手手指，将洗涤液慢慢吸入管内，直至刻度线以上部分，移开吸耳球，迅速用右手食指堵住移液管（吸量管）上口，等待片刻后，将洗涤液放回原瓶。用自来水冲洗移液管（吸量管）内、外壁至不挂水珠，再用蒸馏水洗涤3次。

　　（3）吸取溶液　吸液见图1-26。将用待吸液润洗过的移液管插入待吸液面下1~2cm处，用吸耳球按上述操作方法吸取溶液（注意移液管插入溶液不能太深，并要边吸边往下插入，始终保持此深度）。当管内液面上升至标线以上1~2cm处时，迅速用右手食指堵住管口（此时若溶液下落至标准线以下，应重新吸取），将移液管提出待吸液面，并使管尖端接触待吸液容器内壁片刻后提起，用滤纸擦干移液管或吸量管下端粘附的少量溶液。

（4）调节液面　左手另取一干净小烧杯，将移液管管尖紧靠小烧杯内壁，小烧杯保持倾斜，使移液管保持垂直，刻度线和视线保持水平（左手不能接触移液管）。稍稍松开食指（可微微转动移液管或吸量管），使管内溶液慢慢从下口流出，液面将至刻度线时，按紧右手食指，停顿片刻，再按上法将溶液的弯月面底线放至与标线上缘相切为止，立即用食指压紧管口。将尖口处紧靠烧杯内壁，向烧杯口移动少许，去掉尖口处的液滴。将移液管或吸量管小心移至承接溶液的容器中。

（5）放出溶液　放液见图1－27。将移液管或吸量管直立，接收器倾斜，管下端紧靠接收器内壁，放开食指，让溶液沿接收器内壁流下，管内溶液流完后，保持放液状态停留15s，将移液管或吸量管尖端在接收器靠点处靠壁前后小距离滑动几下（或将移液管尖端靠接收器内壁旋转一周），移走移液管（残留在管尖内壁处的少量溶液，不可用外力强使其流出，因校准移液管或吸量管时，已考虑了尖端内壁处保留溶液的体积。在管身上标有"吹"字的，可用吸耳球吹出，不允许保留）。

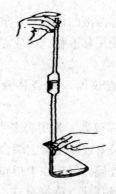

图1－26　吸取溶液　　　　　　　　　　图1－27　溶液的移取

（6）清洗仪器　洗净移液管，放置在移液管架上。

3. 容量瓶的使用

容量瓶颈上有标线，表示在所指温度下液体凹液面与容量瓶颈部的标线相切时，溶液体积恰好与瓶上标注的体积相等。

（1）容量瓶的使用方法

① 试漏：向容量瓶内加少量水，塞好瓶塞，用食指顶住瓶塞，用另一只手的五指托住瓶底，把瓶倒立过来，如不漏水，正立，把瓶塞旋转180°后塞紧，再倒立若不漏水，方可使用。试漏见图1－28。

② 溶解与转移：把准确称量好的固体溶质放在烧杯中，用少量溶剂溶解。

然后把溶液沿玻璃棒转移到容量瓶里。溶液的转移操作见图 1-29。

图 1-28　容量瓶的试漏　　　　　　图 1-29　溶液转移操作

③ 定容与摇匀：向容量瓶内加入的液体液面离标线 2~3cm 时，应改用滴管小心滴加，最后使液体的弯月面（凹液面）与刻度线正好相切。立即盖好瓶塞，用掌心顶住瓶塞，另一只手的手指托住瓶底，注意不要用手掌握住瓶身，以免体温使液体膨胀，影响容积的准确（对于容积小于 100mL 的容量瓶，不能托住瓶底）。随后将容量瓶倒转，使气泡上升到顶，此时可将瓶振荡数次。再倒转过来，仍使气泡上升到顶。如此反复 10 次以上，才能混合均匀。溶液的摇匀见图 1-30。

图 1-30　溶液摇匀操作

④ 静置：盖紧瓶塞，用倒转和摇动的方法使瓶内的液体混合均匀。

（2）注意事项

使用容量瓶时应注意以下几点：

① 不能在容量瓶里进行溶质的溶解，应将溶质在烧杯中溶解后转移到容量瓶里。

② 用于洗涤烧杯的溶剂总量不能超过容量瓶的标线，一旦超过，必须重新进行配制。

③ 容量瓶不能进行加热。如果溶质在溶解过程中放热，要待溶液冷却后再进行转移，因为温度升高瓶体将膨胀，所量体积就会不准确。

④ 容量瓶只能用于配制溶液，不能长时间或长期贮存溶液，因为溶液可能会对瓶体进行腐蚀，从而使容量瓶的精度受到影响。

⑤ 容量瓶用毕应及时洗涤干净，塞上瓶塞，并在塞子与瓶口之间夹一纸条，防止瓶塞与瓶口粘连。

⑥ 容量瓶只能配制一定容量的溶液，一般保留 4 位有效数字（如250.0mL），不能因为溶液超过或者没有达到刻度线而估算改变小数点后面的数字，只能重新配制，因此书写溶液体积的时候必须是×××.0mL。

4. 量筒与量杯的使用

（1）量筒与量杯的使用方法

① 向量筒或量杯里注入液体时，应用左手拿住量筒或量杯，使量筒或量杯略倾斜，右手拿试剂瓶，使瓶口紧挨着量筒口，使液体缓缓流入。待注入的量比所需要的量稍少时，把量筒放平，改用胶头滴管滴加到所需要的量。

② 量筒和量杯没有"0"的刻度。

③ 注入液体后，等 1～2min，使附着在内壁上的液体流下来，再读出刻度值，否则读出的数值偏小。

④ 应把量筒或量杯放在平整的桌面上，观察刻度时，视线与量筒内液体的凹液面的最低处保持水平，再读出所取液体的体积数，否则读数会偏高或偏低。

⑤ 量筒或量杯的刻度是指温度在 20℃ 时的体积数。温度升高，量筒发生热膨胀，容积会增大。

⑥ 量筒或量杯一般只能用于精度要求不很严格时，通常应用于定性分析方面，一般不用于定量分析，因为量筒的误差较大。量筒一般不需估读，因为量筒是粗量器。

⑦ 量筒或量杯不能直接加热，不能在量筒里进行化学反应，不能在量筒或量杯里配制溶液。

（2）注意事项　在量液体时，要根据所量的体积来选择大小恰当的量筒或量杯（否则会造成较大的误差）。

（三）常用仪器的使用

1. 紫外–可见分光光度计的使用

（1）操作步骤

① 打开仪器开关，仪器使用前应预热 30min。

② 转动波长旋钮，观察波长显示窗，调整至需要的测量波长。

③ 根据测量波长，拨动光源切换杆，手动切换光源。200～339nm 使用氘灯，切换杆拨至紫外区；340～1000nm 使用卤钨灯，切换杆拨至可见区。

④ 调 T 零。在透视比（T）模式，将遮光体放入样品架，合上样品室盖，拉动样品架拉杆使其进入光路。按下"调 0%"键，屏幕上显示"000.0"或"–000.0"时，调 T 零完成。

⑤ 调100%T/OA。先用参比（空白）溶液荡洗比色皿 2～3 次，将参比

（空白）溶液倒入比色皿，溶液量约为比色皿高度的 3/4，用擦镜纸将透光面擦拭干净，按一定的方向，将比色皿放入样品架。合上样品室盖，拉动样品架拉杆使其进入光路。按下"调 100%"键，屏幕上显示"BL"延时数秒便出现"100.0"（T 模式）或"000.0"、"-000.0"（A 模式）。调 100%T/ OA 完成。

⑥ 测量吸光度。参照操作步骤③、步骤④。在吸光度（A）模式，参照步骤⑤调 100%T/ OA。用待测溶液荡洗比色皿 2～3 次，将待测溶液倒入比色皿，溶液量约为比色皿高度的 3/4，用擦镜纸将透光面擦拭干净，按一定的方向，将比色皿放入样品架。合上样品室盖，拉动样品架拉杆使其进入光路，读取测量数据。

⑦ 测量透视比。参照操作步骤③、步骤④。在透视比（T）模式，参照步骤⑤调 100%T/ OA。用待测溶液荡洗比色皿 2～3 次，将待测溶液倒入比色皿，溶液量约为比色皿高度的 3/4，用擦镜纸将透光面擦拭干净，按一定的方向，将比色皿放入样品架。合上样品室盖，拉动样品架拉杆使其进入光路，读取测量数据。

⑧ 浓度测量。参照操作步骤③、步骤④。在透视比（T）模式，参照步骤⑤调 100%T/ OA。用标准浓度溶液荡洗比色皿 2～3 次，将标准浓度溶液倒入比色皿，溶液量约为比色皿高度的 3/4，用擦镜纸将透光面擦拭干净，按一定的方向，将比色皿放入样品架。合上样品室盖，拉动样品架拉杆使其进入光路。按下"功能键"切换至浓度（C）模式。按下"▲"或"▼"键，设置标准溶液浓度，并按下"确认"键。用待测溶液荡洗比色皿 2～3 次，将待测溶液倒入比色皿，溶液量约为比色皿高度的 3/4，用擦镜纸将透光面擦拭干净，按一定的方向，将比色皿放入样品架。合上样品室盖，拉动样品架拉杆使其进入光路，读取测量数据。

⑨ 测量完毕。测量完毕后，清理样品室，将比色皿清洗干净，倒置晾干后收起。关闭电源，盖好防尘罩，结束实验。

（2）注意事项　调 100%T/ OA 后，仪器应稳定 5min 再进行测量；光源选择不正确或光源切换杆不到位，将直接影响仪器的稳定性；比色皿应配对使用，不得混用。置入样品架时，石英比色皿上端的"Q"标记（或箭头）、玻璃比色皿上端的"G"标记方向应一致；玻璃比色皿适用范围：320～1100nm，石英比色皿适用范围：200～1100nm。

2. 原子吸收分光光度计的使用

原子吸收分光光度计的使用规程如下。

（1）开机前先检查水封是否有水，乙炔管道有无泄漏（空气中有无乙炔气味）。

（2）打开抽风机、电脑以及原子吸收分光光度计电源开关。

（3）分析方法设计　进入软件→点文件→选择新建→选择分析方法（火焰法、石墨法、氢化物法等）→分析任务选择（Cu、Pb、Ca 等）→填写数据表（批数、个数、测量次数、稀释倍数）→展开→完成→仪器控制→点击自动波长→精调→完成→检测（准备两杯水，一杯调零，另一杯洗样管）。

（4）将元素灯预热 30min。

（5）打开空压机，将压力调至 0.3MPa；打开乙炔钢瓶阀，将出气阀压力调至 0.05～0.06MPa；调整燃烧器高度，对好光路；旋开仪器上的乙炔阀，按点火开关，点火，调节火焰大小，开始检测。

（6）标准空白（纯水）读数 5 次，平均 11，标液 1 至标液 4 各读数 5 次，平均 12。建立标准曲线，相关系数应在 0.995 以上。

（7）未知样品读数 5 次，取平均数。从标准曲线中求得结果。

（8）检测完毕后，保存数据。

（9）点火吸去离子水 10min，关乙炔阀，使管道中气体烧完再关仪器、电脑、空压机。

3. 气相色谱仪的使用

气相色谱仪的使用步骤如下。

（1）打开氮气、氢气、空气发生器的电源开关（或氮气钢瓶总阀），调整输出压力稳定在 0.4MPa 左右（气体发生器一般在出厂时已调整好，不用再调整）。

（2）打开色谱仪气体净化器的氮气开关，将其转到"开"的位置。注意观察色谱仪载气 B（氮气）的柱前压上升并稳定大约 5min 后，打开色谱仪的电源开关。

（3）设置各工作部温度。

（4）点火：待检测器（按"显示、换挡、检测器"可查看检测器温度）温度升到 100℃以上后，打开净化器上的氢气、空气开关阀使其到"开"的位置。观察色谱仪上的氢气和空气压力表分别稳定在 0.1MPa 和 0.15MPa 左右。按住点火开关（每次点火时间不能超过 6～8s）点火。同时用明亮的金属片靠近检测器出口，当火点着时在金属片上会看到有明显的水汽。如果在 6～8s 时间内氢气没有被点燃，要松开点火开关，重新点火。在点火操作的过程中，如果发现检测器出口内白色的聚四氟帽中有水凝结，可旋下检测器收集极帽，把水清理掉。在色谱工作站上判断氢火焰是否点燃的方法：观察基线在氢火焰点着后的电压值，电压值应高于点火之前。

（5）打开电脑及工作站 A，打开一个方法文件，显示屏左下方应有蓝字显示当前的电压值和时间。接着可以转动色谱仪放大器面板上点火按钮上边的"粗调"旋钮，检查信号是否为通路（转动"粗调"旋钮时，基线应随之变化）。待基线稳定后进样品，同时点击"启动"按钮或按一下色谱仪旁边的快捷按钮，进行色谱数据分析。分析结束时，点击"停止"按钮，数据即自动保存。

（6）关机程序：首先关闭氢气和空气气源，使氢火焰检测器灭火。在氢火焰熄灭后再将柱箱的初始温度、检测器温度及进样器温度设置为室温（20～30℃），待温度降至设置温度后，关闭色谱仪电源，最后再关闭氮气。

（四）常用辅助仪器的使用

1. 托盘天平的使用

（1）调整零点　将游码拨到游码标 R 的"0"位处，检查天平的指针是否停在刻度盘的中间位置。如果不在中间位置，调节托盘下侧的平衡调节螺母，指针在离刻度盘的中间位置左右时，则天平处于平衡状态，此时指针刻度盘的中间位置就称为天平的零点。

（2）称量　左盘放称量物，右盘放砝码。砝码用镊子夹取，先加大砝码，后加小砝码，最后用游码调节使指针在刻度盘左右两边摇摆的距离几乎相等为止，当台秤处于平衡状态时指针所停指的位置称为停点。停点与零点相符时（停点与零点之间允许偏差 1 小格以内），砝码值和游码在标尺上刻度数值之和即为所称量物的质量。

（3）称量注意事项　主要有以下几点：

① 不能称量热的物品。

② 称量物不能直接放在托盘上，根据实际情况，酌情用称量纸、洁净干燥的表面皿或烧杯等容器来承容药品。

③ 称量完毕，将砝码放回砝码盒中，游码退到刻度"0"处，同时将托盘放在一侧或用橡皮圈架起，以免台秤摆动。

④ 保持台秤整洁。

2. 分析天平的使用

分析天平（半自动电光天平）的结构见图 1–31。

（1）称量的一般程序

① 取下天平罩，最好放在天平左后方台面上。

② 操作者面对天平端坐，记录本放在胸前台面上，所称物品和接收称量物的容器放在天平右侧（若为半自动电光天平，则上述物品应放在天平左侧，砝码盒放在天平右侧，以下操作中左右方向亦应调整）。

③ 称量前的检查和调整：检查天平各部件是否齐全，天平是否水平，如不水平应调节至水平状态。检查底板、称盘是否清洁，有灰尘可用毛刷刷净。再检查横梁、吊耳、称盘的安装位置是否正确，砝码是否到位。

④ 调节零点。

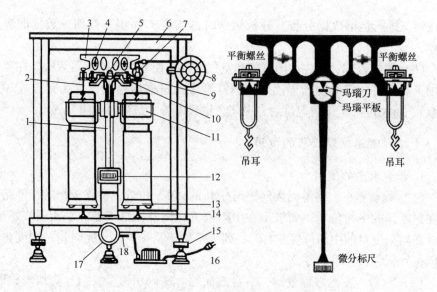

图 1 – 31　半自动电光天平结构　（TG – 328B）

1—指针　2—吊耳　3—天平梁升　4—调零螺丝　5—感量螺丝　6—前面门　7—圈码
8—刻度盘　9—支柱　10—托梁架　11—阻力盒　12—光屏　13—天平盘　14—盘托
15—垫脚螺丝　16—脚垫　17—升降钮　18—光屏移动拉杆

⑤ 试重：将被称物品放入右盘并关好侧门，估计被称物体的大致质量，加上稍大于被称物体质量的砝码，开始试重（初学者也可以先用托盘天平粗称，但所用托盘天平的称盘必须预先处理干净）。

⑥ 读数与记录：称量的数据应立即用钢笔或圆珠笔记录在原始数据记录本上，不能用铅笔书写，也不能记录在零星纸片上或其他物品上。

⑦ 称量结束后应使天平恢复原状。

（2）称量方法及操作

① 直接称量法：对某些在空气中没有吸湿性的试样或试剂，如金属、合金等，可以用直接称量法称样。即用牛角勺取试样放在已知质量的清洁而干燥的表面皿或硫酸纸上，一次称取一定质量的试样，然后将试样全部转移到接收容器中。

② 指定质量称样法：指定质量称样法也称固定质量称样法，在分析检验中，当需要用直接称量法配制指定浓度的标准溶液时，常常用指定质量称样法来称取基准物质。此法只能用来称取不易吸湿的、在空气中稳定的粉末状物质。

③ 差减称量法（递减称量法）：递减称样法是分析工作中最常用的一种方法，其称取试样的质量由两次称量之差而求得。操作如下：

手戴白色化纤弹力手套拿住表面皿边沿，连同放在上面的称量瓶一起从干燥器里取出。打开称量瓶盖，将稍多于理论量的试样用牛角匙加入称量瓶中，盖上瓶盖。手拿称量瓶瓶身中下部，将其置于天平物盘正中央，夹取砝码及环码使之平衡，记下称量瓶加试样的准确质量（准确至 0.1mg）。左手将称量瓶从天平盘上取下，移到接收器的上方，右手打开瓶盖，注意瓶盖不要离开接收器上方（如没有手套，可用纸带）。将瓶身慢慢向下倾斜，然后右手用瓶盖轻轻敲击瓶口上部边沿，左手慢慢转动称量瓶使试样落入容器中，待接近需要量时（通常从体积上估计），一边继续用瓶盖轻敲瓶口上沿，一边逐渐将瓶身竖直，使粘在瓶口的试样落入接收器或落回称量瓶底部，盖好瓶盖。再将称量瓶放回物盘，准确称其质量。两次称量质量之差即为倾入接收器的试样质量。如此重复操作，直至倾出试样质量达到要求为止。递减称量法操作步骤见图1-32。

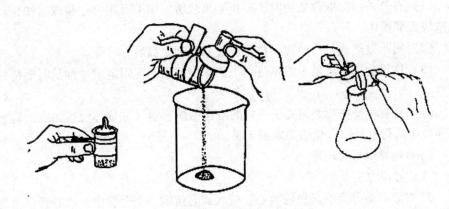

图1-32 递减称量法操作步骤

3. 电子天平的使用

一般称量使用普通托盘天平即可，对于质量精度要求高的样品和基准物质应使用电子天平（图1-33）来称量。

电子天平在称量前需要做如下检查。

（1）取下天平罩，叠好，放于天平后。

（2）检查天平盘内是否干净。

（3）检查天平是否水平，若不水平，调节底座螺丝，使气泡位于水平仪中心。

（4）检查硅胶是否变色失效，若是，应及时更换。

图1-33 电子天平

电子天平的使用方法较半自动电光天平来说大为简化，无需加减砝码、调节质量，复杂的操作由程序代替。

下面简单介绍电子天平的两种快捷称量方法。

（1）直接称量　在 LTD 指示灯显示为 0.0000g 时，打开天平侧门，将被测物小心置于秤盘上，关闭天平门，待数字不再变动后即得被测物的质量。打开天平门，取出被测物，关闭天平门。

（2）去皮称量　将容器置于秤盘上，关闭天平门，待天平稳定后按 TAR 键清零，LTD 指示灯显示质量为 0.0000g，取出容器，变动容器中物质的量，将容器放回托盘，不关闭天平门粗略读数，看质量变动是否达到要求，若在所需范围之内，则关闭天平门，读出质量变动的准确值。以质量增加为正，减少为负。

使用天平的注意事项如下。

（1）在开关门放取称量物时，动作必须轻缓，切不可用力过猛或过快，以免造成天平损坏。

（2）对于过热或过冷的称量物，应使其回到室温后方可称量。

（3）称量物的总质量不能超过天平的称量范围。在固定质量称量时要特别注意。

（4）所有称量物都必须置于一定的洁净干燥容器（如烧杯、表面皿、称量瓶等）中进行称量，以免沾染腐蚀天平。

4. 电动离心机的使用

（1）使用方法

① 将装有被分离混合物的离心管放入离心机的一个套管中，离心管口稍高出套管。注意要在对称位置上放一装有等量水的离心管，以保持离心机平衡，否则在转动时发生振动，易损坏离心机。

② 离心机应由慢速开始启动，运转平稳后再过渡到快速。

③ 转速和旋转时间应视沉淀形状而定。对于晶形沉淀，转速以 1000r/min 旋转 1～2min 即可；非晶形沉淀沉降较慢，转速以 2000r/min 旋转 3～4min。若超出上述时间后仍未能使固相和液相分开，则继续旋转已无效，需加热或加电解质使沉淀凝聚。

④ 关机后，待离心机转动自行停止，然后小心地从两侧捏住离心管口边缘，将其从套管中取出（或用镊子夹取）。不得在离心机转动时用手使其停止，也不准用手指插入离心管中拔取离心管。

（2）注意事项

① 离心管要对称放置，如管为单数不对称时，应再加一管装有相同质量的水调整对称。

② 开动离心机时应逐渐加速，当发现声音不正常时，要停机检查，排除故障（如离心管不对称、质量不等、离心机位置不水平或螺母松动等）后再工作。

③ 关闭离心机时也要逐渐减速，直到自动停止，禁止强制停止。

④ 离心机的套管要保持清洁，管底应垫上橡胶、玻璃棉或泡沫塑料等物，以免试管破裂。

⑤ 密封式的离心机在工作时要盖好盖，确保安全。

5. pH 计的使用

选择酸度计要和所测量的 pH 要求相联系。若是一般的 pH 测定，要求测准 0.1pH 单位，常用国产酸度计见表 1-7。

表 1-7　常用国产酸度计性能分类

型号	测量范围	最小分度	准确度	输入阻抗	耗电量
25 型	0~14pH	0.1pH	±0.1pH/3pH	250MΩ	40W
HSD-2 型	0~1400mV	10mV	11.2mV		
PHS-29A 型	2~12pH	0.1pH	±0.1pH/3pH	$>10^{11}\Omega$	—
	0~1000mV	10mV	≤1.5%		
PHS-1 型	0~14pH	0.1pH	±0.1pH/3pH	$>10^{10}\Omega$	2W
PHS-25 型	0~1400mV	10mV	±10mV		
PHS-2 型	0~14pH	0.02pH	±0.02pH/3pH	$>10^{12}\Omega$	—
PHj-1 型	0~1400mV	2mV	±2mV/200mV		
PHS-73 型					

下面介绍 PHS-25 型酸度计的使用。

（1）电极安装　在酸度计右侧金属架上，电极导线接在仪器的插孔及接线柱上。玻璃电极球泡极薄，安装电极时要十分小心，注意防止玻璃电极被碰破。

（2）接电源　将电源开关旋至开挡，指示灯亮，预热 30min 后即可使用。

（3）将 pH-mV 开关置于 pH 挡。

（4）校准　将参比电极的毛细管部分（要摘去橡胶套和塞）及玻璃电极的玻璃球全部浸入已知 pH 的标准缓冲溶液中，并轻轻晃动烧杯。调节"温度"钮，使其与杯内溶液的温度一致，扳"量程"开关至 7-0 或 7-14 挡，使读数钮在弹起的位置（此时仪器与电极不通而是内部接通），调节"零点"钮使指针指在 7 挡的位置。按下"读数"钮并略加转动，即可固定于按下的位置（此时仪器与电极接通），调"定位"钮使指针读数与已知的 pH 一致。抬起

"读数"钮，再检查"零点"（指针是否还在 7 挡）。必要时重调"零点"及"定位"。抬起"读数"钮，取出电极并用蒸馏水冲洗，用软质滤纸轻靠电极，吸去电极上的附着水。

（5）测定　用待测溶液洗涤电极，然后将电极浸入待测溶液中并轻轻晃动烧杯。最好使待测溶液温度与标准溶液温度一致，否则可调节温度钮至待测溶液温度处。按下"读数"钮，指示电表所指读数即为待测溶液的 pH，未按下"读数"钮时，指针应指在 7 挡，否则用"零点"调节钮调至 7 挡，然后再按下"读数"钮测定。如指针摆向 7 挡以外，可变换量程选择开关位置，再进行测量。

小　结

玻璃器皿是白酒分析与检测实验室中最常用的仪器，它透明度好、化学稳定性高、有一定的机械强度和良好的绝缘性能。每种玻璃器皿都有自己的使用方法和适用对象，在使用前应该明确。

紫外可见分光光度计是用来测定溶液吸光度的分析仪器；原子吸收分光光度计与气相色谱仪均为检测白酒中微量成分的仪器。

辅助设备是在分析中用来称量、离心、测定溶液 pH 的器具，必须牢固掌握其使用方法。

关键概念

移液管和吸量管；滴定管；容量瓶；锥形瓶；气相色谱仪；电子天平

考核与评价

参照附录"白酒分析与检测实验员考核与评价标准"。

思考与练习

1. 电光分析天平有哪些称量法，具体操作如何？
2. 酸度计主要有哪些用途？
3. 烧瓶分为哪两种类型？各应在什么情况下使用？
4. 不能在量筒或量杯里配制溶液的原因是什么？
5. 简述气相色谱仪的使用方法。

任务二　溶液的配制

一、学习目的

1. 掌握一般溶液与标准溶液的配制方法。
2. 了解白酒分析与检测实验中缓冲溶液的配制方法。

二、知识要点

1. 一般溶液的配制方法、手段。
2. 白酒分析与检测实验中标准溶液的配制方法、过程、使用设备。

三、相关知识

在白酒分析与检测实验中经常都要涉及溶液的配制，根据实际情况通常将溶液的配制分为一般溶液的配制、标准溶液的配制和缓冲溶液的配制。

（一）一般溶液

一般溶液也称为辅助试剂溶液。这一类试剂溶液用于控制化学反应条件，在样品处理、分离、掩蔽、调节溶液的酸碱性等操作中使用。在配制时试剂的质量由托盘天平称量，体积用量筒或量杯量取。配制这类溶液的关键是正确地计算应该称量溶质的质量以及应该量取液体溶质的体积。

1. **溶液浓度的表示方法**

一般溶液指浓度的准确度要求不高的溶液。常用的溶液浓度有：体积比（$V:V$）、质量分数（％）、质量浓度（g/L）、物质的量浓度（mol/L）。

$$体积比 = A\,组分体积（mL）:B\,组分体积（mL）$$

$$质量分数（\omega）= \frac{溶质质量}{溶液质量} \times 100\%$$

$$质量浓度（\rho）= \frac{溶质质量（g）}{溶液体积（L）}$$

$$物质的量浓度（c）= \frac{物质的质量（g）}{摩尔质量（g/mol）\times 体积（L）}$$

2. **注意事项**

（1）氢氧化钠为碱性化学物质，浓盐酸为酸性化学物质，注意不要溅到手上、身上，以免腐蚀。

（2）要注意计算的准确性。

（3）注意移液管的使用。

（4）稀释浓硫酸是把酸加入水中，用玻璃棒搅拌。

（5）容量瓶在使用前必须检漏，检漏的步骤为注入自来水至标线附近，盖好瓶塞，右手托住瓶底，倒立2min，观察瓶塞是否渗水。如不漏，将塞子旋转180°，再检漏。如漏水，需换一套容量瓶，再检漏。

（6）在配制由浓液体稀释而来的溶液时，如由浓硫酸配制稀硫酸时，不应该洗涤用来称量浓硫酸的量筒，因为量筒在设计的时候已经考虑到了有剩余液体的现象，以免造成溶液物质的量的大小发生变化。

（7）移液前应静置使溶液温度恢复到室温（如氢氧化钠固体溶于水放热，浓硫酸稀释放热，硝酸铵固体溶于水吸热），以免造成容量瓶的热胀冷缩。

（二）标准溶液

标准溶液是滴定分析法中用于测定化学试剂、白酒产品纯度及杂质含量的已知准确浓度的溶液。国家标准（GB 601-2002）对滴定分析用标准溶液的配制和标定方法做了详细、严格的规定，配制和标定标准溶液时，必须严格执行。

实验室中最常用的是物质的量浓度标准溶液，也有用滴定度标准溶液和质量体积表示的标准溶液，这里只介绍物质的量浓度标准溶液的配制和标定。

配制物质的量浓度标准溶液，基本单元的选择是根据等物质量规则。表1-8列出了配制标准溶液的物质的化学反应基本单元及摩尔质量（M_B）的数值以及它们在滴定中的化学反应，这样选择的基本单元符合SI（国际单位制）的规定。

标准溶液的配制方法有直接法和标定法两种，但在国家标准中只规定了标定法。

表1-8 常用标准溶液的物质和基准物质的基本单元及摩尔质量

名称	分子式	基本单元	M_B	化学反应
盐酸	HCl	HCl	36.46	$HCl + OH^- \Longrightarrow H_2O + Cl^-$
硫酸	H_2SO_4	$\frac{1}{2}H_2SO_4$	49.04	$H_2SO_4 + 2OH^- \Longrightarrow 2H_2O + SO_4^{2-}$
氢氧化钠	NaOH	NaOH	40.00	$NaOH + H^+ \Longrightarrow H_2O + Na^+$
碳酸钠	Na_2CO_3	$\frac{1}{2}Na_2CO_3$	52.99	$CO_3^{2-} + 2H^+ \Longrightarrow H_2O + CO_2$
高锰酸钾	$KMnO_4$	$\frac{1}{5}KMnO_4$	31.61	$MnO_4^- + 8H^+ + 6e \Longrightarrow Mn^{2+} + 4H_2O$

续表

名称	分子式	基本单元	M_B	化学反应
重铬酸钾	$K_2Cr_2O_7$	$\frac{1}{6}K_2Cr_2O_7$	49.03	$K_2Cr_2O_7 + 14H^+ + 6e \Longleftrightarrow$ $2K^+ + 2Cr^{3+} + 7H_2O$
碘	I_2	$\frac{1}{2}I_2$	126.9	$I_3^- + 2e \Longleftrightarrow 3I^-$
硫代硫酸钠	$Na_2S_2O_3 \cdot 5H_2O$	$Na_2S_2O_3 \cdot 5H_2O$	248.18	$2S_2O_3^{2-} - 2e \Longleftrightarrow S_4O_6^{2-}$
硫酸亚铁铵	$Fe(NH_4)_2(SO_4)_2 \cdot 6H_2O$	$Fe(NH_4)_2(SO_4)_2 \cdot 6H_2O$	392.14	$6Fe^{2+} + Cr_2O_7^{2-} + 14H^+ \Longleftrightarrow$ $6Fe^{3+} + 2Cr^{3+} + 7H_2O$
三氧化二砷	As_2O_3	$\frac{1}{4}As_2O_3$	49.46	$5AsO_3^{2-} + MnO_4^- + H_2O \Longleftrightarrow$ $5AsO_4^{3-} + Mn^{2+} + 2H^+$
草酸	$H_2C_2O_4$	$\frac{1}{2}H_2C_2O_4$	45.02	$H_2C_2O_4 + 2OH^- \Longleftrightarrow$ $2H_2O + C_2O_4^{2-}$
草酸钠	$Na_2C_2O_4$	$\frac{1}{2}Na_2C_2O_4$	67.00	$2MnO_4^- + 5C_2O_4^{2-} + 16H^+ \Longleftrightarrow$ $10CO_2 + 2Mn^{2+} + 8H_2O$
碘酸钾	KIO_3	$\frac{1}{6}KIO_3$	35.67	$IO_3^- + 6H^+ + 6e \Longleftrightarrow I^- + 3H_2O$
硝酸银	$AgNO_3$	$AgNO_3$	169.87	$Ag^+ + Cl^- \Longleftrightarrow AgCl$

1. 直接法

准确称取一定量基准化学试剂使其溶解后，移入一定体积的量瓶中，加水至刻度摇匀即可，然后由试剂质量和体积计算出所配标准溶液的准确浓度。

直接法配制标准溶液，必须使用基准试剂，基准试剂必须具备4个条件：

（1）纯度高，要求杂质含量在万分之一以下。

（2）组成与化学式相符，若含有结晶水，其含量也应与化学式相符。如 $Na_2B_4O_7 \cdot 10H_2O$，结晶水应恒定为10个。

（3）性质稳定，干燥时不分解，称量时不吸潮，不吸收二氧化碳，不被空气氧化，放置时不变质。

（4）容易溶解，最好具有较大的摩尔质量。

2. 标定法

标定法的步骤是先配制成接近于所需浓度的溶液，然后再用基准物质标定其准确浓度，或用另一种标准溶液对所配制标准溶液进行滴定，并计算出其准确浓度。

（三）缓冲溶液

在白酒分析工作中，常常需要使用缓冲溶液来维持实验体系的酸碱度。

缓冲溶液是无机化学及分析化学中的重要概念，缓冲溶液的 pH 在一定的范围内不因稀释或外加少量的酸或碱而发生显著的变化，缓冲溶液依据共轭酸碱对及其物质的量不同而具有不同的 pH 和缓冲容量。

缓冲体系一般由以下三种情况的水溶液组成：

（1）弱酸和它的盐（如 HAc – NaAc）。

（2）弱碱和它的盐（如 $NH_3 \cdot H_2O - NH_4Cl$）。

（3）多元弱酸的酸式盐及其对应的次级盐（如 $NaH_2PO_4 - Na_2HPO_4$）。

四、任务实施

（一）仪器与药品 （每组）

1. 仪器

托盘天平	1 台	250mL 锥形瓶	6 个
分析天平	1 台	25mL 移液管	1 个
称量瓶	2 只	250mL 容量瓶	1 个
药 匙	2 只	50mL 酸式滴定管	1 个
吸 球	1 个	50mL 碱式滴定管	1 个
100mL 烧杯	1 个	250mL 烧杯	1 个
100mL 量筒	1 个	60mL 滴瓶	2 只
标 签	若干	250mL 试剂瓶	3 只

2. 试剂

氯化钠、氢氧化钠固体   酚酞指示剂（10g/L）

0.1mol/L 盐酸溶液   甲基橙指示剂（1g/L）

0.1mol/L NaOH 溶液

（二）配制一般溶液

通过本项训练，熟悉容量瓶的使用，掌握托盘天平称量方法，掌握溶解、搅拌、转液、定容等操作。

1. 操作要求

（1）配制 10% 的 NaCl 溶液 200g   步骤：计算→托盘天平称量后置于烧杯中→量筒量取水→玻棒搅拌→冷却→溶液沿玻棒转入细口瓶中，盖塞，贴上标签。

（2）配制 0.1mol/L NaCl 溶液 100mL　步骤：计算→称量→烧杯中溶解→转入容量瓶→用少量水洗涤烧杯及玻棒 3 次，一并转入容量瓶→加水稀释至 100mL。

NaCl 一般溶液的配制操作过程见图 1-34。

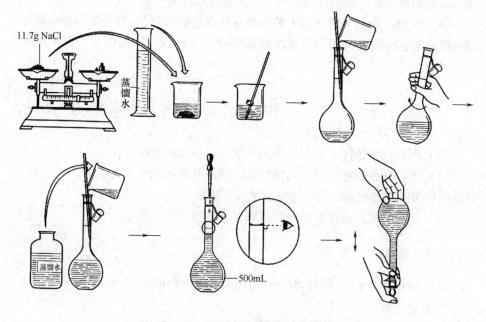

图 1-34　NaCl 一般溶液配制操作过程

（3）配制 0.1mol/L HCl 溶液 100mL　步骤：计算→量取→烧杯中稀释→转入容量瓶→用少量水洗涤烧杯及玻棒 3 次，一并转入容量瓶→加水稀释至 100mL。

（4）指示剂的配制方法　甲基橙指示剂（1g/L）的配制：用托盘天平称取 0.1g 甲基橙，置于 250mL 的洁净烧杯中，用量筒量取并加入蒸馏水 50mL，加热并用玻璃棒不断搅拌，全部溶解后，冷却至室温，转移至 100mL 容量瓶中定容、摇匀。

酚酞指示剂（10g/L）的配制：用托盘天平称取 0.5g 酚酞，置于 100mL 洁净烧杯中，加入乙醇 25mL，全部溶解后，再加入乙醇 25mL，混匀。

2. 技能要点

（1）**托盘天平称量**　两盘垫上相同质量、相同大小的纸，以保持平衡。先将砝码加在右盘，再加药品于左盘，接近平衡时用右手轻拍左手手腕，让药品少量落入盘内，防止药品取过量。

（2）**容量瓶试漏**　瓶中装水至标线，盖塞，一手食指按住塞子，另一只手指尖顶住瓶底边缘，倒立2min，观察是否漏水，转动瓶塞180°后，再观察。检查不漏水后再洗涤使用。

（3）转液　玻棒从烧杯中取出直接插入容量瓶内接近标线处，烧杯嘴紧贴玻棒，慢慢倾斜烧杯，溶液倒完后，烧杯沿玻棒轻轻上提并慢慢直立。玻棒末端残留液滴靠入瓶内后放回烧杯内，不能靠在烧杯嘴一边。

（4）定容、摇匀　用蒸馏水稀释到容量瓶容积的2/3，打开瓶塞直立旋摇，继续稀释至近标线，改用滴管或洗瓶逐滴滴加至标线，盖塞倒立，水平摇动，反复多次。

3. 注意事项

（1）称量药品时，药匙不能混用，若用烧杯称量，烧杯必须干燥，若用纸称，药品需全部转入烧杯中。

（2）用玻璃棒搅拌不能用力敲击杯壁，以免碰破烧杯。

（3）用容量瓶配制溶液，开始溶解、洗涤时溶剂用量不能太多，否则转入容量瓶后溶液会超过标线，导致配制浓度不准确。

（4）转液时防止液体流到烧杯或容量瓶外壁，造成损失。

（三）配制标准溶液

以0.1mol/L Na_2CO_3 溶液500mL为例配制标准溶液。

1. 配制过程

（1）计算　Na_2CO_3 物质的量 $= 0.1mol/L \times 0.5L = 0.05mol$，$Na_2CO_3$ 摩尔质量为106g/mol，则 Na_2CO_3 质量 $= 0.05mol \times 106g/mol = 5.3g$。

（2）称量　用分析天平称量5.300g Na_2CO_3，注意托盘天平、分析天平的使用。

（3）溶解　在烧杯中用100mL蒸馏水使之完全溶解，并用玻璃棒搅拌（注意：应冷却，不可在容量瓶中溶解）。

（4）转移，洗涤　把溶解好的溶液移入500mL容量瓶，由于容量瓶瓶口较细，为避免溶液洒出，不要让溶液在刻度线上面沿瓶壁流下，要用玻璃棒引流。为保证溶质尽可能全部转移到容量瓶中，应该用蒸馏水洗涤烧杯和玻璃棒二三次，并将每次洗涤后的溶液都注入到容量瓶中。轻轻振荡容量瓶，使溶液充分混合。

（5）定容　加水到接近刻度2~3cm时，改用胶头滴管加蒸馏水至刻度，这个操作称为定容。定容时要注意溶液凹液面的最低处和刻度线相切，眼睛视线与刻度线水平，不能俯视或仰视，否则都会造成误差。

（6）摇匀　定容后的溶液浓度不均匀，要把容量瓶瓶塞塞紧，用食指顶住瓶塞，用另一只手的手指托住瓶底，把容量瓶倒转和摇动多次，使溶液混合均匀。这个操作叫做摇匀。

2. 注意事项

（1）容量瓶是刻度精密的玻璃仪器，不能用来溶解。

（2）溶解完溶质后溶液要放置冷却到常温再转移。

（3）定容时要注意溶液凹液面的最低处和刻度线相切，眼睛视线与刻度线水平，不能俯视或仰视，否则都会造成误差，俯视使溶液体积偏小，使溶液浓度偏大；仰视使溶液体积偏大，使溶液浓度偏小。

（4）定容一旦加入水过多，则配制过程失败，不能用吸管再将溶液从容量瓶中吸出至刻度。

（5）摇匀后，发现液面低于刻线，不能再补加蒸馏水，因为用胶头滴管加入蒸馏水定容到液面正好与刻线相切时，溶液体积恰好为容量瓶的标定容量。摇匀后，竖直容量瓶时会出现液面低于刻线的现象，这是因为有极少量的液体沾在瓶塞或磨口处。所以摇匀以后不需要再补加蒸馏水，否则所配溶液浓度偏低。

3. 学生实验与完成报告

小　结

一般溶液用于控制化学反应条件，在样品处理、分离、掩蔽、调节溶液的酸碱性等操作中使用。在配制时试剂的质量由托盘天平称量，体积用量筒或量杯量取。配制这类溶液的关键是正确地计算应该称量溶质的质量以及应该量取液体溶质的体积。

标准溶液是滴定分析法中用于测定化学试剂、白酒产品纯度及杂质含量的已知准确浓度的溶液。国家标准（GB601—2002）对滴定分析用标准溶液的配制和标定方法做了详细、严格的规定，配制和标定标准溶液时，必须严格执行。

关键概念

一般溶液；标准溶液；缓冲溶液；溶液配制

考核与评价

参照附录"白酒分析与检测实验员考核与评价标准"。

思考与练习

1. 溶液浓度的表示方法有哪些？

2. 欲配制 $c\left(\dfrac{1}{6}K_2CrO_7\right)$ 为 0.15mol/L 的溶液 500mL，应如何配制？

3. 欲配制 15% 的 KOH 溶液 500mL，如何配制？

4. 配制 $100mL\ c$（HCl）为 0.1mol/L 的 HCl 标准溶液，如何配制？

5. 标定法与直接法在溶液的配制过程中有何不同？

6. 溶液在配制过程中为什么要考虑有效期？

任务三　白酒酒糟分析的基本方法训练

一、学习目的

1. 掌握白酒酒糟水分、酸度的测定步骤与方法。

2. 掌握白酒酒糟残余淀粉的测定方法。

3. 熟悉白酒分析与检测基本程序和过程，培养独立操作实验的能力。

二、知识要点

1. 定量分析的基本程序、方法、计算。

2. 定量分析的数据处理。

3. 定量分析仪器的使用及终点判断。

三、相关知识

（一）水分测定原理

原料中的水分受热以后，产生的蒸汽压高于空气在电热干燥箱中的分压，使原料中的水分蒸发出来，同时，由于不断加热和排走水蒸气，而达到完全干燥的目的，原料干燥的速度取决于这个压差的大小。

（二）酸度的测定原理

用酚酞作指示剂，当滴定到终点（pH8.2，指示剂显红色）时，根据消耗的标准碱液体积，计算出样品总酸的含量。其反应式如下：

$$RCOOH + NaOH \rightarrow RCOONa + H_2O$$

（三）残余淀粉的测定原理

经预先除去可溶性糖的淀粉质样品（酒糟），用酸水解生成葡萄糖，然后用还原糖测定方法测定其含量，再折算为淀粉含量。

四、任务实施

（一）仪器药品 （每组）

1. 仪器

托盘天平	1 台	250mL 锥形瓶	4 个
分析天平	1 台	25mL 移液管	1 个
称量瓶	2 只	250mL 容量瓶	1 个
药匙	2 只	50mL 酸式滴定管	1 个
吸球	1 个	电子天平	1 台
100mL 烧杯	1 个	250mL 烧杯	1 个
100mL 量筒	1 个	60mL 滴瓶	2 只
研钵	1 个	250mL 试剂瓶	3 只
漏斗	1 个	常压烘箱	1 台

2. 试剂

白酒酒糟样品	酚酞指示剂 （10g/L）
碱性酒石酸铜甲溶液	碱性酒石酸铜乙溶液
0.1% 葡萄糖标准溶液	0.2% 甲基红乙醇指示剂
80% 乙醇溶液	6mol/L 盐酸溶液
20% 氢氧化钠溶液	0.1mol/L NaOH 溶液

（二）水分的测定

1. 样品的制备

样品必须磨碎，全部经过 20~40 目筛，混匀。在磨碎过程中，要防止样品水分含量变化。一般水分含量在 14% 以下时称为安全水分，即在实验室条件下进行粉碎过筛等处理，水分含量一般不会发生变化，但要求动作迅速，制备好的样品存于干燥洁净的磨口瓶中备用。

2. 样品的测定及结果计算

测定时，精确称取上述样品 25g，置于已干燥、冷却并称至恒重的有盖称量瓶中，移入 95~105℃ 常压烘箱中，开盖 2~4h 后取出，加盖置于干燥器中冷却 0.5h 后称重。再烘 1h 左右，又冷却 0.5h 后称重。重复此操作，直至前后两次质量差不超过 2mg 即算恒重。

测定结果按下式计算：

$$水分（\%） = (m_1 - m_2) / (m_1 - m_3) \times 100$$

式中　　m_1——干燥前样品与称量瓶质量，g

　　　　m_2——干燥后样品与称量瓶质量，g

　　　　m_3——称量瓶质量，g

（三）酸度的测定

1. 样品的处理与制备

精确称取上述样品 25g 后放入锥形瓶内，并加入 100mL 蒸馏水后将样品于 45℃ 水浴加热 30min，除去二氧化碳，冷却后备用。

2. 样品滴定

准确吸取制备的滤液 50mL，加入酚酞指示剂 2~3 滴，用 0.1mol/L 标准碱液滴定至微红色 30s 不褪色，记录用量，平行 4 次，同时做空白实验。

以下式计算样品含酸量：

$$总酸度（\%） = \frac{c \times (V_1 - V_2) \times K}{m} \times \frac{V_3}{V_4} \times 100$$

式中　　c——标准氢氧化钠溶液的浓度，mol/L

　　　　V_1——滴定所消耗标准碱液的体积，mL

　　　　V_2——空白所消耗标准碱液的体积，mL

　　　　V_3——样品稀释液总体积，mL

　　　　V_4——滴定时吸取的样液的体积，mL

　　　　m——样品质量或体积，g 或 mL

　　　　K——0.060

3. 注意事项

样品浸泡、稀释用的蒸馏水中应不含 CO_2，因为它溶于水生成酸性的 H_2CO_3，影响滴定终点时酚酞的颜色变化。一般的做法是分析前将蒸馏水煮沸并迅速冷却，以除去水中的 CO_2。样品中若含有 CO_2 也有影响，所以对含有 CO_2 的饮料样品，在测定前须除掉 CO_2。

样品的稀释用水量应根据样品中酸的含量来定，为了使误差在允许的范围内，一般要求滴定时消耗的 0.1mol/L NaOH 不小于 5mL，最好应在 10~15mL。

（四）残余淀粉的测定

1. 样品处理

称取 25g 酒糟，用 80% 乙醇 100mL 分数次洗涤过滤，去除可溶性糖，再用

100mL 蒸馏水将残渣移入 250mL 磨口锥形瓶中。

2. 水解

吸取 30mL 6mol/L 盐酸溶液于上述 250mL 磨口锥形瓶中，瓶口装回流冷凝管，置于沸水浴中水解 2h。水解完毕，取出三角烧瓶用冷水冷却。在样品中加入 2 滴甲基红指示剂，先用 20% 氢氧化钠溶液调至黄色，再用 6mol/L 盐酸溶液调至刚好转红，然后用 10% 氢氧化钠溶液调至红色刚好褪去，使样品 pH 在 7 左右。将样品移入 250mL 容量瓶中稀释定容，过滤，收集滤液，将滤液稀释 10 倍待用。

3. 碱性酒石酸铜溶液的标定（$V_s = 11.3\text{mL}$）

移取碱性酒石酸铜甲液、乙液各 5mL，置于 150mL 锥形瓶内，加水 10mL，加玻璃珠数粒，从滴定管内滴加葡萄糖标准液 9mL，并在 2min 内加热至沸腾，并保持 30s，趁热以 1 滴/2s 的速度滴加葡萄糖标准溶液，直到溶液的蓝色刚好褪去为止，记录消耗的葡萄糖标准溶液的总体积。平行 3 次，取平均值。计算 10mL 碱性酒石酸铜甲、乙混合液相当于葡萄糖的质量。

4. 样液预测定

吸取碱性酒石酸铜甲、乙液各 5.0mL 于 150mL 锥形瓶中，加水 10mL，加玻璃珠数粒，在 2min 内加热至沸腾，趁热从滴定管中滴加样品溶液，整个过程保持沸腾状态，待溶液颜色转浅后，以 1 滴/s 的速度滴定，直至蓝色刚好褪去为止，记录样品消耗体积 V。

5. 样液测定

吸取碱性酒石酸铜甲、乙液各 5.0mL 于 150mL 锥形瓶中，加水 10mL，加玻璃珠数粒，从滴定管中加比预测体积少 1mL 的样品溶液，并在 2min 内加热至沸腾，趁沸连续以 1 滴/2s 的速度滴定，直至蓝色刚好褪去为止，记录样品消耗体积 V，平行 4 次。

6. 数据处理及计算

计算公式为：

$$淀粉含量 = （V_s \times C \times 0.9）/ （\frac{m}{250} \times 1000 \times V） \times 100\%$$

式中　V_s——滴定酒石酸铜消耗葡萄糖标准溶液的体积，mL

$\quad C$——葡萄糖标准溶液的浓度，0.1%

$\quad m$——样品的质量，g

$\quad V$——测定时消耗样品溶液的体积，mL

$\quad 0.9$——葡萄糖换算为淀粉的换算系数

7. 精度分析

计算极差，要求 4 次平行测定结果的极差/平均值不大于 0.2%，取算术平均结果为报告结果，配制浓度与规定浓度之差不大于5%。

（五）示范及技能要点

1. 讲解示范操作要点
（1）取样的方法、取样仪器。
（2）移液管的操作　吸液、调整液面、放液。
（3）滴定管的操作与终点判断。
2. 技能要点
（1）滴定终点的判断对初学者来说是最难的，滴定时要先快后慢，接近终点时，应逐滴加入。
（2）移液管使用时手法要正确，左手持吸耳球，右手持移液管，吸液过程中杜绝气泡现象的产生。

小　结

1. 通过白酒酒糟的水分、酸度、残余淀粉的测定，掌握相关分析原理，熟悉白酒基本分析的程序。
2. 注意锥形瓶、移液管、滴定管在使用过程中的技巧，避免产生误差。
3. 滴定终点的判断。

关键概念

滴定管、锥形瓶、移液管、分析天平、电子天平

考核与评价

参照附录"白酒分析与检测实验员考核与评价标准"。

思考与练习

1. 为什么要分析白酒酒糟中的水分、酸度和残余淀粉？
2. 在测定残余淀粉实验中，为什么要进行样液预测定？
3. 在白酒酒糟酸度测定实验中应注意哪些事项？

任务四　误差和检验结果的数据处理

一、学习目的

1. 了解误差产生原因及分类。
2. 掌握误差的表示方法。
3. 掌握误差减免的方法。

二、知识要点

1. 误差产生原因及分类。
2. 误差的表示方法。
3. 误差减免方法。

三、相关知识

（一）误差产生原因及分类

实验误差是指测定结果与真实值之间的差值，根据误差产生的原因与性质，误差可以分为系统误差和偶然误差两类。

1. 系统误差

系统误差是指在分析过程中由于某些固定的原因所造成的误差，具有单向性和重现性。根据系统误差的性质及产生的原因，系统误差可分为以下几类。

（1）方法误差　由于实验方法本身不够完善而引起的误差，例如，在质量分析中由于沉淀溶解损失而产生的误差；在滴定分析中，化学反应不完全，指示剂选择不当，以及干扰离子的影响等原因而造成的误差。

（2）仪器误差　仪器本身的缺陷造成的误差，如天平两臂长度不相等，砝码、滴定管、容量瓶等未经过校正而引起的误差。

（3）试剂误差　如试剂不纯、蒸馏水中有被测物质或干扰物质造成的误差。

（4）个人误差　个人误差是指由于操作人员的个人主观原因造成的误差。例如，个人对颜色的敏感程度不同，在辨别滴定终点颜色时，偏深或偏浅等都会引起误差。

2. 偶然误差

偶然误差是指在分析过程中由于某些偶然的原因造成的误差，也称随机误差或不可定误差。通常是测量条件，如实验室温度、湿度或电压波动等有变动而得不到控制，使某次测量值异于正常值。偶然误差的特征是大小和正负都不固定，在操作中不能完全避免。

除了会产生上述两类误差外，往往还可能由于操作人员工作上的粗枝大叶、不遵守操作规程等而造成过失误差，如器皿不干净、丢失试液、加错试剂、看错砝码、记录及计算错误等，这些都属于不应有的过失，会对实验结果带来严重的影响，必须注意避免。

（二）误差的表示方法

1. 准确度与误差

准确度表示分析结果与真实值接近的程度。准确度的大小，用绝对误差或相对误差表示。若以 x 表示测量值，以 μ 代表真实值，则绝对误差和相对误差的表示方法如下：

$$绝对误差 = x - \mu$$

$$相对误差 = \frac{x - \mu}{\mu} \times 100\%$$

同样的绝对误差，当被测定的质量较大时，相对误差就比较小，测定的准确度就比较高。因此用相对误差来表示各种情况下测定结果的准确度更为确切些。

绝对误差和相对误差都有正值和负值。正值表示实验结果偏高，负值表示实验结果偏低。

2. 精密度与偏差

对于不知道真实值的场合，可以用偏差的大小来衡量测定结果的好坏。偏差是指测定值 x_i 与测定的平均值 $\bar{x}$ 之差，它可以用来衡量测定结果的精密度。精密度是指在同一条件下，对同一样品进行多次重复测定时各测定值相互接近的程度，偏差愈小，说明测定的精密度愈高。

精密度可以用绝对偏差、相对平均偏差、标准偏差与相对标准偏差来表示。

（1）绝对偏差和平均偏差　测量值与平均值之差称为绝对偏差。绝对偏差越大，精密度越低。若令 $\bar{x}$ 代表一组平行测定的平均值，则单个测量值 x_i 的绝对偏差 d 为：

$$d = x_i - \bar{x}$$

d 值有正有负。各单个偏差绝对值的平均值称为平均偏差，即：

$$\bar{d} = \frac{\sum_{i=1}^{n} |x_i - \bar{x}|}{n}$$

式中，n 表示测量次数。应当注意，平均偏差都是正值。

（2）相对平均偏差

$$\frac{\bar{d}}{\bar{x}} \times 100\% = \frac{\sum\limits_{i=1}^{n} |x_i - \bar{x}|/n}{\bar{x}} \times 100\%$$

（3）标准偏差

$$S = \sqrt{\frac{\sum\limits_{i=1}^{n} (x_i - \bar{x})^2}{n - 1}}$$

使用标准偏差是为了突出较大偏差的存在对测量结果的影响。

（4）相对标准偏差或称变异系数

$$RSD = \frac{S}{\bar{x}} \times 100\%$$

（5）最大相对偏差 相对偏差：用来表示测定结果的精密度，是根据对分析工作的要求不同而制定的最大值（也称允许差）。

误差限度：是指根据生产需要和实际情况，通过大量实践而制定的测定结果的最大允许相对偏差。

四、 任务实施

在白酒分析与检测中，我们应该尽量避免误差的产生，保证实验结果的真实性和有效性。误差减免的具体方法如下。

（一）选择恰当的分析方法

首先需要了解不同方法的灵敏度和准确度。根据分析对象、样品情况及对分析结果的要求，选择适当的分析方法。

（二）减小测量误差

为了保证分析结果的准确度，必须尽量减小各步的测量误差。一般分析天平的取样量要大于0.2g，滴定消耗标准溶液的体积要大于20mL。

（三）增加平行测定次数

偶然误差的出现服从统计规律，即大偶然误差出现的概率小，小偶然误差出现的概率大；绝对值相等的正、负偶然误差出现的概率大体相等；多次平行测定结果的平均值趋向于真实值。因此在消除了系统误差的情况下，增加平行测定次数，可以减少偶然误差对分析结果的影响。

（四）消除测量中的系统误差

1. 方法校正

有些方法误差可以用其他方法进行校正。例如，质量分析中未完全沉淀出来的被测组分可以用其他方法（通常用仪器分析）测出，这个测出结果加入质量分析结果内，即可得到可靠的分析结果。

2. 校准仪器

如对砝码、移液管、滴定管及分析仪器等进行校准，可以减免系统误差。

3. 做对照试验

用含量已知的标准试样或纯物质，以同一方法对其进行定量分析，由分析结果与已知含量的差值，求出分析结果的系统误差。用此误差对实际样品的定量结果进行校正，便可减免系统误差。

4. 做空白试验

在不加样品的情况下，用与测定样品相同的方法、步骤进行定量分析，把所得结果作为空白值，从样品的分析结果中扣除。这样可以消除由于试剂不纯或溶剂等干扰造成的系统误差。

小　结

1. 实验误差是指测定结果与真实值之间的差值，根据误差产生的原因与性质，误差可以分为系统误差和偶然误差两类。

2. 准确度表示分析结果与真实值接近的程度。

3. 精密度是指在同一条件下，对同一样品进行多次重复测定时各测定值相互接近的程度，偏差愈小，说明测定的精密度愈高。

关键概念

误差；误差产生的原因；误差的减免

思考与练习

1. 误差产生的原因是什么？

2. 在白酒分析与检测实验中，应该如何减免误差的产生？

拓展阅读

拓展阅读一 常用玻璃仪器的洗涤

玻璃仪器是否洁净，对实验结果的准确性和精密度有直接影响。因此，洗涤玻璃仪器，是实验工作中的一个重要环节。

1. 常用洗涤剂及使用范围

（1）肥皂、皂液、去污粉、洗衣粉 用于用毛刷直接刷洗的仪器，如烧杯、锥形瓶、试剂瓶等。

（2）洗液（酸性或碱性） 多用于不便使用毛刷或不能用毛刷洗刷的仪器，如滴定管、移液管、容量瓶、比色管、比色皿等。

（3）有机溶剂 针对器皿带有油脂性污物的类型，选用不同的有机溶剂洗涤，如甲苯、二甲苯、氯仿、乙酸乙酯、汽油等。如果要除去洗净仪器上带的水分可以用乙醇、丙酮，最后再用乙醚。

2. 常用洗液的配制及使用注意事项

（1）铬酸洗液 由 $K_2Cr_2O_7$ 和浓 H_2SO_4 配制而成。配制方法如下：称取20g研细的工业品 $K_2Cr_2O_7$ 于烧杯中，加 20～30mL 水，加热至溶解，并浓缩至液面上有一薄层结晶时，取下冷却至 60～70℃，沿烧杯壁徐徐加入浓 H_2SO_4 500mL（不允许将 $K_2Cr_2O_7$ 溶液加入浓 H_2SO_4 中！）边加边用玻璃棒搅拌。因化学反应大量放热，浓 H_2SO_4 不要加得太快，配制好冷却后，装入磨口试剂瓶中保存。

铬酸洗液对玻璃器皿侵蚀作用较小，但具有很强的氧化能力，洗涤效果较好。其缺点是 Cr^{6+} 有毒，污染水质，应尽量避免使用。

用铬酸洗液洗涤仪器时，应首先洗除沾污的大量有机物质，尽量把水空干后再用洗液浸泡。洗液可反复使用，久用后变为黑绿色（被有机物等还原剂还原）时，说明洗液已无氧化洗涤能力，方可弃去。

（2）碱性洗液 用于洗涤有油污，特别是被有机硅化合物污染的仪器。一般采用长时间（24h 以上）浸泡或浸煮的办法。常用碱洗液有 Na_2CO_3、Na_3PO_4、$NaOH$ 等溶液，浓度一般都在5%左右。

从碱洗液中捞出被洗器皿时，切勿用手直接拿取，要戴胶皮手套或用镊子拿取，以免烧伤。浸煮时必须戴防护眼镜。

（3）有机溶剂 带有油脂性污物较多的器皿，根据油脂的性质，可以选用汽油、甲苯、苯、二甲苯、三氯甲烷、四氯乙烯等有机溶剂擦洗或浸泡。用有机溶剂洗完后再用乙醇、丙酮、水洗，效果很好。但有机溶剂昂贵，毒性较大。较大的器皿沾有大量有机物时，可先用废纸擦净，尽量采用碱性洗液或合成洗涤剂洗涤。只有无法使用毛刷洗刷的小型或特殊的器皿才用有机溶剂洗涤,如活塞内孔、滴定管夹头等。

(4) 碘-碘化钾洗液 这是一种特殊的洗液,用于洗涤被硝酸银沾污的器皿和白瓷水槽。其配方为:1g碘和2g碘化钾溶于100mL水中。

(5) 合成洗涤剂 高效、低毒,既能溶解油污,又能溶于水,对玻璃器皿的腐蚀性小,不会损坏玻璃,是洗涤玻璃器皿的最佳选择。

洗涤液种类繁多,必须针对仪器沾污物的性质,采用适合的洗涤液才能有效地洗净仪器。在使用各种性质不同的洗液时,一定要把上一种洗涤液除去后再用另一种,以免相互作用,影响洗涤效果。

3. 洗涤玻璃仪器的方法及要求

一般地说,要求数据不太精确(如精密度要求在1%以上)、定性实验中及配制一般的试剂,只要把仪器用皂液、去污粉洗涤,用自来水冲洗干净,再用蒸馏水冲洗2~3次即可。如果是定量分析实验,要求精密度小于1%时,应严格地按一定操作程序洗涤仪器。

(1) 用水刷洗 先用皂液把手洗净,然后用不同形状的毛刷,如试管刷、烧杯刷、滴定管刷等,刷洗仪器里外表面,用水冲去可溶性物质及刷掉表面粘附的灰尘。

(2) 用皂液、合成洗涤剂刷洗 水洗后用毛刷蘸皂液、洗涤剂等刷洗,一边刷,一边用水冲,用自来水冲干净后,再用蒸馏水冲3次以上。洗干净的玻璃仪器,应该以壁上不挂水珠为准,蒸馏水冲洗后,残留水分用pH试纸检查,应为中性。

蒸馏水冲洗时应按少量多次的原则,即每次用少量水,分多次冲洗,每次冲洗应充分振荡后,倾倒干净,再进行下一次冲洗。

4. 洗涤中的注意事项

(1) 刷洗时所选用的毛刷,通常根据所洗仪器的口径大小来选取,过大、过小都不适合;不能使用无直立竖毛(端毛)的试管刷和瓶刷,刷洗不能用力过猛,以免击破仪器底部;手握毛刷的位置不宜太高,以免毛刷柄抖动和弯曲及毛刷端头铁器撞击仪器底部。

(2) 用肥皂液或合成洗涤剂等刷洗不净,或者仪器因口小、管细,不使用毛刷刷洗时,一般选用洗液洗涤。使用洗液时仪器中不宜有水,以免稀释洗液使其失效;贮存洗液要密闭,以防吸水失效;洗液中如有浓硫酸,在倒入被洗仪器中时要先少量,以免发生反应过分激烈,溶液溅出伤人;洗液中如含有毒Cr^{2+}要注意安全;切忌将毛刷放入洗液中。

(3) 洗涤时通常是先用自来水,不能奏效再用肥皂液、合成洗涤剂等刷洗,仍不能除去的污垢采用洗液或其他特殊洗涤液。洗完后都要用自来水冲洗干净,必要时再用蒸馏水洗。

有时也用去污粉洗涤仪器，去污粉是由碳酸钠、白土、细砂等混合而成的。先把仪器用水润湿后，撒入少许去污粉，用毛刷擦洗，再用自来水冲洗至器壁无白色粉末为止。去污粉会磨损玻璃、钙类物质且粘附在器壁上不易冲掉，所以比较适宜洗刷容器外壁，对内壁不太适用，特别是对精确量器的内壁严禁使用去污粉。

（4）洗涤中蒸馏水的使用目的在于冲洗经自来水冲洗后留下的某些可溶性物质，所以只是为了洗去自来水才用蒸馏水。使用时应尽量少用，符合少量多次（一般3次）的原则。

（5）仪器洗净的标志是把仪器倒转过来，水顺着器壁流下只留下匀薄的一层水膜，不挂水珠，证明仪器已洗洁净。

各种实验对仪器洁净度的要求不尽相同，定性和定量分析实验，由于杂质的引进会影响实验的准确性，对仪器的洗净度要求比较高。一般的无机制备、性质实验、有机制备，或者药品本身纯度不高、副产物较多的反应实验，对仪器清洗要求不太高，如大多数有机实验除特殊要求外，对仪器一般都不要求用蒸馏水荡洗，也不一定要不挂水珠。

5. 玻璃仪器的干燥和保管

（1）干燥　玻璃仪器的干燥实验中经常使用的仪器，在每次实验完毕后必须洗净，倒置晾干备用。用于不同实验的仪器对干燥有不同的要求，一般定量分析中用的锥形瓶、烧杯等，洗净后即可使用；而用于有机分析的仪器一般都要求干燥。常用的干燥方法有以下几种。

① 倒置晾干：这是一种简单易行，省钱、省力、适用范围广的干燥方法。

② 烘干：洗净的仪器倒出水分后，放入烘箱，在105～110℃烘1h左右，也可以放入红外干燥箱内烘干。称量用的器皿如称量瓶等，在烘干后要放在干燥器内冷却和保存。实心玻璃塞、厚壁仪器烘干时要缓慢升温且温度不可太高，以免炸裂，量器不可在烘箱中烘干。

③ 热（冷）风吹干：急于干燥的仪器或不适合烘干的仪器如量器、较大的仪器，可用吹干的办法。方法是先把少量乙醇倒入已倒出水分的仪器中，摇洗一次倒出，再用乙醚摇洗，然后用电吹风吹，开始用冷风吹1～2min不宜加热的仪器（一直用冷风吹），使大部分有机溶剂挥发后，再用热风吹干。此法要求在通风橱中进行，防止中毒，不要接触明火，以防有机溶剂蒸气着火爆炸。

（2）玻璃仪器的保管　洗净、干燥的玻璃仪器要按实验要求妥善保管，如称量瓶要保存在干燥器中，滴定管倒置于滴定管架上，比色皿和比色管要放入专用盒内或倒置在专用架上，带磨口的仪器如量瓶等要用皮筋把塞子拴在瓶口处，以免互相弄乱。

拓展阅读二　常见缓冲液的配制

1. 乙醇-醋酸铵缓冲液 （pH3.7）

取 5mol/L 醋酸溶液 15.0mL，加乙醇 60mL 和水 20mL，用 10mol/L 氢氧化铵溶液调节 pH 至 3.7，用水稀释至 1000mL 即得。

2. 三羟甲基氨基甲烷缓冲液 （pH8.0）

取三羟甲基氨基甲烷 12.14g，加水 800mL，搅拌溶解，并稀释至 1000mL，用 6mol/L 盐酸溶液调节 pH 至 8.0 即得。

3. 三羟甲基氨基甲烷缓冲液 （pH8.1）

取氯化钙 0.294g，加 0.2mol/L 三羟甲基氨基甲烷溶液 40mL 使之溶解，用 1mol/L 盐酸溶液调节 pH 至 8.1，加水稀释至 100mL，即得。

4. 三羟甲基氨基甲烷缓冲液 （pH9.0）

取三羟甲基氨基甲烷 6.06g，加盐酸赖氨酸 3.65g、氯化钠 5.8g、乙二胺四乙酸二钠 0.37g，加水溶解，再稀释至 1000mL，调节 pH 至 9.0，即得。

项目二　原料检测分析

一、知识目标

1. 掌握白酒酿造原辅料的质量判别方法。
2. 理解配位滴定法的基本原理、分析方法，掌握配位滴定的操作分析步骤。
3. 掌握分光光度计使用的基本原理，定量分析操作方法。
4. 掌握索氏提取法、凯氏定氮法的基本原理、分析方法。

二、能力目标

1. 会进行酒类生产用水的总硬度测定。
2. 能正确使用分光光度计。
3. 能进行标准曲线绘制。

三、素质目标

1. 具有理论联系实际、严谨认真、实事求是的科学态度。
2. 具备分析问题、解决问题的能力。
3. 培养良好的职业道德和正确的思维方式。
4. 培养创新意识和解决实际问题的能力。

项目概述

本项目包括白酒酿造原辅材料的质量判别、酒类生产用水分析检测、酿酒原料分析三个任务。

我国白酒企业目前大多数均以粮食为主要的酿造原料，采用传统的固态发酵工艺，发酵完成后在一定温度下蒸馏出原酒，将原酒分段分级贮存一段时间后勾兑。白酒的生产过程中，原辅料和用水质量的好坏会影响白酒的产量和质量。

水的总硬度是指水中钙、镁离子的总浓度。各种工业对水的硬度都有一定的要求，尤其是白酒企业对这一指标要求十分严格。饮用水中硬度过高也会影响肠胃的消化功能。因此硬度是水质分析的重要指标之一。

项目实施

任务一　白酒酿造原辅材料质量的鉴别

一、学习目的

1. 了解白酒主要酿酒原料的种类。
2. 了解白酒原料中主要成分在白酒酿造过程中所起的作用。
3. 掌握白酒原辅料的感官检测标准。

二、知识要点

1. 淀粉和蛋白质在酿酒工艺中的重要作用。
2. 感官检测方法和要点。
3. 原辅料质量检测国家标准。

三、相关知识

对于酿酒的原辅料质量的判别主要通过感官评定和理化检测来进行。感官指标主要检测原料外观、颗粒的完整度、是否霉变、是否发芽、杂质含量等。理化指标主要检测原料的水分、淀粉、蛋白质、单宁含量等。而辅料作为蒸馏过程中起到支撑作用的重要添加物，其感官检测主要是检测是否霉变生虫、是否有骨力而又具有一定的吸水性。原料理化指标当中，淀粉为转化为可被微生物利用的糖并最终产生酒精的原料最为重要，原料当中淀粉含量的多少直接关系到出酒率的高低，所以酿酒原料当中对淀粉含量的要求很高。其次是蛋白质的含量，蛋白质作为白酒在发酵过程中微生物氮源的来源，其含量的测定具有很重要的意义。

白酒行业有关执行标准见表 2 - 1。

表 2 - 1　白酒行业执行标准

分类	标准名称	标准编号
原辅料标准	高粱	GB 8231—2007
	小麦	GB 1351—2008
	玉米	GB 1353—2009
	大米	GB 1354—2009
	豌豆	GB 10460—2008
	稻谷	GB 1350—2009
	食用酒精	GB 10343—2008
	食用加工用酵母	GB/T 20886—2007
	酿酒活性干酵母	QB/T 2074—1995
	硅藻土	QB/T 2088—2009
	硅藻土卫生标准	GB 14936—2012
	木质净水用活性炭	GB/T 13803.2—1999
产品标准	白酒工业术语	GB/T 15109—2008
	液态法白酒	GB/T 20821—2007
	绿色食品 白酒	NY/T 432—2000
卫生标准	粮食卫生标准	GB 2715—2005
	生活饮用水卫生标准	GB 5749—2006
	白酒厂卫生规范	GB 8951—1988
	蒸馏酒及配制酒卫生标准	GB 2757—2012
	食品包装用聚氯乙烯瓶盖垫片及粒料卫生标准	GB 14944—1994
	食品包装用聚氯乙烯成型品卫生标准	GB 9681—1988
	食品包装用聚乙烯成型品卫生标准	GB 9687—1988
	食品容器、包装材料用助剂使用卫生标准	GB 9685—2008
检验方法标准	白酒感官评定方法	GB/T 10345.2—1989
	白酒分析方法	GB/T 10345—2007
	食品卫生微生物学检验 酒类检验	GB/T 4789.25—2003
	定量包装商品净含量计量检验规则	JJF 1070—2005

四、 任务实施

（一）高粱的感官鉴别

总体归纳为"一看"、"二闻"、"三尝"。

一看：一般高粱米呈乳白色，有光泽，颗粒饱满、完整，均匀一致，用牙咬籽粒，观察断面质地紧密，无杂质、虫害和霉变。次质和劣质高粱米色泽暗淡，颗粒皱缩不饱满，质地疏松，有虫蚀粒、生芽粒、破损粒，有杂质。

二闻：取少量高粱米于手掌中，用嘴哈热气，然后立即嗅其气味。优质高粱米具有高粱固有的气味，无任何其他不良气味。次质和劣质高粱米微有异味，或有霉味、酒味、腐败变质及其他异味。

三尝：取少许样品，用嘴咀嚼，品尝其滋味。优质高粱米具有高粱特有的滋味，味微甜。次质和劣质高粱米乏而无味或有苦味、涩味、辛辣味、酸味及其他不良滋味。

优质高粱见图2-1，质量要求见表2-2。

图2-1 优质高粱

表2-2 高粱的质量要求

等级	容重/ (g/L)	不完整粒/ %	单宁/%	水分/%	杂质/%	带壳粒/%	色泽气味
1	≥740						
2	≥720	≤3.0	≤0.5	≤14.0	≤1.0	≤5	正常
3	≥700						

注：容重为种子颗粒在单位容积中的质量。

高粱具体感官鉴别方法如下：

1. 色泽鉴别

进行高粱色泽的感官鉴别时，可取样品在黑纸上撒一薄层，并在散射光下进行观察。

优质高粱——具有该品种应有的色泽。

次质高粱——色泽暗淡。

劣质高粱——色泽灰暗或呈棕褐色、黑色，胚部呈灰色、绿色或黑色。

2. 外观鉴别

进行高粱外观的感官鉴别时，可取样品在白纸上撒一薄层，借散射光进行观察，并注意有无杂质，最后用牙咬籽粒，观察质地。

优质高粱——颗粒饱满、完整，均匀一致，质地紧密，无杂质，虫害和霉变。

次质高粱——颗粒皱缩不饱满，质地疏松，有虫蚀粒、生芽粒、破损粒，有杂质。

劣质高粱——有大量的虫蚀粒、生芽粒、发霉变质粒。

3. 气味鉴别

进行高粱气味的感官鉴别时，可取高粱样品于手掌中，用嘴哈热气，然后立即嗅其气味。

优质高粱——具有高粱固有的气味，无任何其他的不良气味。

次质高粱——微有异味。

劣质高粱——有霉味、酒味、腐败变质味及其他异味。

4. 滋味鉴别

进行高粱滋味的感官鉴别时，可取少许样品，用嘴咀嚼，品尝其滋味。

优质高粱——具有高粱特有的滋味，味微甜。

次质高粱——乏而无味或微有异味。

劣质高粱——有苦味、涩味、辛辣味、酸味及其他不良滋味。

（二）小麦的感官鉴别

小麦含淀粉67%左右、蛋白质9.5%、脂肪2.1%、灰分2.5%左右，小麦既可作制曲原料，又是酿酒原料之一。小麦作为酿酒原料不能单独使用，可作配料，如五粮液、剑南春酒在配料中都添加了一定量小麦。由于小麦含有丰富的碳水化合物，适量的蛋白质及无机盐（钾、铁、磷、镁等），营养丰富均衡，同时含丰富的面筋质，黏着力强，故而是踩制大曲的最佳原料。

小麦的质量要求见表2-3。

表 2 - 3 小麦的质量要求

等级	容重/（g/L）	不完整粒/%	杂质		水分/%	色泽气味
			总量	其中：矿物质		
1	≥790	≤6.0				
2	≥770					
3	≥750	≤8.0			≤18.5	正常
4	≥730		≤1.0	≤0.5		
5	≥710	≤10.0				
等外	<710	—				

注："—"为不要求。

优质小麦见图 2 - 2，具体感官鉴别方法如下：

1. 色泽鉴别

进行小麦色泽的感官鉴别时，可取样品在黑纸上撒一薄层，在散射光下观察。

优质小麦——去壳后小麦皮呈白色、黄白色、金黄色、红色、深红色、红褐色，有光泽。

次质小麦——色泽变暗，无光泽。

图 2 - 2 优质小麦

劣质小麦——色泽灰暗或呈灰白色，胚芽发红，带红斑，无光泽。

2. 外观鉴别

进行小麦外观的感官鉴别时，可取样品在黑纸或白纸上（根据品种，色浅的用黑纸，色深的用白纸）撒一薄层，仔细观察其外观，并注意有无杂质。最后取样用手搓或牙咬，来感知其质地是否紧密。

优质小麦——颗粒饱满、完整，大小均匀，组织紧密，无害虫和杂质。

次质小麦——颗粒饱满度差，有少量破损粒、生芽粒、虫蚀粒，有杂质。

劣质小麦——严重虫蚀、生芽、发霉结块，有大量赤霉病粒（被赤霉菌感染），麦粒皱缩，呆白，胚芽发红或带红斑，或有明显的粉红色霉状物，质地疏松。

3. 气味鉴别

进行小麦气味的感官鉴别时，取样品于手掌上，用嘴哈热气，然后立即嗅其气味。

优质小麦——具有小麦正常的气味，无任何其他异味。

次质小麦——微有异味。

劣质小麦——有霉味、酸臭味或其他不良气味。

4. 滋味鉴别

进行小麦滋味的感官鉴别时，可取少许样品进行咀嚼品尝其滋味。

优质小麦——味佳微甜，无异味。

次质小麦——乏味或微有异味。

劣质小麦——有苦味、酸味或其他不良滋味。

（三）玉米的感官鉴别

玉米是酿造白酒和酒精的良好原料之一。在我国的北方，特别是东北，已普遍使用这种原料。近年，也有人用玉米代替大米制黄酒和啤酒。玉米淀粉含量65%、蛋白含量8.5%、脂肪含量4.3%。玉米中脂肪多集中在胚芽中。脂肪含量高一方面易产酸，影响发酵；另一方面，蒸酒时油脂易带入酒中导致白酒产生邪杂气味，同时又是白酒遇冷后产生白色絮状沉淀的原因之一。因此用玉米酿酒，应先除胚芽。玉米通常分为黄玉米和白玉米（其中白玉米较黄玉米更适于酿酒），是酿造白酒的常用原料。

玉米的质量要求见表2-4。

表2-4 玉米的质量要求

等级	容重/(g/L)	不完整粒含量/%		杂质含量/%	水分/%	色泽气味
		总量	其中：生霉粒			
1	≥720	≤4.0				
2	≥685	≤6.0				
3	≥650	≤8.0	≤2.0	≤1.0	≤14.0	正常
4	≥620	≤10.0				
5	≥590	≤15.0				
等外	<710	—				

优质玉米见图2-3，具体感官鉴别方法如下：

1. 色泽鉴别

进行玉米色泽的感官鉴别时，可取玉米样品在散射光下进行观察。

优质玉米——具有各种玉米的正常颜色，色泽鲜艳，有光泽。

次质玉米——颜色发暗，无光泽。

劣质玉米——颜色灰暗无光泽，胚部有黄色或绿色，黑色的菌丝。

图 2 – 3　优质玉米

2. 外观鉴别

进行玉米外观的感官鉴别时，可取样品在纸上撒一层，在散射光下观察，并注意有无杂质，最后取样品用牙咬观察质地是否紧密。

优质玉米——颗粒饱满完整，均匀一致，质地紧密，无杂质。

次质玉米——颗粒饱满度差，有破损粒、生芽粒、虫蚀粒、未熟粒等，有杂质。

劣质玉米——有大量生芽粒、虫蚀粒，或发霉变质、质地疏松。

3. 气味鉴别

进行玉米气味的感官鉴别时，可取样品于手掌中，用嘴哈热气立即嗅其气味。

优质玉米——具有玉米固有的气味，无任何其他异味。

次质玉米——微有异味。

劣质玉米——有霉味、腐败变质味或其他不良异味。

4. 滋味鉴别

进行玉米滋味的感官鉴别时，可取样品进行咀嚼品尝其滋味。

优质玉米——具有玉米的固有滋味，微甜。

次质玉米——微有异味。

劣质玉米——有酸味、苦味、辛辣味等不良滋味。

（四）大米的感官鉴别

大米（图 2 - 4）淀粉含量高，多在 70% 以上，蛋白含量 7% ~8%。曲酒生产中，大米经蒸煮后质软、性黏、易导致发酵不正常，一般与高粱等原料混合使用。大米质地纯净，结构疏松，利于糊化，蛋白质、脂肪、纤维素等含量均较少，故而使用大米酿酒具有酒质爽净的特点，素有"大米酿酒净"之说。

图 2 - 4　优质大米

大米的质量要求见表2-5。

表2-5 大米的质量要求

品种			籼米				粳米				籼糯米		
等级			一级	二级	三级	四级	一级	二级	三级	四级	一级	二级	三级
碎米	总量/%	≤	15.0	20.0	25.0	30.0	7.5	10.0	12.5	15.0	15.0	20.0	25.0
	其中小碎米/%	≤	1.0	1.5	2.0	2.5	0.5	1.0	1.5	2.0	1.0	1.5	2.0
不完善粒/%		≤		3.0	4.0	6.0		3.0	4.0	6.0	3.0	4.0	6.0
杂质最大限量	总量/%	≤		0.25	0.3	0.4		0.25	0.3	0.4	0.25		0.3
	糠粉/%	≤		0.15	0.2			0.15	0.2		0.15		0.2
	带壳稗粒/（粒/kg）	≤		3	5	7		3	5	7	3		5
	稻谷粒/（粒/kg）	≤		4	6	8		4	6	8	4		6

1. 质量优劣鉴别法

（1）看硬度 表面光亮、整齐均匀、硬度较大的米，蛋白质含量高，属品质好的大米；反之，碎米粒多、碾压易碎、硬度低的米质量欠佳。

（2）看腹白 米粒腹部有一个透明的白斑，在中心部位的称为"心白"，在外腹部的称为"外白"。腹白小的米是籽粒饱满的稻谷加工的，腹白大的米是不够成熟的米。

（3）看爆腰 米粒表面出现横裂纹称为"爆腰米"，裂纹越多，质量越差。用这种米做饭会"夹生"，不仅难吃，而且营养价值低。

（4）看新陈 新米色泽新鲜，可见少量青绿米粒，有清香气味。陈米颜色发灰，表面有粉状物或白纹沟，有少量黄米粒。米粒变黄是由于大米中某些营养成分在一定的条件下发生了化学反应，或者是大米粒中微生物引起的。这些黄粒米香味和食味都较差，所以选购时，必须观察黄粒米的多少。另外，米粒中含"死青"粒较多，米的质量也较差。

2. 感官鉴别

优质大米——大小均匀，坚实丰满，粒面光滑、完整，很少有碎米、爆腰，腹白无虫，不含杂质。

次质大米——米粒大小不均，饱满程度差，碎米较多，有爆腰和腹白粒，粒面发毛、生虫，有杂质。

劣质大米——有结块、发霉现象，表面可见霉菌丝，组织疏松。

3. 气味鉴别

取少量样品于手掌上，用嘴向其中哈一口热气，或用手摩擦发热，然后立即嗅其气味。

优质大米——气味香，无异味。

次质大米——微有异味。

劣质大米——有霉变气味、酸臭味、腐败味及其他异味。

4. 滋味鉴别

可取少量样品放入口中细嚼，或磨碎后再品尝。

优质大米——味佳，微甜，无异味。

次质大米——乏味或微有异味。

劣质大米——有酸味、苦味及其他不良滋味。

小　结

酿酒的原辅料质量的判别主要通过感官评定和理化检测来进行。本任务主要讲述大米、玉米、高粱、小麦的感官检测与评判及相应质量标准。

关键概念

原辅料质量；感官指标；质量标准

思考与练习

1. 酿酒的原辅料质量的判别主要通过哪些方面来进行？
2. 原辅料感官指标主要检测哪几方面？

任务二　酒类生产用水分析检测

一、学习目的

1. 掌握滴定分析的基本概念。
2. 学会滴定终点的判断。
3. 掌握酒类生产用水中总硬度的分析测定方法、步骤。

二、知识要点

1. 滴定终点的判断。
2. 化学计量点的识别。
3. 终点误差。

三、相关知识

（一）滴定分析理论

1. 滴定分析的几个概念

滴定剂：已知准确浓度的试剂溶液。

滴定：将滴定剂（标准溶液）从滴定管中逐滴加到盛有待测物质溶液的锥形瓶（或烧杯）中进行测定的过程。

化学计量点：加入滴定剂的量（mol）与待测物质的量（mol）正好符合化学反应式所表示的化学计量关系的时刻，即反应达到了化学计量点（以前的教科书中称之为等当点）。化学计量点通常依据指示剂的变色来确定。

滴定终点：在滴定过程中，指示剂恰好发生颜色变化的转变点。

终点误差：滴定终点与化学计量点不一定一致，由此而引起的分析误差为终点误差。终点误差是滴定分析误差的主要来源之一，化学反应越完全，指示剂选择得越恰当，终点误差就越小。

2. 滴定分析中的基本计算

若被测物质 A 与试剂 B 按下列方程式进行化学反应：

$$aA + bB = cC + dD$$

则它的化学计量关系是：

$$n_A = \frac{a}{b}n_B \qquad 或 \qquad n_B = \frac{b}{a}n_A$$

即 A 与 B 反应的物质的量之比为 $a : b$。式中，n_A 为物质 A 的物质的量，mol；n_B 为试剂 B 的物质的量，mol。

上述关系式是滴定分析定量测定的依据。

3. 酸碱滴定、配位滴定、沉淀滴定的基本原理

酸碱滴定：是以酸碱中和反应为基础的滴定方法。反应实质为：

$$H^+ + OH^- \longrightarrow H_2O$$

常用的标准溶液是强酸和强碱，利用酸和碱的标准溶液，通过直接滴定法或者间接滴定法，测定酸和酸性物质或碱和碱性物质的含量。

配位滴定：是以配位反应为基础、以配位剂为标准溶液的滴定分析方法。

沉淀滴定：是利用沉淀反应进行滴定的分析方法。主要有莫尔法和佛尔哈德法。

（二）水总硬度分析

1. 水总硬度的测定基本原理

水的总硬度指水中钙、镁离子的总浓度，其中包括碳酸盐硬度（即通过加热能以碳酸盐形式沉淀下来的钙、镁离子，故又称为暂时硬度）和非碳酸盐硬度（即加热后不能沉淀下来的那部分钙、镁离子，又称永久硬度）。

白酒企业常用的水处理设备如图 2 - 5 所示。

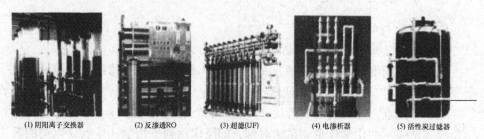

(1) 阴阳离子交换器   (2) 反渗透RO   (3) 超滤(UF)   (4) 电渗析器   (5) 活性炭过滤器

图 2 - 5　常用的水处理设备

测定水的总硬度，一般采用配位滴定法，即在 pH = 10 的氨性溶液（NH_3—NH_4Cl 缓冲溶液）中，以铬黑 T 作为指示剂，用 EDTA 标准溶液直接滴定水中的 Ca^{2+}、Mg^{2+}，直至溶液由紫红色经紫蓝色转变为蓝色，即为终点。反应式如下所示。

滴定前：
$$EBT + Me（Ca^{2+}、Mg^{2+}）= Me - EBT$$
$$（蓝色）\qquad\qquad（紫红色）$$

滴定开始至化学计量点前：
$$H_2Y^{2-} + Ca^{2+} \rightleftharpoons CaY^{2-} + 2H^+$$
$$H_2Y^{2-} + Mg^{2+} \rightleftharpoons MgY^{2-} + 2H^+$$

计量点时：
$$H_2Y^{2-} + Mg - EBT \rightleftharpoons MgY^{2-} + EBT + 2H^+$$
$$（紫蓝色）\qquad（蓝色）$$

滴定时，Fe^{3+}、Al^{3+} 等干扰离子用三乙醇胺掩蔽，Cu^{2+}、Pb^{2+}、Zn^{2+} 等重金属离子可用 KCN、Na_2S 或巯基乙酸掩蔽。

2. 世界各国对水硬度的表示方法不同

德国硬度是水硬度表示比较早的一种方法，它以度（°d）计，我国常用的水的总硬度表示方法有以下几种。

（1）德国度（°d）　每升水中含 10mgCaO 为 1°d。

（2）mg/L　每升水中含 $CaCO_3$ 的毫克数。

（3）mmol/L　每升水中钙、镁的毫摩尔数，1mmol/L = 2.804°d。

四、任务实施

白酒生产用水总硬度的测定。

1. 药品与仪器

（1）主要药品 0.01mol/L EDTA 标准溶液、氨－氯化铵缓冲液、铬黑 T 指示液、水样、钙指示剂。

（2）主要仪器 酸式滴定管、移液管（50mL）、锥形瓶、容量瓶（250mL）、量筒（100mL）等。

2. 训练内容

通过此项训练，掌握水中钙、镁离子测定方法，掌握用铬黑 T 作指示剂判断滴定终点的方法。

（1）0.01mol/L EDTA 标准溶液的配制及标定

① 0.01mol/L EDTA 标准溶液的配制。

② 0.01mol/L EDTA 标准溶液的标定。

（2）白酒生产用水总硬度测定

① 滴定水中 Ca^{2+}、Mg^{2+}：用移液管吸取水样 50.00mL 于 250mL 锥形瓶中，加 5mL pH=10 的缓冲溶液，再加 0.1g 的铬黑 T 混合指示剂，用 EDTA 标准溶液滴定至纯蓝色，平行 4 次。记录消耗标准溶液的体积（V_1）。

② 滴定水中 Ca^{2+}：用移液管吸取水样 50.00mL 于 250mL 锥形瓶中，加 5mL 10% NaOH 溶液摇匀，加 0.1g 的钙指示剂，用 EDTA 标准溶液滴定至酒红色再至纯蓝色，平行 4 次。记录消耗标准溶液的体积（V_2）。

③ 数据记录与处理

$$Ca \text{ 含量（mg/L）} = \frac{cV_2 \times 40.08 \times 1000}{50.00}$$

$$Mg \text{ 含量（mg/L）} = \frac{c(V_1 - V_2) \times 24.31 \times 1000}{50.00}$$

$$\text{总硬度（CaO mg/L）} = \frac{cV_1 \times 56.08 \times 1000}{50.00}$$

式中 c——EDTA 标准溶液的浓度，mol/L

　　　V_1——铬黑 T 终点所用 EDTA 标准溶液的体积，mL

　　　V_2——钙指示剂终点所用 EDTA 标准溶液的体积，mL

40.08——Ca 的摩尔质量，g/mol

56.08——CaO 的摩尔质量，g/mol

24.31——Mg 的摩尔质量，g/mol

（3）注意事项

① 铬黑 T 与 Mg^{2+} 显色的灵敏度高，与 Ca^{2+} 显色的灵敏度低，当水样中 Ca^{2+} 含量很高而 Mg^{2+} 含量很低时，往往得不到敏锐的终点。可以在水样中加入少许的 Mg－EDTA，利用置换滴定法的原理来提高终点变色的敏锐性，或者改用酸性铬蓝 K 作指示剂。

② 如果水样中 HCO_3^-、H_2CO_3 含量较高，终点变色不敏锐，可以经过酸化并煮沸后再测定或者采用返滴定法。

③ 水样中若含 Fe^{3+}、Al^{3+} 等离子，会干扰 Ca^{2+}、Mg^{2+} 的测定，可以加入三乙醇胺、KCN、Na_2S 等。

（4）精度分析 计算极差，要求 4 次平行测定结果的极差/平均值不大于 0.2%，取算术平均结果为报告结果，配制浓度与规定浓度之差不大于 5%。

（5）示范与技能要点

① 取样的方法 取样量 100mL，取样仪器为移液管。

② 移液管的操作 吸液、调整液面、放液。

③ 酸式滴定管的操作 注意左手的用法，防止管尖和两侧漏液。

④ 终点判断 待滴定至溶液为蓝紫色时即接近终点，要注意每加一滴 EDTA 都需充分摇匀，最好每滴间隔 2~3s，滴到纯蓝色即为终点。

小 结

用 EDTA 标准溶液滴定测定水的总硬度是国际国内规定的标准分析方法。在 $pH = 10$ 的氨性缓冲溶液中，以铬黑 T 为指示剂，用 EDTA 标准溶液滴定水样溶液由酒红色变纯蓝色为终点，记录 EDTA 标准溶液消耗体积，计算水的总硬度。

关键概念

配位滴定；EDTA；金属指示剂；缓冲溶液

考核与评价

参照附录"白酒分析与检测实验员考核与评价标准"。

思考与练习

1. 配位滴定中为什么需要加入缓冲溶液？
2. 铬黑 T 指示剂最适用的 pH 范围是多少？为什么？
3. 水的硬度主要是由什么离子形成的？用什么滴定法测定水的总硬度？
4. 用什么试剂作指示剂？溶液 pH 控制在多少？用什么缓冲溶液调节溶液 pH？

5. 测定水的总硬度时，哪些离子有干扰？如何消除干扰？

任务三　酿酒原料分析

一、学习目的

1. 熟悉小麦样品的处理，掌握小麦水分测定的基本原理和操作方法。
2. 掌握数量处理方法并进行误差分析。
3. 掌握碱性酒石酸铜的配制方法和葡萄糖标准曲线的绘制方法。
4. 熟练掌握移液管和分光光度计的应用。
5. 理解脂肪含量的测定原理，掌握索氏提取仪的使用方法。
6. 了解蛋白质含量的测定原理及操作，掌握蛋白质分析的方法。
7. 掌握果胶含量的提取原理，以及样品的处理、数据处理及计算方法。

二、知识要点

1. 干燥箱的应用及干燥终点的判定。
2. 数据处理、误差分析。
3. 标准曲线的绘制。
4. 移液管和分光光度计的操作知识。
5. 样品处理。

三、相关知识

样品中的水分一般是指在100℃左右直接干燥的情况下，所失去物质的总量。如果样品中不含或含其他挥发性物质甚微，可采用直接干燥法。在干燥过程中，一般采用95~100℃的温度，应尽量使水分蒸发完全。测量样品质量时，重复称量，干燥样品的质量不再发生变化，即达到恒重状态。

小麦的水分含量与小麦的质量有很大关系。小麦的水分含量过高容易使小麦发生霉变或者发芽，不利于小麦的贮藏，还会影响小麦的品质。酿酒原料中小麦的水分测量是确定小麦质量的重要检测指标之一。

淀粉是一个复杂化合物。理论上每50kg淀粉可生产65度白酒49kg左右，因此，淀粉含量越高出酒率越高。淀粉是酿酒微生物生长发育的营养物质和能源。来源不同的淀粉颗粒大小悬殊，颗粒最大的为马铃薯淀粉，颗粒最小的为稻米淀粉。淀粉因结构不同分为支链淀粉和直链淀粉。

单宁有涩味和收敛性，遇铁生成黑色沉淀，并有凝固蛋白质的能力，阻碍酒醅进行糖化和发酵。当单宁含量较多时，会使淀粉酶钝化，出现酒醅发黏、酒体带有苦涩味的现象，以至于降低产量等。但微量的单宁却有抑制杂菌的作用，不仅发酵效率高，经蒸煮及发酵后，还能分解出芳香物质（丁香酸等），组成白酒的香味成分。

脂肪是一种含量较低、对酿酒发酵有阻碍作用的成分。酿酒原料中玉米的脂肪含量较高，并且主要集中在胚内。

蛋白质是微生物生长所必需的氮源营养物质，无论是在大曲中还是在入窖前的糟醅中都需要对蛋白质的含量进行测定，原料中蛋白质含量的高低关系到发酵结果和发酵速度的快慢。

果胶广泛存在于水果和蔬菜中，如苹果中含量为 0.7% ~ 1.5%（以湿品计），在蔬菜中以南瓜含量最多（达 7% ~ 17%）。原果胶不溶于水，故用酸水解，生成可溶性的果胶，再进行提取、脱色、沉淀、干燥，即为商品果胶。从柑橘皮中提取的果胶是高酯化度的果胶（酯化度在 70% 以上）。在食品工业中常利用果胶制作果酱、果冻和糖果，在汁液类食品中作增稠剂、乳化剂。

四、任务实施

（一）直接干燥法测定小麦的水分

1. 药品与仪器

（1）主要药品　粉碎的小麦样品（取自酒厂）。

（2）主要仪器　称量瓶、干燥箱、干燥器、分析天平。

2. 训练内容

通过此项训练，熟悉酿酒原料中水分含量采用直接干燥法的测定操作，掌握电子天平、干燥箱和干燥器等的操作技巧。

（1）水分的测定　取洁净铝制或玻璃制的扁型称量瓶，置于 95 ~ 105℃ 干燥箱中，瓶盖斜支于瓶边，加热 0.5 ~ 1.0h，取出盖好，置干燥器内冷却 0.5h，称量，并重复干燥至恒重。称取 2.00 ~ 10.0g 的小麦样品，放入此称量瓶中，样品厚度约为 5mm。加盖，精密称量后，置于 95 ~ 105℃ 干燥箱中，瓶盖斜支于瓶边，干燥 2 ~ 4h 后，盖好取出，放入干燥器内冷却 0.5h 后称量。然后再放入 95 ~ 105℃ 干燥箱中干燥 1h 左右，取出，放干燥器内冷却 0.5h 后再称量。至前后两次质量差不超过 2mg，即为恒重。

（2）数据处理与计算

$$X = \frac{m_1 - m_2}{m_2 - m_3} \times 100\%$$

$$X_1 = 1 - X$$

式中　X——干重，%

X_1——样品中水分的含量,%

m_1——称量瓶和样品的质量, g

m_2——称量瓶和样品干燥后的质量, g

m_3——称量瓶的质量, g

（3）误差分析

① 烘干过程中，样品内出现物理栅，可防止水分从食品内部和表层扩散。例如，干燥糖浆，富含糖分的水果、蔬菜等在样品表层结成薄膜，水分不能扩散，蒸发水分减少。

② 有些样品水分含量高，干燥温度也较高时，样品可能发生化学反应，这些变化会使水分无形损失。如淀粉的糊精化、水解作用等。

③ 对热不稳定的样品，温度高于70℃会发生分解，产生水分及其他挥发性物质，如蜂蜜、果浆、富含果糖的水果。

④ 样品中含有除水分以外的其他易挥发物，如乙醇、醋酸等将影响测定。

⑤ 样品中含有双键或其他易于氧化的基团，如不饱和脂肪酸、酚类等会使残留物增重，水分含量偏低。

（二）大米中淀粉含量的测定

试样经除去脂肪及可溶性糖类后，其中的淀粉用酸水解成具有还原性的单糖，然后按还原糖测定，并折算成淀粉含量。

1. 药品与仪器

（1）主要药品 乙醚、乙醇溶液（85%）、盐酸溶液（1+1）、氢氧化钠溶液（400g/L）、氢氧化钠溶液（100g/L）、甲基红指示液、乙醇溶液（2g/L）、精密pH试纸（6.8~7.2）、乙酸铅溶液（200g/L）、硫酸钠溶液（100g/L）、碱性酒石酸铜甲液、碱性酒石酸铜乙液、葡萄糖标准溶液。

（2）主要仪器 研钵、分析天平、250mL锥形瓶、50mL量筒、200mL量筒、滤纸、漏斗、铁架台、250mL烧杯、自动回流酸解装置、水浴锅、20mL移液管2支、500mL容量瓶。

2. 训练内容

通过此项训练理解酸水解法测定淀粉的原理及操作要点，掌握酸水解法测定淀粉的基本操作技能，掌握碱性酒石酸铜的配制方法和葡萄糖标准曲线的标定，熟悉研钵、分析天平、水浴锅、移液管、容量瓶及过滤装置的操作。

（1）实验准备 碱性酒石酸铜甲液：称取15g硫酸铜（$CuSO_4 \cdot 5H_2O$）及0.05g次甲基蓝，溶入水中并稀释至1000mL。

碱性酒石酸铜乙液：称取50g酒石酸钾钠及75g氢氧化钠，溶于水中，再加入4g亚铁氰化钾，完全溶解后，用水稀释至1000mL，贮存于橡胶塞玻璃瓶内。

葡萄糖标准溶液：准确称取 1.000g 经过（96±2）℃干燥 2h 的纯葡萄糖，加水溶解后加入 5mL 盐酸，并以水稀释至 1000mL。此溶液每毫升相当于 1.0mg 葡萄糖。

（2）样品处理

① 捣碎处理：将大米在粉碎机中粉碎。

② 称取 10.00g 碎米，置于 50mL（或 100mL）烧杯中。

③ 除去样品中的脂肪：用 50mL 量筒加 30mL 乙醚振摇提取脂肪，用滤纸过滤除去乙醚，再用 30mL 乙醚淋洗漏斗中残留物 2 次，弃去乙醚。

④ 除去可溶性糖类物质：先用 150mL（85%）乙醇溶液分数次（约 5 次）洗涤残渣，除去可溶性糖类物质。然后滤干乙醇溶液，以 100mL 水洗涤漏斗中残渣并转移至 250mL 锥形瓶（磨口与冷凝管连接）中。

⑤ 酸水解：在 250mL 锥形瓶（磨口与冷凝管连接）中用 50mL 量筒加入 30mL 盐酸（1+1），接好冷凝管，置沸水浴中回流 2h。回流完毕后，立即置流水中冷却。待样品水解液冷却后，加入 2 滴甲基红指示液，先以氢氧化钠溶液（400g/L）调至黄色，再以盐酸（1+1）校正至水解液刚变红色为宜。若水解液颜色较深，可用精密 pH 试纸测试，使样品水解液的 pH 约为 7。

⑥ 除铅：加 20mL 乙酸铅溶液（200g/L），摇匀，放置 10min。再加 20mL 硫酸钠溶液（100g/L），以除去过多的铅。摇匀后将全部溶液及残渣转入 500mL 容量瓶中，用水洗涤锥形瓶，洗液合并于容量瓶中，加水稀释至刻度。过滤，弃去初滤液 20mL，滤液供测定用。

（3）标定碱性酒石酸铜溶液 吸取 5.0mL 碱性酒石酸铜甲液及 5.0mL 乙液，置于 250mL 锥形瓶中，加水 10mL，加入玻璃珠 2 粒，从滴定管滴加约 9mL 葡萄糖或其他还原糖标准溶液，控制在 2min 内加热至沸，趁沸以每两秒 1 滴的速度继续滴加葡萄糖或其他还原糖标准溶液，直至溶液蓝色刚好褪去为终点，记录消耗葡萄糖或其他还原糖标准溶液的总体积，平行 3 次，取其平均值。

（4）样品溶液测定 吸取碱性酒石酸铜甲液和乙液各 5.0mL，置于 150mL 锥形瓶中，加水 10mL，加样品溶液 10mL，然后再加入玻璃珠 2 粒，从滴定管滴加比预测体积少 1mL 的葡萄糖液至锥形瓶中，在 2min 内加热至沸，趁沸继续以每两秒 1 滴的速度滴定，直至蓝色刚好褪去为终点，记录样液消耗体积，平行 3 次，得出平均消耗体积。

（5）数据记录与计算 试样中淀粉的含量为：

$$X = \frac{F \times 0.9}{m \times \dfrac{V}{500} \times 1000} \times 100$$

$$F = (V_1 - V_2) \times 0.1\%$$

式中　X——样品中的淀粉含量，g/100g

　　　F——10mL 碱性酒石酸铜溶液（甲、乙液各5mL）相当于葡萄糖的质量，mg

　　　m——样品质量，g

　　　$\overline{V}$——测定用样品水解液的平均体积，mL

　　　500——样品液总体积，mL

　　　0.9——还原糖（以葡萄糖计）折算成淀粉的换算系数

（三）高粱中单宁含量的测定

用二甲基甲酰胺溶液振荡提取高粱中的单宁。过滤后取滤液，在氨存在的条件下，与柠檬酸铁铵形成一种棕色络合物，用分光光度计在525nm 波长处测定其吸光度值，与标准系列比较定量。单宁在单宁酶的作用下产生丁香酸是白酒中主要的香味物质。

1. 药品与仪器

（1）主要药品　单宁酸标准溶液：2.5g 单宁酸溶于水中，定容至1000mL。该溶液避光、低温保存，一周内能保持稳定。单宁酸标准来源不同，对测定结果有影响。因此，推荐使用相对分子质量为1701.25 的单宁酸作为标准品，并且配制0.3mg/mL 的单宁酸标准溶液，测得吸光度值应在0.45~0.55。

8.0g/L 氨溶液：取浓氨水（25%~28%）3.6mL，定容至100mL。

75%（体积分数）二甲基甲酰胺溶液：取75mL 二甲基甲酰胺，加水约20mL，混匀，放至室温，然后定容至100mL。

3.5g/L 柠檬酸铁铵溶液：柠檬酸铁铵试剂铁的含量在17%~20%（质量分数）；3.5g/L 溶液，使用前24h 配制。

（2）主要仪器　分析天平、机械粉碎机（带孔径为1.0mm 的筛子）、中速滤纸、振荡机、可见分光光度计、10mm 比色皿、50mL 移液管、刻度移液管、试管、25mL 容量瓶、100mL 具塞锥形瓶。

2. 训练内容

通过此项训练理解单宁的测量原理，掌握标准液的配制方法，熟悉分析天平、水浴锅、移液管、容量瓶和分光光度计的操作。

（1）试样制备　取样时应按照《GB 5491—1985 粮食、油料检验扦样、分样法》中的仓房扦样法进行取样。样品弃去杂质，用机械粉碎机粉碎，并全部通过 1.0mm 孔径的筛子，充分混匀。粉碎的高粱试样在避光、干燥的条件下最多保存几天，因此，试样粉碎后应尽快测定。

（2）水分测定　按 105℃ 恒重法测定试样水分含量。

（3）提取　称取试样约 1g，精确至 0.0001g，置于 100mL 锥形瓶中，准确加入 50mL 75% 二甲基甲酰胺溶液，加塞子密封，于振荡机上振荡 60min，然后用双层滤纸过滤，滤液备用。

（4）测定

① 用移液管吸取提取液 1.0mL，置于试管中，用移液管移加 6.0mL 水和 1.0mL 氨溶液，振荡均匀、静置。加氨水 10min 后，以水作空白，用分光光度计在 525nm 波长处测定吸光度值。

② 用移液管吸取提取液 1.0mL，置于试管中，用移液管移加 5.0mL 水和 1.0mL 柠檬酸铁铵溶液，振荡均匀，再加 1.0mL 氨溶液，充分振荡均匀、静置。加氨水 10min 后，以水作空白，用分光光度计在 525nm 波长处测定吸光度值。

结果为两次测定吸光度值之差。

（5）绘制标准曲线

① 用移液管准确吸取 0mL、1.0mL、2.0mL、3.0mL、4.0mL、5.0mL 单宁酸标准溶液，分别置于 6 个 25mL 容量瓶中，用 75% 二甲基甲酰胺溶液稀释至刻度（标准溶液系列分别相当于 0mg/mL、0.1mg/mL、0.2mg/mL、0.3mg/mL、0.4mg/mL、0.5mg/mL 的单宁酸含量）。

② 用移液管分别吸取以上单宁酸标准溶液系列 1.0mL，置于 6 只试管中，各准确加入 5.0mL 水和 1.0mL 柠檬酸铁铵溶液，振荡均匀，再各加 1.0mL 氨溶液，充分振荡均匀、静置。加氨水 10min 后，以水作空白，用分光光度计在 525nm 波长处测定吸光度值。

③ 以吸光度值作纵坐标，单宁酸标准溶液系列中单宁酸含量（mg/mL）作横坐标，绘制标准曲线。

（6）数据处理与计算　高粱单宁含量以干基中单宁酸质量的百分数来表示，按下式计算：

$$单宁含量（\%）= (5 \times C/m) \times [100/(100-H)]$$

式中　C——试样提取液测定结果，从标准曲线上查得相当的单宁酸含

量，mg/mL

m——试样质量，g

H——试样的水分含量，%

由同一操作者同时或连续两次测定结果的允许误差不超过 0.1%，取两次测定的平均值作为测定结果（保留小数点后两位数字）。

（四）玉米胚中粗脂肪含量 （索氏提取法） 测量

索氏提取法的原理是将粉碎或经前处理而分散的试样，放入圆筒滤纸内，将滤纸筒置于索氏提取管中，利用乙醚在水浴中加热回流，提取试样中的脂类于接收烧瓶中，经蒸发去除乙醚，再称出烧瓶中残留物质量，即为试样中的脂肪含量。

1. 药品与仪器

（1）主要药品　无水乙醚。

（2）主要仪器　索氏提取仪、电热恒温水浴、电热恒温烘箱、分析天平。

2. 训练内容

通过此项训练，熟悉酿酒原料中水分含量采用直接干燥法测定的操作，掌握电子天平、干燥箱和干燥器等的操作技巧。

将样品在 80～100℃电热鼓风干燥箱内烘去水分，一般烘 4h，烘干时要避免过热。样品颗粒不宜太大，一般要在研钵中研碎样品。

（1）准备工作　将恒温水浴锅的水温事先加热（至 80℃），务必保证提取管和烧瓶内干燥、洁净；若否，将其洗净并置于干燥箱内 120℃烘干。

取一张直径 11cm 的滤纸，折成筒状，再将其一端折起来封死，便做成了滤纸斗。

（2）称样　取玉米胚，在碾钵中用碾锤彻底捣碎作为实验样品。将滤纸斗在电子天平上称重，然后用药勺取 2 勺（约 2g）样品装入滤纸斗中，把滤纸斗的开口处折起来封死，防止样品泄出滤纸斗，调整滤纸斗的高度，使其放在抽提管中时略低于虹吸管的上弯头处，将装好样品的滤纸斗放在电子天平上称重，两质量之差即为样品的质量。

（3）提取　将索氏提取仪按照图 2-6 所示，从下至上安装。首先安装好烧瓶，并调整其高度，使其刚好能浸入水浴锅的水中。将装置从水浴锅的水中取出，继续安装提取管，把装有样品的滤纸斗放入提取管内，向提取管中缓缓倒入石油醚直至液面达到虹吸管上弯头部，正好虹吸一次；再向提取管中倒入石油醚，使其液面达到第一次液面的一半。用乳胶管将冷凝管与自来水管相连，将冷凝管安装到提取管上，检查一下，确保所有接口均对接完好（不漏气，不打滑）。轻轻打开自来水（冷凝用），将索氏提取仪整个装置放入恒温水浴锅中加热提取（水温 80℃ 左右），提取时间 2~4h，约虹吸 20 次，记录每次虹吸所需的时间和虹吸次数。注：若要将样品的粗脂提取完全，提取时间至少为 12h。由于实验时间的限制，提取率只能达到 80% 左右。

（4）回收石油醚　提取 2h 后，当石油醚在提取管中的液面即将达到虹吸管的上弯头处时，从水浴锅中取出索氏提取仪装置，室温冷却 5~10min；取下平底烧瓶，将提取管的下端口插入回收瓶中，倾斜装置，提取管中的石油醚会虹吸而流入回收瓶中，达到回收的目的。再装上平底烧瓶，继续放入恒温水浴锅中加热直至冷凝管下端无石油醚滴下，表明平底烧瓶中的石油醚已经蒸干。注意：必须蒸干后才能放入干燥箱烘干，否则会引起火灾。取下平底烧瓶，回收提取管中的石油醚。

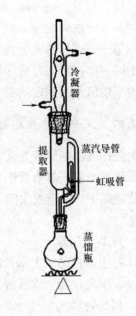

图 2-6　索氏提取仪

（5）称量粗脂肪质量　将平底烧瓶放入 120℃ 的电热鼓风干燥箱中烘 15min，取出冷却后称重（须戴手套，以免烫伤）。再将平底烧瓶用洗涤剂洗净，于 120℃ 的电热鼓风干燥箱中烘干（约 15min），取出冷却后称重，两者的质量之差就是粗脂肪的质量。

（6）清洁　从提取管中取出滤纸斗，清洗提取管，整理好桌面上的仪器和试剂，并注意清洁自己的操作台。

（7）计算

$$样品粗脂肪的含量（\%）=（粗脂肪的质量/样品的质量）\times 100\%$$

（五）原料中蛋白质含量测定　（凯氏定氮法）

蛋白质是含氮的有机化合物。食品与硫酸和催化剂一同加热消化，使蛋白质分解，分解的氨与硫酸结合生成硫酸铵。然后碱化蒸馏使氨游离，用硼酸吸收后再以硫酸或盐酸标准溶液滴定，根据酸的消耗量乘以换算系数，即为蛋白质含量。

1. 药品与仪器

（1）主要药品　硫酸钾、五水硫酸铜、浓硫酸、40% NaOH 溶液（400g/L）。

0.1mol/L 盐酸标准溶液：量取 9mL 盐酸加适量水稀释至 1000mL。

4% 硼酸：取 40g 硼酸加水适量溶解后，定容至 1000mL 容量瓶中。

指示剂：甲基红 0.1g，溴甲酚绿 0.1g，混合定容至 100mL 95% 乙醇中，在滴定时加 2 ~ 3 滴于硼酸中。

（2）主要仪器 消化炉、半自动凯氏定氮仪、分析天平、托盘天平。

常用的凯氏定氮消化、蒸馏装置见图 2 - 7。

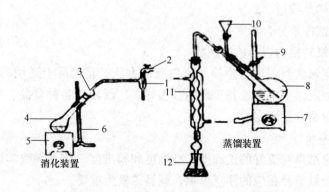

图 2 - 7 常用的凯氏定氮消化、蒸馏装置

1—水力抽气管 2—水龙头 3—倒置的干燥管 4—凯氏烧瓶 5、7—电炉
8—蒸馏烧瓶 6、9—铁支架 10—进样漏斗 11—冷凝管 12—接收瓶

2. 训练内容

通过此项训练，掌握凯氏定氮法的操作原理，熟练掌握凯氏定氮仪和消化器的使用。

（1）分析步骤 称 1g（精确至 0.1mg）左右样品于消化管中，加 7g 硫酸钾和 0.8g 五水硫酸铜，加 12mL 浓硫酸，慢慢地摇动，将样品用酸浸湿，将涤气装置接在支架中的消化管上，将水抽气泵水龙头全开，将装有涤气装置的消化管连支架放入消化器中，5min 后调小抽气泵水流，使酸恰好吸入涤气罩头，继续消化直至全部样品变为透明的蓝绿色澄清液体，根据样品种类，消化时间在 30 ~ 60min。

消化完毕，将装有涤气装置的消化管连支架一起从消化器中取出冷却 15 ~ 20min，在每个消化管中加入 25mL 蒸馏水，将 30mL 接收液加入锥形瓶，再加 2 滴甲基红 - 溴酚绿指示剂，放入蒸馏器升起持瓶台后，使馏出液出口浸入接收液，将消化管放入蒸馏器，关上安全门，将 60mL 40% NaOH 加入消化管后进行蒸馏，接收瓶中的溶液呈绿色，表示有碱 - 氨存在。

用标准盐酸溶液滴定馏出液至蓝/灰色为滴定终点，记录盐酸溶液用量，同时做试剂空白实验。除不加样品外，从消化开始操作完全相同，记录空白实验消耗盐酸标准溶液的体积。

（2）结果计算

$$粗蛋白质含量（干基\%）= c \times (V_1 - V_2) \times 0.1 \times 14.007 \times \frac{F}{m} (1 - M)$$

式中　c——HCl 标准溶液的浓度，mol/L

V_1——滴定样品吸收液时消耗盐酸标准体积，mL

V_2——滴定空白吸收液时消耗盐酸标准体积，mL

m——样品质量，g

M——试样水分含量%

F——氮转换为蛋白质的系数

以凯氏定氮法测定氮含量换算蛋白质的方法，是国际上通用的标准方法，操作简单，测定结果重复性和重现性都很好，广泛用于各种食品、谷物、饲料等样品的蛋白质含量测定。

3. 注意事项

要使测定结果有更好的正确度、准确度和精准度，认真细致掌握测定的每个步骤、各个细节及相应的注意事项，就显得极为重要。

（1）试样的粉碎　测定要求样品粉碎并全部过 40 目筛，目的在于使其具备均质性，便于溶样，更易于消化，但也须掌握以下四点。

① 由于粉碎或过筛过程中，样品容易产生自动分级，如玉米，其硬质部分常聚集在上面，软质部分聚集在下面，所以粉碎过筛后要重新混合均匀，以减少测量误差。

② 粉碎完后，粉碎机中总会遗留少部分样品，这部分样品不能随便丢弃，否则将影响样品的均质性。

③ 粉碎过程要快，以避免样品的成分变化。

④ 对于全价料和浓缩料，无须再粉碎，当然这是基于混合机的良好混合均度的；如果拿去粉碎，会丢失部分粉末物质，且粉碎后产生分级，反而降低了样品的均质性。

（2）试样的用量　试样的用量可根据情况而定，标准法中规定为 0.5～1g，这个用量对于高蛋白质的样品尚可，对于诸如稻谷、玉米等低蛋白质的样品则相对较少，可适当增加到 2～3g，否则，滴定时盐酸的消耗量只有 1～2mL，会增加读数和测定的误差。

（3）样品的消化　先是确定硫酸的用量，要根据样品的用量来确定硫酸的用量，如果取 2～3g 样，则需 25mL 硫酸；消化液中加入大量硫酸钾或硫酸钠，其目的是用于提高消化温度。

$$K_2SO_4 + H_2SO_4 \longrightarrow 2KHSO_4$$
$$2KHSO_4 \longrightarrow K_2SO_4 + SO_3 + H_2O$$

如消化过程中，随着硫酸的分解和水分的蒸发，硫酸钾的浓度逐渐增大，则消化液沸点升高，加速了有机物的分解速度。但应注意硫酸钾的用量不能过大，如果消化温度太高，生成的硫酸铵也会分解出氨而使测定结果偏低。

$$(NH_4)_2SO_4 \longrightarrow NH_3 \uparrow + NH_4HSO_4$$
$$NH_4HSO_4 \longrightarrow NH_3 \uparrow + SO_3 + H_2O$$

消化液冷却后呈固态，则表明硫酸钾用量过大，或硫酸用量不足。事实上，增加试样量和硫酸量，其混合催化剂的量不必增加。

在试样消化过程中，还要加硫酸铜等试剂作为催化剂，进一步加速试样的消化分解。

除硫酸铜外，常用的催化剂还有汞、氧化汞、硒粉、还原铁或这些物质的混合物。对于一般谷物样品，如玉米、小麦、稻谷等的消化，用硫酸铜作催化剂，只要适当增加盐用量，使用强热源，其效果与汞催化剂完全一样；对于难消化物质的样品，硫酸铜催化效果不如汞，测得蛋白质含量偏低。

用硫酸铜作催化剂的好处，是在蒸馏氨时可作为碱性反应的指示剂。

添加氧化剂可帮助有机质消化，但氧化性较强的氧化剂会使氨氧化为氮气造成损失。对于富含脂肪或消化过程中易发泡的样品，可在消化前添加少量氧化剂，如过氧化氢，一般不用高锰酸钾和次氯酸作氧化剂。

（4）蒸馏　氨的蒸馏有两种方法：常量蒸馏法和半微量蒸馏法。常量法将样品分解消化后全部用于测定，取样量大，测定结果的准确性和精确度都很高。半微量法测定结果精密度稍差一点。一般情况下建议使用半微量法，因为如果蒸馏失败的话，半微量法还可继续蒸馏，而常量法只好全部重来，费时费力。

半微量法中规定蒸馏4min，但未规定从何时计时。其实，蒸馏时间的长短要看蒸汽量的大小，蒸汽量小时须增加蒸馏时间。从笔者多年的经验来看，多蒸馏 1~2min 对结果没有影响，并可随时用试纸检查是否蒸馏完全。所以，从何时计时的争论也就无关紧要了。

蒸馏时要注意两点：一是反应室里的溶液总体积要控制，也就是说，在冲洗加样口时用水要少，否则反应室溶液体积太大，液面升高，容易喷进冷凝管内。二是要控制蒸汽量或火力大小，蒸汽量太大也会将反应液喷进冷凝管中；火力太小，蒸馏速度慢，且易发生倒流；蒸汽产生要均匀，防止暴沸；一定要装上蒸汽发生器的安全管，同时加上几粒玻璃珠。

（六）粗纤维的测定

样品相继与热的稀酸、稀碱共煮，并分别经过滤分离、洗涤残留物等操作，再进行干燥、灰化。酸可将糖、淀粉、果胶质和部分半纤维素水解而除去。碱能溶解蛋白质、部分半纤维素、木质素和皂化脂肪酸而将它们除去，再用乙醇和乙醚处理，所得的残渣干燥后减去灰分重即为粗纤维含量。

1. 药品与仪器

（1）主要药品 硫酸溶液：0.005mol/L，溶液浓度须经标定。

氢氧化钠溶液：0.005mol/L，溶液浓度须经标定。

95%乙醇无水乙醚、消泡剂等。

石棉：加1:3的盐酸溶液（体积比）于石棉上并且煮沸大约45min，过滤、水洗、干燥后置于550℃的马弗炉中灼烧16h。取出放冷后加入硫酸煮沸30min，然后过滤，用蒸馏水洗净酸。再加入氢氧化钠煮沸30min，然后过滤，用硫酸洗一次，再用水洗净、烘干后置于550℃的马弗炉中灼烧4h。冷却后加水成悬浊物，贮存于广口瓶中。

（2）主要仪器 分析天平、组织捣碎机、粉碎机、电热板、回流装置、亚麻布、布氏漏斗、短颈漏斗、抽滤瓶、古氏坩埚、干燥箱、马弗炉、干燥器。

抽滤装置和干燥器分别见图2-8、图2-9。

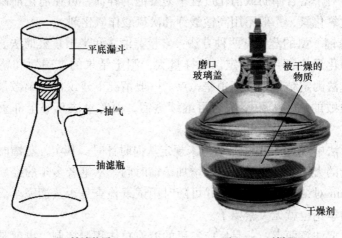

图2-8 抽滤装置　　　　图2-9 干燥器

2. 训练内容

通过此项训练，掌握粗纤维测定的基本原理，熟练掌握粉碎机、抽滤机、干燥器的操作原理及步骤。

（1）试样的选取和制备 选取样品测定出水分含量（B_1）。同时将样品置于80℃烘箱中烘干后用粉碎机粉碎，全部通过0.84mm（20目）的筛子。收集后装入广口瓶中备用。

（2）测定步骤

① 称样：准确称取上述样品约3g，置于500mL锥形瓶中。同时测定出此样品水分含量（B_2）。

② 蒸发水分和提取脂肪：称样后，若水分含量高，可置于80℃烘箱中蒸

发掉大部分水分。若脂肪含量超过 1%，可用乙醚多次浸泡、洗涤试样，然后倾析去掉溶剂，不能损失残渣，最后风干多余的溶剂。

③ 酸处理：加入 95~100℃的硫酸溶液 200mL。如果起泡较多可预先加几滴消泡剂。装上冷凝管，立即在电热板上加热至微沸（约 2min），微沸（30 ± 1）min。微沸过程中需摇动几次锥形瓶，防止试样沾在液面之上。

连接好抽滤装置，迅速抽滤分离。并且用 95~100℃的热水洗涤残渣至滤液呈中性（蓝色石蕊试纸不变色）。

④ 碱处理：将留有残渣的亚麻布贴在短颈漏斗的内壁上，不要堵塞下水口。用 95~100℃的氢氧化钠溶液 20mL（室温时量取）将残渣冲洗入原锥形瓶中。装上冷凝管，立即在电热板上加热至微沸（约 2min），微沸（30 ± 1）min。

洗至中性，连接好抽滤装置（铺有石棉的古氏坩埚），迅速抽滤分离。用硫酸溶液 20mL（室温）洗涤残渣，再用 95~100℃的热水充分洗涤后抽干，然后依次用乙醇和乙醚洗涤一次（脱脂样品不用乙醚再洗），抽干。

⑤ 干燥：将盛有残渣的古氏坩埚置于（130 ± 2）℃的烘箱中干燥 2h 后取出，置于干燥器中冷却至室温后称重（m_1）。

⑥ 灰化：将盛有残渣的古氏坩埚置于（550 ± 25）℃的马弗炉中灰化 2h，待温度降至 200℃以下时取出置于干燥器中冷却至室温后称重。再将古氏坩埚置于马弗炉中灰化 1h。重复操作直至 2 次称量差不超过 0.5mg（m_2）。或者将盛有残渣的古氏坩埚置于（600 ± 15）℃的马弗炉中灰化 0.5h，待温度降至 200℃以下时取出置于干燥器中冷却至室温后称重（m_2）。

⑦ 同一试样平行做 2 次测定。

（3）数据处理与计算　测定结果的计算公式如下：

$$粗纤维含量（\%）= \left[(m_1 - m_2) / m (1 - B_2) \right] \times 100 \times (1 - B_1)$$

式中　m_1——古氏坩埚 + 粗纤维 + 残渣中灰分的质量，g

m_2——古氏坩埚 + 残渣中灰分的质量，g

m——试样的质量，g

B_1、B_2——测定的水分含量，%

（4）精度分析　取 2 次测定的算术平均值作为测定结果；测定结果低于 10% 时，2 次测定结果之差的绝对值不得超过 0.4。测定结果大于 10% 时，2 次测定结果之差的绝对值不得超过 4%。

（七）果胶的提取与果胶含量的测定

1. 药品与仪器

（1）主要药品　0.25% HCl、95% 乙醇（AR）、精制乙醇、乙醚、

0. 05mol/L HCl、0. 15%咔唑乙醇溶液、半乳糖醛酸标准液、浓硫酸（AR）。

（2）主要仪器　分光光度计、50mL 比色管、分析天平、水浴锅、回流冷凝器、烘箱。

2. 训练内容

通过此项训练，熟悉分光光度计的操作原理，熟练掌握分光光度计的使用方法。

（1）果胶的提取

① 原料预处理：称取新鲜样品 20g（或干样 8g），用清水洗净后，放入250mL 容量瓶中，加水 120mL，加热至 90℃保持 5～10min，使酶失活。用水冲洗后切成 3～5mm 的颗粒，用 50℃左右的热水漂洗，直至水为无色、样品无异味为止（每次漂洗必须把果皮用尼龙布挤干，再进行下一次漂洗）。

② 酸水解提取：将预处理过的样品粒放入烧杯中，加约 60mL 0. 25% HCl溶液，以浸没样品为宜，调 pH 至 2.0～2.5，加热至 90℃煮 45min，趁热用 100目尼龙布或四层纱布过滤。

③ 脱色：在滤液中加入 0. 5%～1. 0%的活性炭，于 80℃加热 20min，进行脱色和除异味，趁热抽滤（如抽滤困难可加入 2%～4%的硅藻土作为助滤剂）。如果样品漂洗干净，萃取液为清澈透明则不用脱色。

④ 沉淀：待提取液冷却后，用稀氨水调 pH 至 3～4。在不断搅拌下加入95%乙醇溶液，加入乙醇的量约为原体积的 1. 3 倍，使酒精浓度达到50%～65%。

⑤ 过滤、洗涤、烘干：用尼龙布过滤（滤液可用蒸馏法回收酒精），收集果胶，并用 95%乙醇洗涤果胶 2～3 次，再于 60～70℃干燥果胶，即为果胶产品。

（2）果胶含量的测定　果胶含量的测定包括质量测定法和咔唑比色法。

① 质量法测定果胶含量

A. 原理：原料先用乙醇回流加热以除去非果胶成分（可溶性糖、脂肪、色素等），并用乙醇、乙醚洗涤数次，风干洗涤后的样品，再提取果胶，以相应的沉淀剂使果胶物质沉淀析出，干燥，即得到果胶产品。

果胶沉淀剂可分为电解质沉淀剂（如氯化钠、氯化钙等）和有机溶剂沉淀剂（如酒精、丙酮等）两类。前者适用于低酯化度（20%～50%）果胶的沉淀，沉淀前还需以 0. 1mol/L NaOH 溶液对果胶进行皂化；后者适用于高酯化度（50%以上）果胶的沉淀，并随着酯化度升高，所需有机溶剂的浓度加大（如上述以柑橘皮为原料提取的果胶）。

总果胶提取与水溶性果胶的区别：总果胶需用酸水解提取（如上述柑橘皮果胶的提取），再沉淀全部果胶；水溶性果胶则直接用热水提取。

B. 数据处理与计算：经沉淀所得的果胶，干燥后称重，再计算出原料中的果胶含量。若以有机溶剂作沉淀剂，产品主要为高酯化度的果胶；若以钙盐作沉淀剂，则沉淀产品为果胶酸钙，计算时需换算成果胶酸含量，由果胶酸钙换算成果胶酸的系数为 0.9233，如下式所示：

$$果胶酸含量（\%）= \frac{0.9233m}{m_1} \times 100$$

式中　m——果胶酸钙的质量，g

　　　m_1——提取用原料的质量，g

　0.9233——果胶酸钙换算成果胶酸的系数，果胶酸钙中 Ca 含量为 7.67%，
　　　　　　果胶酸含量为 92.33%

② 咔唑比色法测定果胶含量

A. 原理：果胶经水解，其产物半乳糖醛酸可在强酸环境下与咔唑试剂产生缩合反应，生成紫红色化合物，其呈色深浅与半乳糖醛酸含量成正比，由此可在 530nm 波长下比色测定。

B. 仪器与药品

仪器：分光光度计、50mL 比色管。

药品：精制乙醇、乙醚、0.05mol/L HCl、0.15% 咔唑乙醇溶液、半乳糖醛酸标准液、硫酸（优级纯）。

精制乙醇的制备：取无水乙醇或 95% 乙醇 1000mL，加入锌粉 4g，硫酸（1:1）4mL，在水浴中回流 10h，用全玻璃仪器蒸馏，馏出液每 1000mL 加锌粉和氢氧化钾各 4g，重新蒸馏一次。

0.15% 咔唑乙醇溶液的配制：称取化学纯咔唑 0.150g，溶解于精制乙醇中并定容到 100 mL。咔唑溶解缓慢，需加以搅拌。

半乳糖醛酸标准溶液：称取半乳糖醛酸 100mg，溶于蒸馏水中并定容至 100mL。用此液配制一组浓度为 10~70 μg/mL 的半乳糖醛酸标准溶液。

C. 操作步骤

Ⅰ 提取果胶：原料→热乙醇回流钝化酶、去杂→提取（酸解提取总果胶或热水提取水溶性果胶）→果胶提取液、定容。

Ⅱ 标准曲线的绘制：取 8 支 50mL 比色管，各加入 12mL 浓硫酸，置于冰浴中，边冷冻边缓慢地依次加入浓度为 0μg/mL、10μg/mL、20μg/mL、30μg/mL、40μg/mL、50μg/mL、60μg/mL、70 μg/mL 的半乳糖醛酸溶液 2mL，充分混合后，再置于冰浴中冷却。然后在沸水浴中准确加热 10min，用流水速冷至室温，各加入 0.15% 咔唑试剂 1mL，充分混合，置于室温下 30min，以 0 号管为空白在 530nm 波长下测定吸光度，绘制标准工作曲线。

Ⅲ 样品果胶含量的测定：取果胶提取液，用水稀释到适当浓度（在标准

曲线浓度范围内）。取 2mL 稀释液于 50mL 比色管中，按标准曲线制作方法操作，测定吸光度。对照标准曲线，求出稀释的果胶提取液中半乳糖醛酸含量 C（$\mu g/mL$）。

Ⅳ 结果计算：

$$果胶物质（以半乳糖醛酸计,\%）= \frac{C \times V \times K}{m \times 10^6} \times 100$$

式中　C——对照标准曲线求得的果胶提取稀释液的果胶含量，$\mu g/mL$

V——果胶提取液原液体积，mL

K——果胶提取液稀释倍数

m——样品质量，g

10^6——质量单位换算系数

（3）注意事项

① 糖分存在会干扰咔唑的呈色反应，使结果偏高，故提取果胶前需充分洗涤除去糖分。

② 硫酸浓度直接关系到显色反应，应保证标准曲线、样品测定中所用硫酸浓度一致。

③ 硫酸与半乳糖醛酸混合液在加热条件下已形成呈色反应所必须的中间产物，随后与咔唑试剂反应，显色迅速、稳定。

> 小　结

酿酒原料分析主要包括小麦的水分、大米中淀粉含量、高粱中单宁含量、玉米胚中粗脂肪含量（索氏提取法）、原料中蛋白质含量（凯氏定氮法）、粗纤维和果胶的提取与果胶含量的测定七个部分。

在小麦水分测定的干燥过程中，一般采用 95～100℃ 的温度，应尽量使水分蒸发完全。

氨的蒸馏常量法将样品分解消化后全部用于测定，取样量大，测定结果的准确性和精确度都很高。

分光光度计、移液管、分析天平等仪器在使用过程中要注意各自的使用技巧。

> 关键概念

凯氏定氮法、索氏提取法、标准曲线的绘制、分光光度计、消化、配位滴定

考核与评价

参照附录"白酒分析与检测实验员考核与评价标准"。

思考与练习

1. 简述粗纤维分析测定的步骤。
2. 标准曲线图绘制过程中应注意哪些?
3. 简述分光光度计的使用注意事项。
4. 凯氏定氮消化、蒸馏过程中应注意哪些?
5. 简述高粱中单宁含量测定的主要步骤。

拓展阅读

拓展阅读一　酿酒原料

优质的白酒需要优质的原料来生产,主要酿酒原料见图 2 – 10。

图 2 – 10　主要酿酒原料

原料的好坏关系到酒质、口感、出酒率等多个方面。酿酒的原料种类非常多,不同的原料所产的酒尝评时差别很大,这与原料当中的营养成分有很大关系。由于不同原料所生产的酒的味道差别较大,所以采用不同原料进行白酒生产时需要根据需要选择不同的配比。

1. 高粱

高粱又名红粱,在我国栽培面积较广 (抗旱、耐碱力强),仅次于印度而居世界第二位,东北各省栽种面积非常大,栽培面积占全国的1/3,其次为山东、山西、河北、河南、四川、贵州等省。高粱是浓香型白酒的主要原料,其中泸州老窖等单粮浓香型的白酒均由优质的高粱发酵得来。因为高粱较粗糙,味道较差，所以随着生活水平的提高，高粱已经很少出现在人们的餐桌上。高粱在现今酿酒的所有原料中可食用价值最低，同时也是对生长环境要求较低的农作物，适合在贫瘠地区栽种，除用于酿酒几乎没有其他大的用途，因此其价格不会太高。但是四川地区为全国白酒的最大产区，高粱作为浓香型白酒的主要原料消耗量巨大，而且由于品种的关系，北方的白酒几乎不会用于优质的浓香型白酒，所以四川地区的高粱价格相对较高。

2. 玉米

玉米又名苞谷、苞米等。玉米是酿造白酒和酒精的良好原料之一，在我国的北方，特别是东北，已普遍使用这种原料。近年，也有人用玉米代替大米制黄酒和啤酒。玉米中淀粉含量65%、蛋白质含量8.5%、脂肪含量4.3%。玉米中脂肪多集中在胚芽中。脂肪含量高一方面易产酸，影响发酵，另一方面，蒸酒时油脂易带入酒中导致白酒产生邪杂气味，同时又是白酒遇冷后产生白色絮状沉淀的原因之一。因此用玉米酿酒，应先除胚芽。玉米通常分为黄玉米和白玉米（其中白玉米较黄玉米更适于酿酒），是酿造白酒的常用原料。

3. 大米

大米淀粉含量高，多在70%以上，蛋白质含量7%～8%。曲酒生产中，大米经蒸煮后质软、性黏，易导致发酵不正常，一般与高粱等原料混合使用。大米为我国主要粮食作物，分布广泛，但价格较高，在加工过程中会产生碎米，碎米价格远低于食用大米，因此可选用其为酿酒原料，现多粮型浓香型酒均配有一定比例的大米。大米质地纯净，结构疏松，利于糊化，蛋白质、脂肪、纤维素等含量均较少。

4. 小麦

小麦含淀粉67%左右，蛋白质9.5%、脂肪2.1%、灰分2.5%左右，小麦既可作制曲原料，又是酿酒原料之一。小麦作为酿酒原料不能单独使用，可作配料的一部分，如五粮液、剑南春酒在配料中都添加了一定量小麦。

5. 糯米

糯米是酿酒的优质原料，淀粉含量比大米高，几乎百分之百为支链淀粉，经蒸煮后，质软性黏可糊烂，单独使用容易导致发酵不正常，必须与其他原料配合使用。糯米酿出的酒甜。

6. 薯干

薯干是鲜甘薯切碎经日晒或风干后而成的干片，含淀粉65%～68%，含果胶质比其他原料都高。薯干原料疏松，吸水能力强，糊化温度为53～64℃，比其他原料容易糊化，出酒率普遍高于其他原料，但成品酒中带有不愉快的薯干味，采用固态法酿制的白酒比液态法酿制的白酒薯干气味更重。甘薯中含有3.6%的果胶质，影响蒸煮的黏度。蒸煮过程中，果胶质受热分解成果胶酸，进一步分解生成甲醇，所以使用薯干作酿酒原料时，应注意排除杂质，尽量降低白酒中的甲醇含量。

拓展阅读二 直链淀粉与支链淀粉的差异

淀粉可以分为直链淀粉和支链淀粉，直链淀粉与支链淀粉在水中溶解的情况，各教材中的叙述大多数采用"直链淀粉溶于热水，支链淀粉不溶于水，但能在水中胀大湿润"这一说法。支链淀粉在100℃以上时开始溶解于水。

直链淀粉颗粒中，排列有序的大分子链使水分子不容易渗透到颗粒内部。但大量水分子作用在直链淀粉颗粒表面，容易使大分子链从淀粉颗粒表面脱落进入水溶液。所以在50~60℃的热水中，直链淀粉溶解，形成有黏性的溶液。但直链淀粉的溶解度随温度升高的变化并不大。

支链淀粉颗粒大，晶体结构不太紧密，水分子容易渗透到支链淀粉颗粒内，使颗粒润湿胀大。但由于支链间的相互作用，阻碍了分子链进入水中。在50~60℃的热水中，支链淀粉分子中各支链的相互作用大于水分子对分子链的作用。所以此温度下，支链淀粉是不溶于水的，但能在水中胀大湿润。

直链淀粉与支链淀粉的性质差异见表2-6。

表2-6 直链淀粉与支链淀粉的性质差异

类型	直链淀粉	支链淀粉
溶水	能溶于热水	在加热加压下才溶于水
黏稠	水溶液不很黏稠	水溶液极黏稠
聚沉	溶液易聚沉，并结成半固体的凝胶体	溶液不易聚沉，不形成凝胶体
遇碘	遇碘变蓝色	遇碘变成紫色或红色
光泽	有光泽	无光泽
分解	能被β-淀粉酶完全分解	只能被β-淀粉酶分解一部分，最高为60%
弹性	乙酰衍生物薄膜坚韧而有弹性	乙酰衍生物薄膜发脆、无弹性

当温度升到100℃时，水的渗透作用加快，支链间的作用力减弱而与水分子的作用增强，支链淀粉开始溶解于水，形成非常黏滞的液体。温度继续上升到120℃时，支链淀粉的溶解度加大。淀粉在水中的溶解过程中，黏度是不断变化的。当淀粉颗粒开始溶解时，黏度逐渐增加，达到最大限度后，随着温度的继续上升，黏度下降。当温度降低后，黏度又开始增加。

直链淀粉的颗粒小，晶体结构紧密。分子中氢链缔合程度大，水分子不易钻入微晶束内拆散全部氢键；也就是说直链淀粉分子中有很多极性基团仍是相互作用在一起，而没有和水分子形成作用力。所以说直链淀粉在温水中能溶于水，而黏度却没有支链淀粉的大。

拓展阅读三　白酒分析与检测实验室用的纯水

白酒分析与检测实验室用于溶解、稀释和配制溶液的水，都必须先经过纯化。分析要求不同，对水质纯度的要求也不同。故应根据不同要求，采用不同纯化方法制得纯水。一般实验室用的纯水有蒸馏水、二次蒸馏水、去离子水、电导水等。

（一）水纯度的检查

1. 酸度

要求纯水的 pH 在 6～7。检查方法是在 2 支试管中各加 10mL 待测的水，一管中加 2 滴 0.1% 甲基红指示剂，不显红色，另一管中加 5 滴 0.1% 溴百里酚蓝指示剂，不显蓝色，即为合格。

2. 硫酸根

取待测水 2～3mL，放入试管中，加 2～3 滴 2mol/L 盐酸酸化，再加入 1 滴 0.1% 氯化钡溶液，放置 15h，不应有沉淀析出。

3. 氯离子

取 2～3mL 待测水，加 1 滴 6mol/L 硝酸酸化，再加 1 滴 0.1% 硝酸银溶液，不应产生浑浊。

4. 钙离子

取 2～3mL 待测水，加数滴 6mol/L 氨水使之呈碱性，再加饱和草酸铵溶液 2 滴，放置 12h 后，应无沉淀析出。

5. 镁离子

取 2～3mL 待测水，加入 1 滴 0.1% 靛胭黄及数滴 6mol/L 氢氧化钠溶液，如有淡红色出现，即为有镁离子，如呈橙色则合格。

（二）各种纯水的制备

1. 蒸馏水

将自来水在蒸馏装置中加热汽化，然后将蒸汽冷凝即可得到蒸馏水。由于杂质离子一般不挥发，所以蒸馏水中所含杂质比自来水少得多，比较纯净，但还含有少量杂质：

（1）二氧化碳溶在水中生成碳酸，使蒸馏水显弱酸性。

（2）冷凝管和接收器本身的材料可能或多或少地进入蒸馏水，这些装置所用的材料一般是不锈钢、纯铝或玻璃等，所以可能带入金属离子。

（3）蒸馏时，少量液体杂质成雾状飞出而进入蒸馏水。

2. 去离子水

使自来水通过离子交换树脂柱后所得的水。制备时，一般将水依次通过阳离子、阴离子及阴阳离子混合树脂交换柱，这样得到的水比蒸馏水纯度高。

3. 电导水

在第一套硬质玻璃（最好是石英）蒸馏器中装入蒸馏水，加入少量高锰酸钾晶体，经蒸馏除去水中有机物质，即得重蒸馏水，再将重蒸馏水注入第二套硬质玻璃（最好也是石英）蒸馏器中，加入少许硫酸钡和硫酸氢钾固体进行蒸馏，弃去蒸馏头、馏后各10mL，取中间馏分，这种方法制得的水，保存时间不能太长，一般在两周内。

项目三　半成品检测分析

一、知识目标

1. 熟悉酒曲系列成分分析的原理与方法步骤。

2. 了解黄水、糟醅理化指标分析的基本原理。

3. 掌握黄水酸度、乙醇含量、还原糖、脂类及糟醅酸度分析的方法与步骤。

4. 了解黄水中酸度、乙醇含量、还原糖、脂类分析的注意事项。

5. 熟练掌握糟醅中淀粉、还原糖、乙醇的分析步骤，正确选用分析仪器。

6. 了解窖泥分析中各指标测定的原理，熟练掌握窖泥中 pH、铵态氮的测定方法。

7. 熟悉有效磷、有效钾及腐殖质的测定方法。

二、能力目标

1. 能辨别成熟大曲质量的优劣并分析原因。

2. 会正确使用分光光度计、pH 计、烘箱、油浴锅等仪器设备。

3. 能应用各分析数据，指导、解决生产中的实际问题。

三、素质目标

1. 具有主动参与、积极进取、团结协作、崇尚科学、探究科学的学习态度和思想意识。

2. 具有理论联系实际、严谨认真、实事求是的科学态度。

3. 具备辩证思维能力和创新精神。

4. 培养分析问题、解决实际问题的能力。

项目概述

本项目主要包括酒曲分析、糖化酶制剂和活性干酵母分析、窖泥分析、糟醅分析四个任务。

任务一酒曲分析主要包括酒曲水分、酸度、糖化力、液化力、发酵力、蛋白酶活力、脂肪酶活力、酯化力、淀粉含量及酒曲灰分的测定等内容。酒曲是以不同原料、不同培养条件、不同曲块形状及不同微生物种类和数量制成的生产白酒的糖化发酵剂。在自然条件下的培养过程中，各种曲培微生物在曲培上生长繁殖，分泌出的酶类使曲子具有液化力、糖化力、蛋白质分解力和发酵力等，并形成各种代谢物，对白酒风味、质量起重要作用。酒曲的分析项目分为感官检查和化学分析，感官检查包括色泽、气味、松紧程度、菌丝生长情况及是否染杂菌，化学分析包括水分、酸度、糖化力、淀粉、灰分等，不同制曲条件下成品曲外观质量与化学成分会产生差异（表3－1）。本项目主要介绍化学分析的内容。取具有代表性的曲块至少5块，用榔头从中间横向砸断，将半块分为4小块，取其对角的两块砸碎，按四分法缩分试样至500g左右，用粉碎机粉成细粉，装入磨口瓶中待测。

表3－1　成品曲的理化要求

等级	发酵力 /［gCO$_2$/ (g·72h)］	糖化力 /［mg 葡萄糖/ (g·h)］	液化力 /［g 淀粉/ (g·h)］	水分 /%	酸度 / (mL/g)	淀粉含量 /%
一级	≥1.2	300≤糖化力≤700	≥1.0	≤13.0	0.9~1.3	≤58
二级	≥0.6	250≤糖化力≤300 700≤糖化力≤900	≥0.8	≤13.0	0.6~0.9	≤60
三极	≥0.4	≤250 ≥900	≥0.5	≤13.0	0.4~0.6	≤61

任务二糖化酶制剂和活性干酵母分析主要包括窖泥中水分及挥发物的测定、pH、氨态氮、有效磷、有效钾、有机质测定等内容。窖泥是浓香型大曲酒生产过程中的重要条件之一，它对酒中微量香味成分的形成具有重要作用。窖泥质量的好坏直接影响浓香型大曲酒产品质量的好坏，因此分析窖泥有效成分很重要。取回的窖泥因水分大，不宜长时间贮存于容器中，应立即平摊在磁盘、木板或光洁地面，层厚约2cm，风干3~5昼夜，间隔翻拌（不定时地进

行翻窖泥工作），使之均匀风干。在半干时，将大块捣碎。泥样风干后，用四分法分取250g，研磨成粉，并通过60目筛，保存在磨口瓶中。

任务三窖泥分析主要包括糟醅水分及挥发物、酸度、还原糖、淀粉含量及酒精含量的测定等内容。酒醅分析包括入池和出池醅中水分、酸度、还原糖、总糖及出池醅和酒糟中酒精含量的测定等。酒醅中各成分分布不均，取样应力求具有代表性。入池醅从堆的四个对角部位及中间的上、中、下层取样。出池酒醅在窖池内按酒曲出房的取样方法，在窖壁、窖中的上、中、下层等量取样。用四分法缩合后，取供试样品250g。

任务四糟醅分析主要包括黄水的pH、酸度、酒精含量、总酯、还原糖及单宁的测定等内容。黄水来源有两条途径：一条是在白酒生产中，随着发酵的进行，微生物代谢生成的水；另外一条是含水量为52%～55%的入窖酒醅，经厌氧发酵后未被微生物所利用的水分。水分逐渐沉降时将酒醅中的酸、酯、还原糖、酵母溶出物、可溶性淀粉、单宁及香味前体物质等溶于其中并沉积于窖池底部，形成棕黄色黏稠状液体。

项目实施

任务一　酒曲分析

一、学习目的

1. 掌握酒曲系列成分测定的基本原理与分析方法。
2. 掌握邻苯二甲酸氢钾及氢氧化钠溶液的配制及滴定等基本操作技能。
3. 熟悉糖化力分析、脂肪酶活力测定、曲粉灰分测定原理。
4. 熟练运用高温炉、干燥器、分光光度计、酸度计等设备。

二、知识要点

1. 溶液的配制。
2. 酒曲的分析过程、技巧及测定方法。
3. 高温炉、干燥器、分光光度计、酸度计等设备的熟练运用。
4. 实验中的数据处理与计算。

三、相关知识

根据制曲过程中曲块最高品温的不同，一般把大曲（图3-1）分为高温曲和中温曲。高温曲的最高制曲品温达60℃以上，主要用于生产茅香型（酱香型大曲酒）和泸香型（浓香型）大曲酒。中温曲的最高制曲品温一般不超过50℃，它主要用来生产汾香型（清香型）大曲酒，某些泸香型曲酒为了提高曲和酒的香味，从20世纪60年代中期开始逐渐将制曲温度升高为55~60℃，成为偏高温曲。为了提高酒的香气，除汾酒大曲和董酒麦曲外，绝大多数名、优酒厂都倾向于高温制曲。

(1) 平板大曲　　　　　　　　　　　(2) 包包大曲

图3-1　大曲

四、任务实施

（一）酒曲水分的分析

水分在制曲过程中与菌的生长和酶的生成密切相关，成品曲尤为重要，一般含量为12%~13%，严格控制成品曲的水分含量，有利于保证曲子在白酒生产过程中的最优作用效果。

1. 仪器

恒温烘箱、分析天平（0.1mg）、称量瓶、干燥箱、药匙。

2. 训练内容

通过此项训练，熟悉酒曲水分测定的原理，掌握烘箱使用、称量瓶洗涤、称重的基本操作技能。

（1）测定过程

① 取称量瓶洗净、烘干、冷却，准确称重（m_0）。

② 于已称重的称量瓶中放入约5g酒曲试样，准确称重（m_1）。

③ 将电烘箱调节至105℃，恒温后放入试样烘3h。

④ 取出，干燥器中冷却30min，准确称重（m_2），直至恒重。

⑤ 平行4次。

（2）结果计算和报告

$$水分及挥发物含量（\%）=（m_1-m_2）/（m_1-m_0）×100$$

式中 m_0——称量瓶质量，g

    m_1——烘前试样与称量瓶质量，g

    m_2——烘后试样与称量瓶质量，g

结果保留到小数点后一位，平行实验结果允许差 0.2%。

（3）注意事项　本实验操作与计算简单，但仍须注意以下细节：

① 称重前干燥冷却至常温，一般冷却 30min。

② 试样约 5g，过多会使得干燥时间延长，过少可能会导致误差较大。

（二）酸度分析

利用酸碱中和反应，以中和法测定，即

$$RCOOH + NaOH \longrightarrow RCOONa + H_2O$$

酸度的定义：100g 曲消耗 1mmol NaOH 为 1 个酸度。

1. 药品与仪器

（1）主要药品　邻苯二甲酸氢钾、氢氧化钠、酚酞指示剂。

（2）主要仪器　分析天平、250mL 烧杯、250mL 锥形瓶、100mL 量筒、10mL 吸管、50mL 碱式滴定管、50mL 量筒、漏斗、电烘箱、1000mL 容量瓶、1000mL 量筒。

2. 训练内容

通过此项训练，熟悉酸度测定原理、氢氧化钠标准溶液配制的原理，掌握酒曲样品的预处理、邻苯二甲酸氢钾及氢氧化钠溶液的配制及滴定等基本操作技能。

（1）0.1mol/L 的 NaOH 溶液及 1% 酚酞指示剂的配制

① 0.1mol/L 的 NaOH 溶液：标定：准确称取邻苯二甲酸氢钾（预先于 105℃烘 2h）0.5 ~ 0.6g（精确至 0.0001g）于 250mL 锥形瓶中，各加 50mL 煮沸后刚刚冷却的水使之溶解，再滴加 2 滴酚酞指示剂，用 NaOH 溶液滴定至微红色（30s 不消失）。要求三份标定的相对平均偏差应小于 0.2%。

$$c(NaOH) = \frac{m}{204.2 \times V} \times 1000$$

式中 $c(NaOH)$——NaOH 标准溶液的浓度，mol/L

    m——邻苯二甲酸氢钾的质量，g

    204.2——邻苯二甲酸氢钾的摩尔质量，g/mol

    V——滴定时消耗 NaOH 标准溶液的体积，mL

② 1% 酚酞指示剂：称取酚酞 1g，溶于 100mL 75% 乙醇中。

（2）酒曲酸度分析

① 试样处理：根据试样的水分，称取以 10g 绝干曲计的曲粉量，置于

250mL 烧杯中，加 100mL 蒸馏水搅匀，在室温下浸泡 30min，经常搅拌、脱脂棉过滤备用。

② 滴定：取滤液 20mL，加水 20mL，加 2 滴指示剂，用 0.1mol/L 氢氧化钠标准溶液滴定，酚酞指示剂由无色变为微红 10s 不褪色时停止，记录消耗氢氧化钠标准溶液的体积，平行 4 次。

③ 结果计算和报告

$$酸度 = \frac{cV}{10 \times \frac{20}{100}} \times 100$$

式中　c——氢氧化钠标准溶液的实际浓度，mol/L

　　　V——滴定消耗氢氧化钠标准溶液的体积，mL

$10 \times \frac{20}{100}$——样品质量，g

结果保留到小数点后一位，平行实验结果允许差 0.2%。

（三）糖化酶活力测定

固态曲中糖化酶（包括 α – 淀粉酶和 β – 淀粉酶）能将淀粉水解为葡萄糖，进而被微生物发酵，生成酒精。糖化酶活力高，淀粉利用率就高。糖化力的定义是 1g 干曲在 40℃、pH4.6 条件下，1h 分解可溶性淀粉生成 1mg 葡萄糖，为 1 个酶活力单位，以 U/g 表示。

测定低浓度时，可采用降低斐林液浓度的标准糖液反滴定法。为使终点易于判断，加入亚铁氰化钾，溶解氧化亚铜红色沉淀生成浅黄色溶液。

1. 药品与仪器

（1）主要药品　硫酸铜、次甲基蓝、酒石酸钾钠、氢氧化钠、亚铁氰化钾、葡萄糖、无水醋酸钠、冰醋酸、可溶性淀粉、氢氧化钠、醋酸钠、硫酸。

（2）主要仪器　分析天平、电烘箱、电炉、水浴锅、碱式滴定管、容量瓶。

2. 训练内容

通过此项训练，熟悉酒曲糖化能力测定的原理，掌握相关溶液配制及糖化能力测定的操作技能。

（1）试剂溶液的配制

① 2% 可溶性淀粉溶液

② 0.1% 标准葡萄糖液：准确称取预先在 100～105℃ 烘干的无水葡萄糖 1.0g（用减量法快速称量，精确到 0.0001g），溶解于水，加 5mL 浓盐酸，用水定容到 1L。

③ 斐林试剂：甲液：称取 15g（$CuSO_4 \cdot 5H_2O$）、0.05g 次甲基蓝，溶解于水，稀释至 1L。

乙液：称取 50g 酒石酸钾钠、54g 氢氧化钠、4g 亚铁氰化钾，溶于水，稀释至 1L。

④ 醋酸、醋酸钠缓冲液（pH4.6）

⑤ 0.5mol/L 硫酸溶液：量取 28.3mL 浓硫酸，小心地缓慢倒入水中，稀释至 1L。

⑥ 1mol/L 氢氧化钠溶液：称取 40g 氢氧化钠，溶于水，稀释至 1L。

（2）酒曲糖化力分析

① 5% 曲子浸出液制备：称取相当于 5g 干曲的曲粉，放在 250mL 烧杯中，加水（90.5×水分%）mL，缓冲液 10mL，在 30℃ 水浴中浸 1h，每隔 15min 搅拌一次。然后用干滤纸过滤，弃去最初 5mL，接收 50mL 澄清滤液备用。

② 糖化力测试液制备：曲子浸出液的糖化试液：准确吸取 2% 可溶性淀粉 50mL 于 100mL 容量瓶中，在 35℃ 水浴中保温 20min 后，准确加入酶浸出液 10mL，摇匀并开始计时，在 35℃ 水浴中准确保温 1h，立即加入 3mL 1mol/L 的氢氧化钠，振荡，以停止反应。再冷却到室温，用蒸馏水定容至刻度。

空白试液：准确吸取 2% 可溶性淀粉溶液 50mL 于 100mL 容量瓶中。先加 1mol/L 氢氧化钠 3mL，混合均匀后再加酶浸出液 10mL，用蒸馏水定容，摇匀。

③ 糖分测定：糖化液测定：准确吸取 5mL 糖化试液于盛有斐林甲、乙液各 5mL 的 150mL 锥形瓶中，加入适量 0.1% 标准葡萄糖溶液（使最后滴定消耗标准糖液在 0.5~1.0mL），摇匀，在电炉上加热至沸后，立即用标准糖液滴定至蓝色消失。此滴定应在 1min 内完成，滴定消耗标准糖液体积 V。

空白液测定：以 5mL 空白液代替糖化试液，其他操作同上，消耗体积 V。

④ 计算

$$X = \frac{(V_0 - V)\rho}{5 \times \frac{10}{100} \times \frac{5}{100}} \times 1000$$

式中　V_0——5mL 空白液消耗 0.1% 标准糖液的体积，mL

　　　V——5mL 糖化液消耗 0.1% 标准糖液的体积，mL

　　　ρ——标准葡萄糖液浓度，g/mL

$5 \times \frac{10}{100}$——5g 干曲浸出后再于 100mL 中取 10mL 进行糖化实验

$\frac{5}{100}$——在 100mL 糖化液中取 5mL 定糖

1000——换算成 mg

　　　X——糖化酶活力，U/g

（3）注意事项

① 曲子浸出时间应严格控制。

② 糖化温度应严格控制。

③ 滴定终点的颜色判断。

（四）液化型淀粉酶活力测定

液化型淀粉酶俗称 α – 淀粉酶，又称 α – 1，4 糊精酶，能将淀粉中的 α – 1，4 葡萄糖苷键随机切断成分子链长短不一的糊精、少量麦芽糖和葡萄糖而迅速液化，并失去与碘变成蓝紫色的作用，呈红棕色。蓝紫色消失的快慢是衡量液化酶大小的依据。

液化酶活力定义为：1g 固体在 60℃、pH6 条件下，1h 液化 1g 可溶性淀粉，称为 1 个酶活力单位，以 U/g 表示。

通过此项训练，熟悉酒曲液化能力测定的原理，掌握相关溶液配制及糖化能力测定的操作技能。

1. 药品与仪器

（1）主要药品　碘、碘化钾、可溶性淀粉液、磷酸氢二钠、柠檬酸。

（2）主要仪器　水浴锅、电炉、试管、白磁板。

2. 训练内容

（1）试剂溶液配制

① 原碘液：称取 11g 碘、22g 碘化钾，置于研钵中，加少量水研磨至碘完全溶解，用水稀释至 500mL，贮于棕色瓶。

② 稀碘液：吸取 2mL 上述碘液，加 20g 碘化钾，用水稀释至 500mL。

③ 2% 可溶性淀粉溶液：用分析天平准确称取干燥除去水分的可溶性淀粉 2g（精确到 0.001g），置于 50mL 烧杯中用少量水调匀后，倒入盛有 70mL 沸水的 150mL 烧杯中，并用 20mL 水分次洗净，洗液合并其中，用微火煮沸到透明，冷却后用水定容到 100mL，当天配制当天应用。

④ 磷酸氢二钠 – 柠檬酸缓冲液（pH6.0）：称取磷酸氢二钠（$Na_2HPO_4 \cdot 12H_2O$）45.23g，柠檬酸（$C_6H_8O_7 \cdot 12H_2O$）8.07g，溶解于水，稀释至 1L。

（2）液化型淀粉酶活力测定

① 5% 酶液制备：称取相当于 10.0g 的绝干曲粉样品（曲粉 = $10 \times \dfrac{100}{100 - 水分\%}$g）于 500mL 烧杯中，加入预热到 40℃ 的缓冲液 200mL〔对于绝干曲而言，若曲子含水，加入缓冲液的体积应为（200 – 10 × 水分%）mL〕。于 40℃ 水浴锅中浸 1h（每 15min 搅拌 1 次）。然后用定性滤纸过滤，弃去最初的 5～10mL，滤液即为供试酶液。

② 测定：在 φ25mm × 200mm 带盖试管中，用移液管注入 20mL 2% 可溶性淀粉溶液和 5mL pH6 的缓冲液，置于 60℃ 水浴中预热 10min。准确加入 1mL 酶

浸出液，立即计时，充分摇匀。定时取出约0.5mL反应液，滴入预先盛有稀碘液（约1.5mL）的白磁板孔中，呈色反应由蓝紫色逐渐变为红棕色，记下反应时间，以第一次无蓝色为终点。要求酶解反应在2～3min内完成，否则调整酶浓度重新测定。所用酶液总体积以V表示，反应时间为t（min）。

③ 结果计算

$$液化型淀粉酶活力（U/g）= \frac{20 \times 2\% \times 60}{10 \times \frac{1}{V} \times t}$$

式中　$10 \times \frac{1}{V}$——固体曲用量（10g曲粉定容到VmL中取1mL）

　　　$20 \times 2\%$——反应液中淀粉的质量，g

　　　　　　t——酶反应时间，min

　　　　　　60——1h

（3）注意事项

① 过滤时用定性快速滤纸为好。

② 严格控制反应温度及时间，淀粉规格、牌号应一致。

（五）蛋白酶活力的测定

微生物的生育及酶的生成都需要蛋白质作氮源，白酒中许多香味物质也来自于蛋白质的分解产物。所以在白酒酿造过程中不能忽视蛋白质及蛋白酶的分解能力。

蛋白酶是水解蛋白质肽键的酶类的总称。它能将蛋白质水解为氨基酸，通常以适宜于酶活力的pH将蛋白酶分为酸性蛋白酶（pH2.5～3）、中性蛋白酶（pH7左右）和碱性蛋白酶（pH8以上）。其酶活力测定方法基本相同，仅控制不同的pH进行测定即可。在测定蛋白酶活力时，以酪蛋白（干酪素）为底物，蛋白酶将酪蛋白水解，生成含酚基的酪氨基，在碱性条件下使福林试剂还原产生蓝色（钼蓝和钨蓝的混合物），用分光光度计在680nm处测定吸光度。

蛋白酶活力的定义是1.0g固体干曲在40℃和一定的pH条件下，1min将酪蛋白水解产生1μg氨基酸，为1个酶活力单位，以U/g或（U/mL）表示。

1. 药品与仪器

（1）主要药品　钨酸钠、溴、磷酸、浓盐酸、硫酸锂、钼酸钠、碳酸钠、三氯醋酸、干酪素、磷酸二氢钠、硼砂、氢氧化钠、L-酪氨酸、乳酸、乳酸钠、磷酸氢二钠。

（2）主要仪器　回流冷凝器、通风橱、冰箱、恒温水浴锅、离心机。

2. 训练内容

通过此项训练，熟悉蛋白酶作用的原理，掌握各种溶液的配制、保存及蛋白酶活力测定的基本技能操作。

（1）溶液的配制

① 福林试剂：称取 50g 钨酸钠（$Na_2WO_4 \cdot 2H_2O$）、12.5g 钼酸钠（$Na_2MoO_4 \cdot 2H_2O$）于 1000mL 烧杯中，加入 350mL 水、25mL 85% 的磷酸、50mL 浓盐酸，微沸，回流 10h。取下回流冷凝器后，加入 25g 硫酸锂（Li_2SO_4）、25mL 水，混匀，加入数滴溴（99.9%）脱色，直至溶液呈金黄色。再微沸 15min，驱除残余的溴（在通风橱中操作）。冷却后用 4 号耐酸玻璃滤器抽滤，滤液用水稀释至 500mL。使用时再用水稀释，滤液:水 = 1:2。

② 0.4mol/L 碳酸钠溶液：称取 42.4g 碳酸钠，溶于水并稀释至 1L。

③ 0.4mol/L 三氯醋酸溶液（CCl_3COOH）：称取 65.5g 三氯醋酸溶于水，并稀释至 1L。

④ 10g/L 酪蛋白溶液：称取 1g 酪蛋白（即干酪素，精确到 0.001g），于 100mL 容量瓶中，加入约 40mL 水及 2~3 滴浓氨水，于沸水浴中加热溶解。冷却后用 pH7.5 的磷酸缓冲液（用于测定中性蛋白酶）稀释定容至 100mL，贮存于冰箱中备用，有效期为 3d。

⑤ 磷酸缓冲液（pH7.5）：0.2mol/L 磷酸二氢钠溶液：称取 31.2g 磷酸二氢钠（$NaH_2PO_4 \cdot 2H_2O$）溶于水并稀释至 1L。

0.2mol/L 磷酸氢二钠：称取 71.6g 磷酸氢二钠（$Na_2HPO_4 \cdot 12H_2O$）溶于水并稀释至 1L。

取 28mL 磷酸二氢钠溶液和 72mL 磷酸氢二钠溶液，用水稀释至 1L，即为 pH7.5 磷酸缓冲液。

⑥ 标准 L-酪氨酸溶液（100μg/mL）：准确称取 105℃ 干燥过的 L-酪氨酸 0.1000g 于 100mL 容量瓶中，加 60mL 1mol/L 盐酸溶液，在水浴中加热溶解，用水定容至刻度，其浓度为 1mg/mL。再用 0.1mol/L 盐酸稀释 10 倍，即为 100μg/mL 标准溶液。

⑦ 乳酸-乳酸钠缓冲液（pH3.0）：称取 80%~90% 的乳酸 10.6g，用水定容至 1L；称取纯度为 70% 的乳酸钠 16g，用水溶解，定容至 1L；吸取上述乳酸液 8mL 和乳酸钠液 1mL，混匀并稀释 1 倍，即为 0.05mol/L 乳酸-乳酸钠缓冲液。

⑧ 硼砂-氢氧化钠缓冲液（pH10.5）：0.1mol/L 氢氧化钠溶液；0.2mol/L 硼砂溶液——称取 19.08g 硼砂，溶于水并稀释至 1L；取 400mL 氢氧化钠溶液和 500mL 硼砂液混合，并用水定容至 1L，即为 pH10.5 的硼砂-氢氧化钠缓冲液。

（2）蛋白酶活力的测定

① 标准曲线的绘制：准备 9 支 20mL 带盖试管，用 100μg/mL 的标准酪氨

酸溶液配制标准系列，如表 3 - 2 所示。

表 3 - 2   标准酪氨酸溶液的配制

试管编号	标准酪氨酸/mL	加水量/mL	稀释液浓度/mL
0#	0	10	0
1#	1	9	10
2#	2	8	20
3#	3	7	30
4#	4	6	40
5#	5	5	50
6#	6	4	60
7#	7	3	70
8#	8	2	80

吸取稀释后的标准溶液各 1.00mL，分别放在 9 支 10mL 试管中，加入 5.00mL 0.4mol/L 碳酸钠和 1.00mL 福林试剂，在 （40 ± 0.2）℃ 水浴中加热 20min 显色，在 680nm 波长处测光密度，以不含酪氨酸的 "0" 试管为空白。绘制浓度对光密度通过零点的校正曲线。在曲线上查得光密度为 1 时对应酪氨酸的 μg 数，即为吸光值常数 K 值。该 K 值应在 95 ~ 100 范围内，可作为常数用于试样计算。但若更换仪器或新配显示剂，则应重测 K 值。

② 5% 酶浸出液（中性酶）：称取相当于 10g 干曲的试样（精确到 0.01g）[10×100/（100 - 水分%）]，加 pH7.2 磷酸缓冲液（使体积为 200mL），在 40℃ 水浴中浸出 30min，根据酶活力高低，必要时可用缓冲液稀释一定倍数，以使光密度的测定值在 0.2 ~ 0.4。用干的定性滤纸（弃去最初几毫升），即为酶浸出液。

③ 试样测定：准确吸取酶浸出液 1mL，注入 10mL 离心管中（一式三份），在 （40 ±0.2）℃ 水浴中预热 5min，准确加入 2% 酪蛋白溶液 1mL，保温 10min，立刻加入 2mL 0.4mol/L 三氯醋酸，以沉淀多余的蛋白质，中止反应。15min 后离心分离（或用干滤纸过滤）。准确吸取上层清液 1.00mL，注入试管中，加入 5.0mL 0.4mol/L 碳酸钠溶液和 1.00mL 福林试剂，摇匀，在 （40 ±0.2）℃ 水浴中加热 20min 显色。

④ 空白实验：与试样测定同时进行，离心管中先后注入酶浸出液 1mL、三氯醋酸 2mL、2% 酪蛋白 1mL。15min 后离心分离或过滤，以下的操作均与试样测定相同。

⑤ 比色测定光密度：以空白试液为对照，在 680nm 波长下测试样的光密度，取 3 次平均值。

⑥ 计算

$$蛋白酶活力（U/g）= \frac{K \times E}{m \times (1/200) \times (1/4) \times 10}$$

式中 K——光密度为 1 时相当的酪氨酸微克数

                 E——试样平均光密度

                 m——相当于 10g 干曲的试样质量，g

（1/200）×（1/4）——试样稀释倍数

                10——反应时间，min

（六）发酵力测定

酒曲是糖化发酵剂。其中的酵母能使酒醅中的还原糖发酵，生产酒精和二氧化碳，反应式为：

$$C_6H_{12}O_6 \longrightarrow 2C_2H_5OH + 2CO_2 \uparrow$$

所以可使用在一定条件下制备的糖化液作为培养基，测定发酵过程中生成的 CO_2 量，以衡量酒曲的发酵力。

1. 药品与仪器

（1）主要药品   硫酸、碘液。

（2）主要仪器   发酵瓶（带发酵栓）、250mL 容量瓶、保温箱、灭菌锅、分析天平。

2. 训练内容

通过此项训练，熟悉发酵力测定的原理，掌握所需溶液的配制，糖化液制备、灭菌及曲粉的发酵培养等基本实践操作技巧。

（1）溶液的配制

① 硫酸溶液 [5mol/L（$1/2H_2SO_4$）]：取 14mL 浓硫酸，边搅拌边缓慢加入 50mL 水中，用水稀释至 100mL，不必标定。

② 碘液 [0.1mol/L（$1/2I_2$）]：不用标定。

（2）曲粉发酵力的测定

① 糖化液制备：取大米、玉米面或薯干淀粉原料 50g，加水 250mL，混匀，蒸煮 1~2h，使成糊状。冷却到 60℃，加入原料量 15% 的大曲或小曲粉，再加 50mL 预热到 60℃ 的水，搅匀。在 60℃ 糖化 3~4h，至取出一滴与碘不显蓝色为止，加热到 90℃，用白布过滤，滤液备用。

② 灭菌：取 150mL 糖化液于 250mL 发酵瓶中，塞上棉塞并包上油纸，记录液面高度。同时用油纸包好发酵栓，一起放入灭菌锅中，在 98kPa 压力下灭

菌 15min。

③ 发酵、测定：灭菌后的糖液冷却到 25℃ 左右时，在无菌条件下加入曲粉 1.00g，发酵栓加入 10mL 5mol/L H_2SO_4（$1/2H_2SO_4$）。用石蜡密封发酵瓶，擦干瓶外壁，在千分之一感量的天平上称量。然后，放入 25℃ 保温箱中发酵 48h。取出发酵瓶，轻轻摇动，使二氧化碳全部逸出，在同一天平上再称重。

$$发酵力（以 CO_2 的质量分数计，g/100g）= \frac{m_1 - m_2}{m} \times 100$$

式中　m_1——发酵前发酵瓶加内容物质量，g

　　　m_2——发酵后发酵瓶加内容物质量，g

　　　m——取样质量，g

（七）脂肪酶活力测定

脂肪酶在一定条件下，能使甘油三酯水解成脂肪酸、甘油二酯、甘油单酯和甘油。所产生的脂肪酸可用碱酸中和法测定，根据消耗碱量计算酶活力。1g 固体曲粉于 40℃、pH7.5 条件下水解脂肪，1min 产生 1μmol 的脂肪酸，为 1 个脂肪酶单位，以 U/g 表示。

1. 药品与仪器

（1）主要药品　聚乙烯醇、橄榄油、酚酞、磷酸二氢钾、磷酸氢二钠、氢氧化钠、乙醇。

（2）主要仪器　水浴锅、捣碎机、冰箱、天平、pH 计。

2. 训练内容

通过此项训练，熟悉脂肪酶活力测定的原理，掌握所需溶液的配制、酶浸出液制备、试样测定等基本实践操作技巧。

（1）溶液的配制

① 聚乙烯醇（PVA）聚合度（1750±50）底物溶液制备：称取 PVA 40g 放入 1L 烧杯，加水 800mL，在沸水浴中加热，不时搅拌直至全部溶解，冷却后定容到 1L，用双层纱布过滤后备用。

吸取上述滤液 150mL，加橄榄油 50mL。用高速组织捣碎机处理 2 次，每次 3min，中间间隔 5min，即成乳白色的底物乳化液。贮于冰箱中可供 1 周使用。

② 橄榄油。

③ 体积分数为 95% 的乙醇。

④ 0.025mol/L 磷酸缓冲液（pH7.5）：称取磷酸二氢钾（KH_2PO_4）17.01g 溶于水，稀释至 500mL，再称取磷酸氢二钠（$Na_2HPO_4 \cdot 12H_2O$）44.7g 溶于水中，稀释至 500mL；取 13mL 磷酸二氢钾溶液和 100mL 磷酸氢二钠溶液混合均匀。使用时用水稀释 10 倍，即为 0.025mol/L 缓冲液，用 pH 计测定并校正。

⑤ 0.05mol/l 氢氧化钠溶液。

⑥ 10g/L 酚酞指示剂。

（2）脂肪酶活力测定

① 5%酶浸出液制备：称取相当于 10g 干曲的试样（精确至 0.01g）[曲粉量＝10×100/（100－水分%）g]，加入 pH7.5 缓冲液，使体积为 200mL，在（40±0.2）℃水浴中浸泡 30min，并不时搅拌。应根据酶活力高低确定稀释倍数，要求样品与空白滴定消耗碱液体积之差在 1~2mL。浸泡后用定性滤纸过滤，滤液备用。

② 试样测定：取两个 100mL 锥形瓶，各加底物乳化液 4mL 和磷酸缓冲液 5mL。在空白瓶（瓶 A）中先加入 95%乙醇 15mL。将两瓶置于（40±0.2）℃水浴中预热 5min。各加试样滤液 1.00mL，立刻混匀，在（40±0.2）℃水浴中准确反应 15min。在试样瓶（瓶 B）中补加 95%乙醇 15mL 以中止反应，取出锥形瓶，冷却至室温。

③ 酸碱滴定：于 A、B 两瓶中各加酚酞指示剂 2 滴，用 0.05mol/L NaOH 滴定至微红色，以 10s 不褪色为终点，记录消耗 NaOH 的体积。

④ 计算

$$X = \frac{(V - V_1) \times \frac{c}{0.05} \times 50}{m \times \frac{1}{200} \times 10 \times 15}$$

式中　X——样品酶活力，U/g

　　　V——样品瓶滴定消耗 NaOH 的体积，mL

　　　V_1——空白瓶滴定消耗 NaOH 的体积，mL

　　　c——氢氧化钠标准溶液浓度，mol/L

　0.05——换算到 0.05mol/L 标准浓度的系数

　　50——每 1mL 0.05mol/L NaOH 相当于脂肪酸 50μmol

　$\frac{1}{200}$——稀释倍数，试样溶在 200mL 溶液中取 1mL 用（若酯化酶活力小，

　　　　溶在 100mL 中取 1mL 用，则稀释倍数应改为 $\frac{1}{100}$）

　　m——试样质量，g

（八）酯化力及酯分解率测定

酯化酶是脂肪酶和酯酶的总称，它与短碳链香酯的生物合成有关。

白酒香味是以酯香为主的复合体，白酒酿造过程中酯酶的作用是使一个酸元和一个醇元结合，脱水而生成酯，反应式如下：

$$RCOOH + C_2H_5OH \longrightarrow RCOOC_2H_5 + H_2O$$

但酯化过程是一可逆反应，酯酶既能产酯，也能使酯分解殆尽，例如，

$$CH_3COOC_2H_5 + O_2 \longrightarrow 2CH_3COOH$$

$$CH_3COOH + 2O_2 \longrightarrow 2H_2O + 2CO_2$$

特别是在不适宜的酯化条件下（如温度、pH、空气量等），会将已生成的酯迅速分解，因而不仅要选育产酯能力强的菌，而且要考虑其酯分解能力相对较弱，才能使最终产物中留存较多的酯类。目前已确认能生成酯化酶的酯化菌在细菌、霉菌、酵母菌中均存在，只是其酯化能力和酯分解率不同，在一定程度上影响其酯生成量的多少，所以对大曲而言，酯化能力和酯分解能力的测定同样重要，以己酸乙酯计，酯化力是 1g 干曲在 30~32℃反应 100h 所产生的己酸乙酯的质量（mg）。

1. 药品与仪器

（1）主要药品 NaOH、H_2SO_4、己酸、乙醇、醋酸、醋酸钠、己酸乙酯。

（2）主要仪器 恒温水浴锅、蒸馏烧瓶、恒温培养箱、冷凝回流装置。

2. 训练内容

通过此项训练，熟悉酯酶活力测定的原理，掌握溶液的配制、酯化液制备及测定等操作技巧。

（1）溶液的配制

① 0.1mol/L NaOH。

② 0.05mol/L H_2SO_4。

③ 1%己酸溶液［20%（体积分数）乙醇溶液配制］：准确吸取 1mL 己酸（AR 级）于 100mL 容量瓶中，用 20%乙醇稀释至刻度。

④ 醋酸–醋酸钠缓冲液（pH4.6）：同纯淀粉测定所用的缓冲液。

⑤ 100mg/100mL 己酸乙酯的 20%（体积分数）乙醇溶液。

（2）酯化力测定

① 酯化液制备：取 100mL 1%己酸乙醇溶液于 250mL 蒸馏烧瓶中，加入相当于 5g 干曲的曲粉［曲粉量 = 5×100/（100 – 水分%）g］，在 30~32℃保温酯化 100h，然后加水 50mL，加热蒸馏，接收蒸出液 100mL，用化学分析法测定馏出液中的己酸乙酯含量（同白酒总酯测定）。

② 酯含量测定：吸取 50mL 蒸馏液，用 0.1mol/L NaOH 中和至酚酞终点，准确加入 0.1mol/L NaOH 25mL，沸水浴中回流皂化 30min（或室温暗处放置 24h），冷却后用 0.05mol/L H_2SO_4 滴定至酚酞粉色消失为终点。

③ 计算

$$酯化力（mg/g）= \frac{c_1V_1 - c_2V_2}{\frac{50}{100} \times m} \times 144$$

式中 c_1，c_2——分别为 NaOH 和 H_2SO_4 溶液的浓度，mol/L

      V_1，V_2——分别为 NaOH 和 H_2SO_4 标准溶液的体积，mL

        m——干曲质量，g

     50/100——从蒸出液 100mL 中取 50mL 测酯

       144——己酸乙酯的换算系数

④ 用气相色谱分析己酸乙酯含量：吸取 5mL 馏出液，加 0.1mL 2% 内标物，进样 0.5~1μL。

$$酯化力（mg/g）= f\frac{A_i m_s}{A_s \times m \times \frac{5}{100}} \times 1000$$

式中 f——己酸乙酯的定量校正因子

     A_i——己酸乙酯的峰面积，cm^2

     A_s——内标物的峰面积，cm^2

     m_s——内标量（$0.1 \times 2\%$），mg

     m——相当于 5g 干曲的曲粉量，g

  5/100——试样稀释倍数

   1000——换算到 mg

（3）酯分解率测定

① 酯解：吸取 100mL 己酸乙酯溶液于 500mL 锥形瓶中，加入相当于 5g 干曲的曲粉和 10mL pH4.6 缓冲液。加盖，在 30~32℃ 保温反应 100h，加水 40mL，蒸出 100mL，酯含量的测定同酯化力测定法。

同时做空白实验，在 100mL 己酸乙酯中加同量曲粉和缓冲液后立即加水 40mL。蒸出 100mL，测酯含量。

② 测酯：试样蒸出液和空白液各吸取 50mL，分别注入 250mL 锥形瓶中，测定方法同酯化力的酯含量测定。

③ 计算

$$试样酯含量（mg/g）= \frac{c_1 V_1 - c_2 V_2}{\frac{50}{100} \times m} \times 144$$

$$空白酯含量（mg/g）= \frac{c_1 V_1 - c_2 V_0}{\frac{50}{100} \times m} \times 144$$

式中 c_1，c_2——分别为 NaOH 和 H_2SO_4 标准溶液的浓度，mol/L

      V_1——加入 NaOH 标准溶液的体积，mL

      V_2——滴定试样消耗 H_2SO_4 标准溶液的体积，mL

      V_0——滴定空白样消耗 H_2SO_4 标准溶液的体积，mL

      m——相当于 5g 干曲的曲粉质量，g

50/100——试样分取倍数，即从蒸出液 100mL 中取 50mL 测酯

144——换算系数

$$酯分解率（\%）= \frac{试样酯含量}{空白样酯含量} \times 100$$

（九）淀粉的分析

酒曲中淀粉的分析方法参照原料中粗淀粉的分析。

（十）灰分的分析

样品经灼烧后所残留的无机物质称为灰分，样品品质发生改变，根据样品品质的失重，可计算总灰分的含量。

1. 主要仪器

高温炉，分析天平，坩埚钳，干燥器，瓷坩埚。

2. 训练内容

通过此项训练，熟悉灰分测定的原理及步骤，掌握高温炉、分析天平、干燥器的使用等操作。

（1）瓷坩埚的准备（灰化容器）：目前常用的坩埚有石英坩埚、素瓷坩埚、白金坩埚、不锈钢坩埚。素瓷坩埚在实验室常用，它的物理性质和化学性质同石英相同，耐高温，内壁光滑，可以用热酸洗涤，价格低，对碱性敏感。

取大量适宜的瓷坩埚（素瓷坩埚）置于高温炉中，在 600℃下灼烧 0.5h，冷却至 200℃以下后取出，放入干燥器中冷却至室温，精密称量，并重复灼烧至恒重。

（2）样品的处理：对于各种样品应取多少克应根据样品种类而定，另外对于一些不能直接烘干的样品要先进行预处理才能烘干。

（3）加入 2~3g 固体粉末样品，精密称量。

（4）固体或蒸干后的样品，先以小火加热使样品充分炭化至无烟，然后置于高温炉中，在 525~575℃灼烧至无炭粒，即灰化完全。冷却至 200℃以下后取出放入干燥器中冷却至室温，称量。重复灼烧至前后两次称量相差不超过 0.5mg 即为恒重。

（5）计算

$$X =（m_1 - m_2）\times 100 /（m_3 - m_2）$$

式中　X——样品中灰分的含量，%

　　　m_1——坩埚和灰分的质量，g

　　　m_2——坩埚的质量，g

　　　m_3——坩埚和样品的质量，g

小　结

本任务主要针对酒曲进行酒曲水分、酸度分析，糖化酶活力、液化型淀粉酶活力、蛋白酶活力、发酵力、脂肪酶活力、酯化力及酯分解率的测定，以及灰分的分析。

酸度分析是通过对酒曲的浸泡，使样品中的酸进入水溶液，过滤得到澄清滤液后，通过滴定方式得出样品中的酸度大小。

糖化酶活力测定是首先得到含酶过滤液，然后再将该滤液作用于可溶性淀粉，生成葡萄糖，最后通过滴定的方式，确定酶的活力大小。

液化型淀粉酶活力测定是首先得到含酶过滤液，然后再将该滤液作用于可溶性淀粉，定时取出约 0.5mL 反应液，用稀碘液检测，至颜色由蓝紫色逐渐变为红棕色，得出液化力大小。

蛋白酶活力的测定实验包括大量药品溶液的配制、标准曲线的绘制、5%酶浸出液的获得及试样中酶的测定，过程较复杂，操作技能要求较高。

发酵力测定实验主要通过比较发酵前后发酵瓶质量变化的大小来反映发酵能力的强弱，总体过程较简单。

脂肪酶活力测定以酒曲为原料，进行小火加热使样品充分炭化至无烟，然后 525～575℃灰化完全，最后测得残留物的质量。实验过程要特别注意实验安全问题，注意自我保护。

酯化力及酯分解率测定实验主要是向含醇、酸物质内加入大曲，通过酶的作用促使其生成酯，经长时间作用后，通过测定试样液中酯的含量大小来反映大曲的酯化力大小。过程不复杂，但所需时间较长。

灰分的分析实验主要包括酶液的制备、酶液作用于底物乳化液、试样的测定等步骤，操作过程较简单。

关键概念

标准曲线的绘制；滴定分析；加热；酸度分析；糖化酶活力；液化型淀粉酶活力；蛋白酶活力；发酵力；脂肪酶活力；酯化力及酯分解率

考核与评价

参照附录"白酒分析与检测实验员考核与评价标准"。

💧 思考与练习

1. 为什么需要标定氢氧化钠标准溶液的浓度？

2. 为什么在酸度分析的滴定过程中需要进行预滴定，且正式滴定操作应控制在1min内完成？

3. 糖化温度为什么要严格控制？

4. 酶反应时间为什么要严格控制？酶反应温度为什么要严格控制为60℃？

5. 脂肪酶的功能以及发挥最大作用时的条件是什么？

6. 白酒中的酯类物质是如何产生的？

7. 酯化力的大小通过什么指标来衡量？

8. 酯化液制备过程中，为什么需要30~32℃保温？

9. 成曲中水分过大，如大于14%，会有什么后果？不同季节的成曲水分含量的差别是什么？

10. 灰分测定的原理是什么？灰分测定的仪器、灰分测定的关键步骤有哪些？总灰分的测定有什么实际意义？

任务二 糖化酶制剂与活性干酵母分析

一、学习目的

1. 了解糖化酶制剂干燥失重测定的基本原理，熟练掌握糖化酶制剂测定的操作技能。

2. 了解糖化酶制剂细度测定的基本原理，熟练掌握糖化酶制剂细度测定的操作技能。

3. 了解糖化酶制剂体积质量测定的基本原理，熟练掌握糖化酶制剂体积质量测定的操作技能。

4. 了解 pH 计测定的基本原理，掌握 pH 计的使用等操作技能。

5. 了解糖化酶制剂糖化酶活力测定的基本原理；掌握相关溶液的配制、糖化酶活力测定等操作技能。

6. 了解糖化酶制剂重金属限量测定的基本原理；掌握相关试剂溶液的配制、样品处理及比色等操作技能。

7. 了解酿酒活性干酵母淀粉出酒率测定的基本原理，掌握相关试剂溶液的配制、样品处理及比色等操作技能。

二、知识要点

1. 样品的称量，烘样。
2. pH 计的使用与校正。
3. 有关试剂溶液的配制、样品处理及比色测定。
4. 血球计数板计数。

三、相关知识

（1）酸度计 酸度计（又称 pH 计）主要包括电极部分和电计部分，主要由电源指示灯、温度补偿器、定位调节器、功能选择器、量程选择器、电源开关、电极等组成。电计实际上是一个高输入阻抗的毫伏计。由于电极系统把溶液的 pH 变化转为毫伏值，与被测溶液的温度有关，因此在测溶液 pH 时，电计附有一个温度补偿器。图 3 – 2 为常用酸度计。

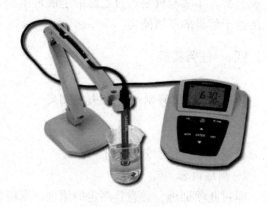

图 3 – 2 酸度计

酸度计的原理主要是两支电极（指示电极与参比电极）在具有不同 pH 的溶液中能产生不同的电动势（毫伏信号），经过一组转换器转变为电流，在微安计上以 pH 刻度值读出。其中指示电极的电极电势要随被测溶液的 pH 而变化，通常使用的是玻璃电极，而参比电极则要求与被测溶液的 pH 无关，通常使用甘汞电极。饱和 KCl 溶液甘汞电极的电极电势为 0.2415V。

酸度计中常用的指示电极是玻璃电极，与之配合使用的参比电极为甘汞电极，因为甘汞电极是不受溶液中氢离子影响的，现在酸度计都采用复合电极，它是将指示电极与参比电极复合成一个电极使用，如上海雷磁仪器厂生产的 pH – 25 型酸度计配置的是 E – 201 – C9 复合电极，它由 pH 敏感电极和银 – 氯化银参比电极复合而成，电极的工作环境为温度是 5 ~ 40℃，相对湿度为不大于 85%。玻璃电极使用前要在水中浸泡 24h，使用后立即清洗，并浸泡在水中。甘汞电极使用时必须先去除电极上端的橡皮塞，以防产生扩散电位，影响测定结果。电极内充满饱和氯化钾溶液，不能有气泡，以防短路。

（2）糖化酶 糖化酶有催化淀粉水解的作用，分解 α – 1，4 葡萄糖苷键生成葡萄糖。葡萄糖分子中的醛基被次碘酸钠氧化。过量次碘酸钠酸化，析出的碘用标准硫代硫酸钠滴定，计算出酶活力。

糖化酶活力的定义是 1.0g 酶粉于 40℃、pH4.6 条件下，1h 分解可溶性淀粉产生 1mg 葡萄糖，即为 1 个酶活力单位，以 U/g 表示。葡萄糖的测定除上述碘量法外，也可用斐林试剂标准葡萄糖液反滴定法定量。

糖化酶酶活力保存率：根据产品标签上标示的酶活力和实测酶活力之比可计算得到。

酿酒活性干酵母可以利用玉米粉中的淀粉原料，并可在缺氧和酶的作用下生成乙醇。本实验就是通过乙醇的生成量多少来反映出酒率的大小，进而反映出活性干酵母的产酒能力。

四、 任务实施

（一）糖化酶制剂干燥失重测定

1. 主要仪器

称量瓶、烘箱、分析天平。

2. 训练内容

通过此项训练，熟悉其测定的原理，掌握烘箱使用、称量瓶洗涤、称重的基本操作技能。

（1）糖化酶制剂干燥失重测定　准确称取酶样 2g，精确至 0.0001g，放入 25mm×40mm 烘干恒重的称量瓶中，置于（103±2）℃烘箱中，烘干 2h，取出，立即加盖，放入干燥器中冷却 30min，直至恒重，称量。

（2）计算

$$\omega(\%) = \frac{m_1 - m_2}{m_1 - m} \times 100$$

式中　ω ——样品的干燥失重率，%

　　　m_1——干燥前称量瓶加样品的质量，g

　　　m_2——干燥后称量瓶加样品的质量，g

　　　m——空称量瓶的质量，g

（二）糖化酶制剂细度测定

1. 主要仪器

SSW 0.40/0.25mm 标准筛、电子天平。

2. 训练内容

通过此项训练，熟悉细度测定的基本原理，掌握细度测定等操作技巧。

（1）实验步骤　称取酶样 100g（精确至 1.0g），将筛底盘装在标准筛下，然后把样品倒在筛上，加盖，振荡筛分 5min，并不时敲打筛梆，静置 2min，称量筛子上的剩留物。

（2）计算

$$X(\%) = \frac{100 - m}{100} \times 100 = 100 - m$$

式中 X——样品的细度，%

m——筛上残留物的质量，g

100——取样量，g

（三）糖化酶制剂体积质量测定

1. 主要仪器

容量瓶、电子天平、三角玻璃漏斗。

2. 训练内容

通过此项训练，熟悉糖化酶制剂体积质量测定的基本原理，掌握洗涤、称量等步骤的操作技巧。

（1）测定 取1个洁净干燥，已知质量的100mL容量瓶，取下瓶塞，放上1个三角玻璃漏斗，将酶样（20℃）自然地缓缓地注入容量瓶中，直至刻度。取下漏斗，盖上瓶塞，称量。

（2）计算

$$\rho = \frac{m_1 - m}{100}$$

式中 ρ——样品的体积质量，g/mL

m_1——容量瓶加样品的质量，g

m——容量瓶的质量，g

100——取样体积，mL

（四）糖化酶制剂的 pH 测定 （用于液态产品）

1. 药品与仪器

（1）主要药品 酒石酸钠钾、磷酸二氢钾、磷酸氢二钠、四硼酸钠。

（2）主要仪器 pH 计（分度值为 0.01pH 单位，并备有电磁搅拌器）、烧杯。

2. 训练内容

通过此项训练，熟悉糖化酶制剂的 pH 测定原理，掌握 pH 校正、液态糖化酶制剂的 pH 测定等操作技巧。

（1）标准溶液的配制

① （25℃时）标准缓冲液（pH3.56）：用无 CO_2 的水配制酒石酸钠钾

（KNaC$_4$H$_4$O$_6$外消旋）饱和溶液，在25℃时，pH＝3.56。

② 标准磷酸缓冲液（pH6.86）：称取以（120±10）℃干燥冷却的磷酸二氢钾（KH$_2$PO$_4$）3.40g和磷酸氢二钠3.55g，溶于无CO$_2$水中，并稀释至1L。在25℃时，pH＝6.86。

③ 标准硼酸盐缓冲液（pH9.18）：称取四硼酸钠（Na$_2$B$_4$O$_7$·10H$_2$O）3.81g，溶于无CO$_2$水中，稀释至1L，25℃时，pH＝9.18，存放时应防止吸收空气中的CO$_2$。

（2）糖化酶制剂的pH测定　将pH计上温度补偿旋钮调至25℃。先用接近被测样品pH的两种标准缓冲液校正pH计，使之定位，然后进行样品测定，直到读数稳定1min，即为试样pH。

（五）糖化酶活力测定及酶活力保存率测定

1. 药品与仪器

（1）主要药品　醋酸、醋酸钠、硫代硫酸钠、碘、氢氧化钠、浓硫酸、可溶性淀粉、淀粉指示剂。

（2）主要仪器　恒温水浴锅、滴定管、碘量瓶、容量瓶、烧杯。

2. 训练内容

通过此项训练，熟悉糖化酶的作用原理，掌握相关试剂溶液的配制及糖化酶活力测定的操作技巧。

（1）溶液的配制

① 醋酸－醋酸钠缓冲液（pH4.6）：同纯淀粉测定的缓冲液配制。

② 硫代硫酸钠标准：c（1/2Na$_2$S$_2$O$_3$）＝0.05mol/L。

③ 0.1mol/L碘溶液：称取12.8g碘、40g碘化钾于研钵中，加少量水研磨至溶解，用水稀释至1L，贮存于棕色瓶中。

④ 0.1mol/L氢氧化钠：见酒曲酸度测定。

⑤ 20%氢氧化钠溶液。

⑥ 硫酸溶液c（1/2H$_2$SO$_4$）＝2mol/L：量取5.6mL浓硫酸（相对密度1.84），缓缓注入80mL水中，冷却后，定容至100mL。

⑦ 2%可溶性淀粉溶液：实验应用同规格的可溶性淀粉，以浙江菱湖食品化工联合公司产品为好。

⑧ 1%淀粉指示剂：将2%淀粉溶液稀释1倍后使用。

（2）糖化酶活力测定

① 待测酶液制备：称取酶粉1～2g（精确至0.0001g）或液体酶液1.00mL，在50mL烧杯中加少量缓冲液溶解，同时用玻璃棒捣研。将上层清液小心倾入容量瓶中，在沉渣中再加少量缓冲液，捣研溶解同前，如此反复3～4

次。最后全部移入容量瓶中，用缓冲液定容至刻度。容量瓶的体积要求满足待测液酶活力在 100 ~ 250U/mL 范围内，估计试样酶活力大小，按表 3 - 3 规定稀释倍数进行定容。

表 3 - 3 试验酶液稀释倍数

估计酶活力/（U/g）	稀释倍数	估计酶活力/（U/g）	稀释倍数
200 ~ 1000	2 ~ 5	10000 ~ 30000	50 ~ 200
1000 ~ 3000	5 ~ 20	30000 ~ 60000	200 ~ 300
3000 ~ 6000	20 ~ 30	60000 ~ 90000	300 ~ 500
6000 ~ 10000	30 ~ 50		

② 测定：糖化：在甲、乙两支 50mL 比色管中，各加 2.0% 可溶性淀粉溶液 25.0mL 和缓冲液 5.00mL，摇匀。在（40 ± 0.2）℃ 恒温水浴中预热 5min。在甲管（试样管）中加入待测酶液 2.00mL，摇匀。在此温度下准确反应 30min 后，立即各加 20% 氢氧化钠 0.2mL，摇匀，迅速冷却，并在乙管（空白管）中补加待测酶液 2.00mL。

碘量法测糖：吸取甲、乙两管中反应液各 5.00mL，分别置于碘量瓶中。准确加入 0.1mol/L 碘溶液 10.0mL，再加 0.1mol/L 氢氧化钠 15.0mL。摇匀，加塞，在暗处反应 15min。取出，加 2mol/L 硫酸 2.0mL 后，立即用 0.05mol/L 硫代硫酸钠滴定到蓝色刚好消失为其终点。

③ 计算

$$X = c \times (V_1 - V) \times 90.05 \times \frac{32.2}{5} \times \frac{1}{2} \times n \times 2$$

式中　X——样品酶活力，U/g 或 U/mL

　　　V——空白样消耗硫代硫酸钠的体积，mL

　　　V_1——试样消耗硫代硫酸钠的体积，mL

　　　c——硫代硫酸钠浓度，mol/L

　90.05——与 1.00mL 硫代硫酸钠相当的葡萄糖质量，g

　32.2——反应液总体积，mL

　　5——吸收反应液体积，mL

　$\frac{1}{2}$——吸取酶液 2.00mL，以 1.00mL 计

　　n——稀释倍数

　　2——反应 30min，换算成 1h 的系数

$$X(\%) = \frac{E_1}{E_2} \times 100$$

式中　X——样品酶活力保存率,%

　　　E_1——样品实测酶活力，U/g 或 U/mL

　　　E_2——样品标示酶活力，U/g 或 U/mL

（六）糖化酶制剂中重金属限量测定

1. 药品与仪器

（1）主要药品　盐酸、氨水、醋酸铵、硝酸、铅。

（2）主要仪器　50mL 纳氏比色管 2 支、马弗炉、坩埚等。所用玻璃仪器需用 10%～20% 的硝酸浸泡 24h 以上，先用自来水洗净，最后用蒸馏水冲洗干净。

2. 训练内容

通过此项训练，熟悉糖化酶制剂重金属限量测定的基本原理，掌握相关试剂溶液的配制、样品处理及比色等操作技能。

（1）溶液的配制　本实验要求所用试剂均为分析纯。

① 6mol/L 盐酸：量取 50mL 浓盐酸，用水稀释至 100mL。

② 1mol/L 盐酸：量取 8.3mL 浓盐酸，用水稀释至 100mL。

③ 6mol/L 氨水：量取 40mL 浓氨水，用水稀释至 100mL。

④ 1mol/L 氨水：量取 6.7mL 浓氨水，用水称释至 100mL。

⑤ 醋酸铵缓冲液（pH3.5）：称取 25.0g 醋酸铵，溶于 25mL 水中，加 45mL 6mol/L 的盐酸，用稀盐酸或稀氨水（1mol/L）调节至 pH3.5，用水稀释至 100mL。

⑥ 酚酞指示剂：1% 乙醇溶液，即 1g 酚酞用无水乙醇稀释至 100mL。

⑦ 饱和硫化氢水：将硫化氢通入不含二氧化碳的水中至饱和（现配现用）。

⑧ 稀硝酸溶液：取 1mL 浓硝酸，用水稀释至 100mL。

⑨ 铅标准溶液：准确称取硝酸铅基准物 0.1598g，溶于 10mL 稀硝酸溶液中，定量地移入 100mL 容量瓶中，用水稀释至刻度。1mL 相当于 1.0mg 铅。

⑩ 铅标准使用液：临使用前，准确吸取铅标准液 1mL 于 100mL 容量瓶中，用水稀释至刻度。此溶液 1.0mL 相当于 10μg 铅。

（2）糖化酶制剂中重金属限量测定

① 样品处理：称取试样 5.0g，置于坩埚中，加适量浓硫酸浸润样品，用小火炭化后，加 2mL 浓硝酸和 5 滴浓硫酸，小心加热，直到白烟不再发生为止（以上操作均在通风橱中进行）。然后移入马弗炉中，在 550℃ 灰化完全。取出后，加入 2mL 6mol/L 盐酸润湿残渣，于水浴上蒸发至干。用 1 滴浓盐酸润湿残渣，再加 10mL 水，在水浴上加热 2min，将溶液定量地移入 50mL 容量瓶中摇匀。如有必要用干滤纸过滤，滤液贮存在干燥、洁净的小锥形瓶中备用。该

溶液每10mL相当于1.0g样品。

在处理样品的同时，另取一坩埚做试剂空白实验，操作同上。

② 测定：准备两支50mL纳氏比色管，见表3-4。

表3-4 两支纳氏比色管的对比加入

项 目	试样管	标准管
加入试样溶液	10.0mL	—
加入试剂空白处理液	—	10.0mL
加入标准铅使用液	—	4.0mL

各加水至25mL，混匀，加入1滴酚酞指示剂。用6mol/L（或1mol/L）的稀盐酸和稀氨水调至中性（酚酞的红色刚褪去）。各加pH=3.5的醋酸铵缓冲液5mL，混匀。最后各加10mL新鲜配制的硫化氢饱和液，加水至50mL刻度，混匀。于暗处放置5min后，在白色背景下观察，试样管色度不超过标准管色度为合格。

注：试样重金属（铅）限量为≤0.004%，即每1.0g试样≤40μg铅。10mL处理液相当于1.0g原试样。标准铅使用液1mL相当于10μg铅，所以取4mL标准铅使用液相当于试样重金属限量。

（七）酿酒活性干酵母水分测定

方法参照"糖化酶制剂干燥失重测定"，差别在于：称取干酵母1g（准确到0.0001g），样品烘箱干燥5h，冷却称重，直至恒重。

（八）酿酒活性干酵母淀粉出酒率测定

1. 药品与仪器

（1）主要药品及原料 蔗糖、α-淀粉酶、糖化酶、食用油、硫酸、氢氧化钠、玉米。

（2）主要仪器 高压灭菌釜、恒温箱、酒精计。

图3-3为酒精计。

2. 训练内容

通过此项训练，熟悉相关原理，掌握玉米粉淀粉含量测定、液化、蒸煮灭菌、加糖化酶糖化、发酵、蒸馏及酒精浓

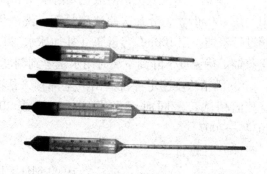

图3-3 酒精计

度测定等操作技巧。

（1）材料准备及溶液的配制

① 玉米：黄玉米或白玉米粉碎过 40 目筛。

② 蔗糖溶液：20g/L。

③ α - 淀粉酶。

④ 糖化酶。

⑤ 消泡剂：食用油。

⑥ 硫酸溶液：体积分数为 10%。

⑦ 氢氧化钠溶液：4mol/L。

（2）酿酒活性干酵母淀粉出酒率测定

① 玉米粉按原料淀粉测定方法测淀粉含量。

② 酵母活化：取 1.0g 活性干酵母，加入 38g 温度为 40℃ 蔗糖溶液（20g/L）16mL，于 32℃ 恒温箱中活化 1h 备用。

③ 液化：取 200g 玉米粉于 2000mL 锥形瓶中，加水 100mL 调成糊状，再加热水 600mL 搅匀，调节 pH 至 6 ~ 6.5，按 8 ~ 100U/g 玉米计量加入 α - 淀粉酶，搅匀，在 70 ~ 85℃ 条件下液化 30min，用水冲净锥形瓶壁上的玉米糊。最终使总质量为 1000g。

④ 蒸煮灭菌：将上述锥形瓶用棉塞和防水纸封口，在高压灭菌釜中 0.1MPa 灭菌 1h，取出，冷却到 60℃。

⑤ 加糖化酶糖化：用硫酸溶液将玉米糊的 pH 调到 4.5，按 150 ~ 200U/g 玉米计量加入糖化酶，摇匀。在 60℃ 条件下糖化 60min，摇匀，冷却到 32℃。取 250g（一式三份）于 500mL 碘量瓶中备用。

⑥ 发酵：于每个碘量瓶中加酵母活化液 2.0mL，摇匀，盖塞。普通干酵母在 32℃（耐高温干酵母在 40℃）的恒温箱中发酵 65h。

⑦ 蒸馏：用氢氧化钠溶液把发酵醪中和到 pH6 ~ 7，移入 1000mL 蒸馏烧瓶中。用 100mL 水，分几次冲洗碘量瓶，洗液倒入蒸馏瓶中，加入消泡剂 1 ~ 2 滴进行蒸馏。用 100mL 容量瓶（外加冰水浴）接收馏出液，蒸出约 95mL 时停止蒸馏。待温度下降到室温时用水定容到刻度。

⑧ 酒精浓度测定：将蒸出液全部移入洁净干燥的 100mL 量筒中，用酒精计测酒精浓度。同时记录温度，换算成 20℃ 时的酒精浓度（查阅 GB/T 10345—2007）。

（3）计算

$$x(\%) = \frac{\varphi \times 0.8411 \times 100}{50(\omega - \omega_1) \times \omega} \times 100$$

式中　x——100g 样品的淀粉出酒率（以体积分数为 96% 的酒精计），%

φ——试样在20℃时的酒精体积分数,%

0.8411——将100%酒精换算成96%的系数

50——玉米粉质量,g

ω——玉米粉中的淀粉含量,%

ω_1——玉米粉中的水分含量,%

（九）酵母活细胞率测定

1. 药品与仪器

（1）主要药品　无菌生理盐水、次甲基蓝染色液。

（2）主要仪器　电子天平、显微镜、血球计数板。

血球计数板计见图3-4。

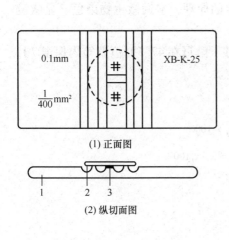

(1) 正面图

(2) 纵切面图

血球计数板构造(一)

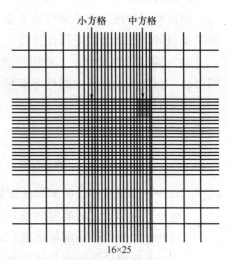

血球计数板构造(二)
放大后的方网格，中间大方格为计数室

图3-4　血球计数板

1—血球计数板　2—盖玻片　3—计数室

2. 训练内容

通过此项训练，熟悉酵母活细胞率测定的原理，掌握微生物染色、显微镜使用及血球计数板计数等操作技巧。

（1）酵母活细胞率测定　准确称取活性干酵母0.1g（称准至0.0001g），加入38～40℃无菌生理盐水20mL，在32℃恒温箱中活化1h。吸取活化液0.1mL，与0.9mL染色液混匀，在室温染色10min后，立刻在显微镜下用血球计数板计数。

（2）计算

$$X(\%) = \frac{A}{A+B} \times 100$$

式中　X——样品的酵母活细胞率，%

　　　　A——酵母活细胞总数，个

　　　　B——酵母死细胞总数，个

（十）酵母保存率测定

1. 药品与仪器

（1）主要药品　无菌生理盐水、次甲基蓝染色液。

（2）主要仪器　电子天平、显微镜、血球计数板。

2. 训练内容

通过此项训练，熟悉酵母活细胞率测定的原理，掌握微生物染色、显微镜使用及血球计数板计数等操作技巧。

（1）酵母保存率测定　将原包装的活性干酵母在47.5℃恒温箱内保温7d，取出后，测定同本任务中酵母活细胞率测定。

（2）计算

$$x_2(\%) = \frac{A}{A+B} \times 100$$

$$酵母保存率（\%）= x_2/x_1 100$$

式中　x_1——保温前样品的酵母活细胞率，%

　　　　x_2——保温处理后酵母活细胞率，%

　　　　A——保温处理后酵母活细胞总数，个

　　　　B——保温处理后酵母死细胞总数，个

小　结

本任务主要针对糖化酶制剂与活性干酵母进行分析，包括干燥失重、细度、体积质量、pH（用于液态产品）、活力及酶活力保存率、重金属限量、干酵母水分、干酵母淀粉出酒率、酵母活细胞率、酵母保存率十个方面内容。

实验操作训练重点突出酸度计的使用、水分的测定、重金属含量的测定、显微镜的使用。

利用天平称量时需注意操作过程中不宜直接用手接触称量瓶，且样品在干燥器中冷却30min后方可称量。

酸度计在使用过程中，要先进行实验试剂溶液的配制、pH计校正，然后再对样品进行测定。

酿酒活性干酵母淀粉出酒率测定是一个综合性较强的实验，主要内容包括玉米淀粉含量的测定、培养基的制备、酵母菌的接种和培养、发酵产品的蒸馏及酒精含量测定，要求学生具备微生物及食品检测方面的基本理论及实验基本操作技能。

关键概念

糖化酶制剂；显微镜计数；pH 计校正；称量；酵母活化

考核与评价

参照附录"白酒分析与检测实验员考核与评价标准"。

思考与练习

1. 糖化酶制剂干燥失重测定样品在干燥器中要冷却 30min，为什么？
2. 为什么白酒生产时对糖化酶制剂细度要有要求？
3. 酸度计使用时，各标准缓冲液的配制要用无 CO_2 水，为什么？
4. 实验中如何除去蒸馏水中的 CO_2？
5. 为什么通过对酵母细胞染色，通过显微镜计数，可以得出酵母活细胞比率？

任务三 窖泥分析

一、学习目的

1. 了解窖泥水分测定的基本原理，熟练掌握窖泥水分测定的操作技能。
2. 了解窖泥 pH 测定的基本原理，熟练掌握 pH 计的使用等基本操作。
3. 了解窖泥组分构成及相应测定的基本原理，掌握相关溶液的配制、试样制备及测定步骤与方法。
4. 熟悉系列标准溶液的配制，掌握分光光度计的基本操作。
5. 了解窖泥中有机质测定的基本原理，掌握相关溶液的配制、窖泥样品中有机质的提取与测定的基本操作。

二、知识要点

1. 溶液的配制基本技巧。
2. 分光光度计的使用及标准曲线图的绘制。
3. 酸度计的校正与测定。
4. 窖泥的组分。

三、相关知识

窖泥见图 3 – 5。

图 3 – 5 窖泥

酿酒微生物在繁殖过程中的生长变化和代谢产物受窖泥 pH 的影响较大，故在人工培窖过程中，必须测定土壤的 pH。以水溶液提取土壤中水溶性氢离子，再用 pH 计测定 pH。

窖泥氨态氮的测定是用氯化钠溶液浸出土壤中的该物质，根据纳氏试剂比色原理，碘化汞钾（K_2HgI_4）在碱性溶液中与氨反应生成淡黄色至红棕色络合物。浓度低时溶液呈黄色，可用分光光度计在 400 ~ 425nm 处测定吸光度；浓度高时溶液呈红棕色，应在 450 ~ 500nm 处测吸光度。与标准氨溶液比较，就可求得氨态氮含量。

有效磷是土壤中能被植物吸收利用的磷，是细胞核的组分，也是微生物生长、繁殖的必需物质。

土壤中有效钾主要是水溶性钾和代换性钾，它是酵母、霉菌、细菌等微生物所需的无机盐类。虽然微生物对无机盐需求量较小，但缺少钾是不行的。测定有效钾的含量，可为人工培窖提供必要数据。首先用碳酸铵置换，浸出土壤中的钾，同时使钙、镁沉淀，然后灼烧除去铵盐。在酸性溶液中用亚硝酸钴三钠作为钾的沉淀剂，该沉淀可用质量法或容量法测定。

亚硝酸钴三钠水溶液在有硝酸存在的条件下，使钾沉淀为亚硝酸钴钠钾黄色沉淀，其反应式为：

$$Na_3Co(NO_2)_6 + 2K^+ \longrightarrow K_2NaCo(NO_2)_6 \downarrow + 2Na^+$$

腐殖质是土壤中结构复杂的有机物，它只有在好气性过程受到某种抑制时，才能在土壤中积累，主要成分是含有胺基及环状有机氮的化合物。腐殖质及其分解产物是微生物的主要养分，从其含量高低可以判断窖泥及土壤的优劣。

水是细胞的重要组成成分，菌体所需营养物必须呈水溶液状态才能被吸收，各种微生物的生化活动与窖泥含水量也有密切关系，水分过少，微生物生长、繁殖困难；水分过大，窖泥过稀，搭窖困难，使用不便。人工窖泥必须湿润柔熟。此外，各分析项目均以绝干样中的含量表示，所以水分和挥发物测定十分重要。

窖泥中的水分有化学结合水、吸附水和自由水，以吸附水为主。采用105~110℃烘干恒重法，自由水和吸附水均能烘干。

四、任务实施

（一）水分及挥发物的测定

1. 主要仪器

恒温烘箱、分析天平（0.1mg）、称量瓶、干燥箱、药匙。

2. 训练内容

通过此项训练，熟悉窖泥水分测定的原理，掌握烘箱使用、称量瓶洗涤、称重的基本操作技能。

（1）窖泥水分及挥发物的测定

① 风干土样水分测定：称取 4~5 g 风干土样（精准至 0.01g），平铺于已恒重的扁型称量皿内，于 105~110℃烘干 6h，冷却称量。再烘干 2~3h，冷却称量。如此反复直至前后两次称重差不超过 0.03g。

② 新鲜土样水分测定：称取土样 10~15g，测定方法同风干土样水分测定。

（2）结果计算

$$\omega\,(\%) \, = \, (m_1 - m_2) \, \times 100/m_g$$

式中　ω——水分和挥发物含量,%

　　　m_1——干燥前称量瓶加试样的质量，g

　　　m_2——干燥后称量瓶加试样的质量，g

　　　m_g——试样的质量，g

（二）pH 的测定

1. 药品与仪器

（1）主要药品　邻苯二甲酸氢钾、磷酸二氢钾、NaOH。

（2）主要仪器　酸度计。

2. 训练内容

通过此项训练，熟悉窖泥的 pH 测定原理，掌握窖泥的 pH 校正、pH 测定等操作技巧。

（1）溶液的配制

① 0.2mol/L 邻苯二甲酸氢钾：称取 20.423g 邻苯二甲酸氢钾，溶于水并定容至 500mL。

② 0.1mol/L NaOH 溶液。

③ 0.2mol/L 磷酸二氢钾：称取 13.609g 磷酸二氢钾，溶于水并定容至 500mL。

④ 缓冲液（pH6.8）：吸取 25mL 0.2mol/L 磷酸二氢钾，加入 23.6mL 0.1mol/L NaOH 溶液，用水定容至 100mL。

⑤ 缓冲液（pH4.4）：吸取 25mL 0.2mol/L 邻苯二甲酸氢钾，加入 3.65mL 0.1mol/L NaOH 溶液，用水定容至 100mL。

（2）pH 的测定

① 称风干、粉碎土样 5.0g 溶于 100mL 烧杯中，加 50mL 无二氧化碳水，间歇搅拌 30min，放置 30min，用于测定试样 pH。

② 将玻璃电极和甘汞电极插入已知 pH 的缓冲液中，调零点（pH7 处），定位（调到已知 pH 处），反复数次，确定后定位器不能再变动。

③ 取出并用水冲洗净电极，再插入试样浸液中放置 2～3min，按下读数按钮，电表所指读数即试样 pH。

（三）氨态氮测定

本法测得的氨态氮是游离氨（NH_3）和铵盐的总量，因为铵盐在碱性溶液中转变为氨。

$$NH_4^+ + OH^- \longrightarrow NH_3 + H_2O$$

试样溶液中若有钙、镁离子，可与纳氏试剂形成沉淀，使溶液浑浊，干扰氨的正确测定。加入酒石酸钾钠与 Ca^{2+}、Mg^{2+} 生成不解离的络合物，以避免与纳氏试剂相互作用。

1. 药品与仪器

（1）主要药品　碘化汞、碘化钾、氢氧化钠、酒石酸钠钾、NH_4Cl。

（2）主要仪器　分光光度计。

2. 训练内容

通过此项训练，熟悉氨态氮测定的基本原理，相关溶液的配制、试样制备、标准系列配制等基本操作。

（1）溶液的配制

　　① 纳氏试剂：称取 10g 碘化汞、7g 碘化钾，溶解后加到 50mL 36% 的氢氧化钠溶液中，稀释至 100mL，摇匀，静置，取上层清液使用。贮存于棕色具橡皮塞瓶中，可保存 1 年。

　　② 酒石酸钠钾溶液：50g 酒石酸钠钾（$KNaC_4H_4O_6 \cdot 4H_2O$）溶于 100mL 水中，为除去酒石酸钠钾中可能存在的铵盐，煮沸蒸发约 1/3 体积，冷却后定容至 100mL。

　　③ 氯化铵标准液：准确称取 0.3819g 优级纯 NH_4Cl，溶于水，稀释至 100mL，其浓度以 N 计为 1mg/mL。

　　④ 氯化铵标准使用液：准确吸取标准液 10.00mL 稀释至 1L，浓度以 N 计为 10.0μg/mL，以 NH_3 计为 12.2μg/mL。

　　（2）氨态氮测定

　　① 试样制备：称取新鲜泥样 1～5g（精确至 0.01g），加入 10% 的氯化钠溶液，使体积为 25mL，搅匀，浸出 10min，用滤纸过滤后备用。

　　准确吸取 1.00mL 溶液（必要时用水稀释后再吸取）于 50mL 比色管中，稀释至刻度。加入 1～2 滴酒石酸钠钾溶液和 1mL 纳氏试剂，盖上洁净的橡皮塞，颠倒数次使其充分混匀，放置 10min 后以标准系列中“0”管为空白，于波长 425nm 处测吸光度。

　　② 标准系列配制：准确吸取标准使用液（10μg/mL 的 N）0mL、0.50mL、1.00mL、2.00mL、4.00mL、6.00mL、8.00mL、10.00mL，分别注入 50mL 比色管中，用水稀释至刻度后，按试样显色、测吸光度。以吸光度对氨态氮（N）的质量（μg）（分别为 0μg、0.5μg、1.0μg、2.0μg、4.0μg、6.0μg、8.0μg、10.0μg）绘制标准曲线进行比较。

　　③ 计算

$$x = \frac{m \times n}{m_1 \times \frac{1}{25}} \times \frac{100}{1000} \times \frac{100}{100 - \omega}$$

式中　x——试样中氨态氮含量，mg/100g 干土

　　　m——试样溶液中氨态氮质量，μg

　　　n——试样再稀释倍数，若不再稀释，则 $n = 1$

　　m_1——新鲜泥样质量，g

　　1000——把 μg 换算成 mg 的系数

　　　ω——新鲜泥样水分含量，%

$100 \times \dfrac{100}{100 - \omega}$——换算成 100g 干土中水分含量，%

　　注：加入纳氏试剂后，若有黄色沉淀，则说明试样中氨态氮浓度过高，应适当稀释后再测定。土壤中氨态氮和硝酸盐因受微生物作用会迅速转化，用氯化钠溶液浸出土样时，加几滴甲苯，可抑制微生物

的作用。

（四）有效磷的测定

首先用酸性氟化铵提取泥样中的有效磷，溶出的磷酸或磷酸盐在酸性溶液中加入钼酸铵，生成黄色的磷钼酸盐，再被氯化亚锡还原成蓝色络合物。

1. 药品与仪器

（1）主要药品　氟化铵、盐酸、钼酸铵、氯化亚锡、磷酸二氢钾、磷标准溶液。

（2）主要仪器　分光光度计。

2. 训练内容

通过此项训练，熟悉窖泥中有效磷的测定方法、原理，掌握标准系列的制备及窖泥样品的测定等操作技巧。

（1）溶液的配制

① 氟化铵 - 盐酸溶液：称取 0.56g 氟化铵溶于 400mL 水中，加入 12.5mL 1mol/L 的盐酸，用水稀释至 500mL，贮于塑料瓶中。

② 钼酸铵 - 盐酸溶液：称取 5.00g 钼酸铵溶于 42mL 水中，在另一烧杯中注入 8.0mL 水和 82mL 浓盐酸。然后在搅拌下把钼酸铵溶液倒入烧杯中，贮于棕色瓶中。

③ 氯化亚锡 - 盐酸溶液：称取 1.0g 氯化亚锡（$SnCl_4 \cdot 2H_2O$）溶于 40mL 1mol/L 的盐酸中，贮于棕色瓶中。

④ 无磷滤纸：将直径为 9cm 的定性滤纸浸于 0.2mol/L 的盐酸中 4~5h，使磷、砷等化合物溶出，取出后用水冲洗数次，移至布氏漏斗内再用 0.2mol/L 盐酸淋洗数次，最后用水洗至无酸性，在 60℃ 烘箱中干燥。

⑤ 磷标准液：准确称取于 110℃ 干燥 2h 后冷却的磷酸二氢钾（KH_2PO_4）0.2195g，溶于水定容至 1L。此溶液浓度为 50μg/mL。

⑥ 磷标准使用液：准确吸取磷标准溶液 25.0mL 置于容量瓶中，用水稀释至刻度，其浓度为 5μg/mL。

（2）有效磷的测定

① 试样处理：称取 2.00g 风干土样于 50mL 烧杯中，加入氟化铵 - 盐酸溶液至 20mL，浸泡 30min，每隔 5min 搅拌一次。然后用烘干的无磷滤纸过滤，加入约 0.1g 化学纯硼酸，摇匀，使之溶解后备用。

② 磷的测定：准确吸取 1.00mL 试样浸出液，注入 25mL 容量瓶中用水稀释至刻度。吸取此稀释液 1~2.5mL（视含磷量多少而异，一般黄泥含磷少，可直接取浸出滤液测定；窖皮泥磷含量较高，吸取稀释液 2.50mL 测定；老窖泥含磷量最多，吸取 1.00mL 稀释液即可），置于 25mL 比色管中，加入

2.00mL 酸性钼酸铵溶液和 3 滴氯化亚锡溶液，用水稀释至刻度。放置 15min 后，用 2cm 比色杯在 700nm 波长处，测量吸光度。

③ 标准系列制备：吸取磷标准使用液 0mL、0.50mL、1.00mL、2.00mL、3.00mL、5.00mL，分别注入 25mL 比色管中。加入 2.00mL 钼酸铵和 3 滴氯化亚锡显色、稀释。测吸光度方法均同试样测定。以吸光度为纵坐标，标准液的磷的质量（μg）为横坐标，绘制标准曲线。

④ 计算

$$x = \frac{m_1}{m \times \frac{1}{20} \times \frac{V}{25}} \times \frac{100}{1000} \times \frac{100}{100 - \omega}$$

式中　x——干泥中有效磷的含量，mg/100g

m——风干泥试样质量，g

m_1——试样溶液中有效磷的质量，μg

$\frac{1}{20} \times \frac{V}{25}$——试样稀释后的体积，mL

ω——风干试样水分含量，%

其余的同氨态氮计算说明。

注：① 氟化铵有毒性，溶液不能用嘴吸取。

② 加入硼酸可防止氯离子的干扰和对玻璃的侵蚀，能增加显色灵敏度。

③ 因显色温度对色泽影响较大，故试样和标准系列保持相同的显色温度和显色时间。

（五）有效钾的测定

1. 药品与仪器

（1）主要药品　碳酸铵、硝酸、硝酸钴、冰醋酸、亚硝酸钠。

（2）主要仪器　烧结玻璃滤器、蒸发皿、水浴锅、分析天平。

2. 训练内容

通过此项训练，熟悉窖泥中钾测定的基本原理，掌握相关溶液的配制、窖泥样品的预处理、沉淀、分解、滴定等操作技巧。

（1）溶液的配制

① 0.5mol/L 碳酸铵溶液：称取 28.5g 化学纯碳酸铵 [（NH₄)₂CO₃·H₂O] 溶于水，稀释至 1L。

② 0.01mol/L 硝酸溶液：取 6.7mL（相对密度 1.42）浓硝酸用水稀释至 1L。再稀释 10 倍为 0.01mol/L。

③ 亚硝酸钴钠溶液：溶液甲：将 25g 硝酸钴溶于 50mL 水中，再加入 12.5mL 冰醋酸。

溶液乙：将 120g 亚硝酸钠加水 180mL，加热使之溶解。

使用前一天，取甲液 1 份与乙液 3 份混合，并通气 1~2h，以赶去二氧化氮，静置 5h，过滤去沉淀，贮存于棕色瓶中，可保持 3~4d。

（2）窖泥中有效钾的测定

① 样品处理：称取 2.500g 风干土样于 250mL 具塞锥形瓶中，加入 100mL 0.5mol/L 碳酸铵溶液，用力摇动 1h，其间每隔 15min 摇动一次。然后用 1# 烧结玻璃滤器上铺滤纸片抽气过滤，用 100mL 0.5mol/L 碳酸铵溶液分 3~4 次洗涤。过滤速度不宜过快，使土壤胶体吸附的钾全部置换出，将浸出液定量移入蒸发皿内，在水浴上蒸干。残渣加 3~5mL 硝酸再蒸干，直至全部有机质去净，蒸干后，放冷，500℃ 以下灼烧去氨，冷却至恒温。

② 钾沉淀：吸取 25mL 0.1mol/L 硝酸溶液于上述蒸去氨后的蒸发皿中，用带橡皮头的玻璃棒洗蒸发皿，迅速用干燥的定性滤纸过滤于 100mL 锥形瓶中，吸取 10mL 滤液于 200mL 烧杯中，缓缓加入 10mL 亚硝酸钴钠溶液，盖好表面皿将烧杯 20℃ 放置过夜，使沉淀完全。

在烧结玻璃滤器上铺定量滤纸片（事先烘干至恒重），抽气过滤，并用 0.01mol/L 硝酸溶液洗涤烧杯和沉淀，再洗涤 10 次，每次 2mL。接着用 95% 的乙醇洗 5 次，每次 2mL。擦干滤器外壁，在 110℃ 烘 1h，置于干燥器中冷却称重。

③ 结果计算：沉淀组成为 $K_2NaCo(NO_3)_6 \cdot H_2O$，其中 $K_2O = 17.216\%$，

$$x = \frac{m \times 0.17216}{\frac{10}{25} \times m_1} \times 100 \times \frac{100}{100 - \omega} \times 1000$$

式中 x——绝干试样中有效钾的含量（K_2O），mg/100g

m——亚硝酸钴钠钾沉淀质量，g

m_1——风干试样质量，g

$\frac{10}{25}$——试样分取比例

1000——换算成 mg 的系数

ω——风干试样水分含量，%

（六）腐殖质的测定

土壤中腐殖质含量常用重铬酸钾氧化法测定。在硫酸条件下，加入已知量的过量重铬酸钾溶液与土壤共热，使其中活性有机质的碳氧化。剩余的重铬酸钾以邻菲罗啉亚铁为指示剂，用标准硫酸亚铁铵溶液滴定，以与有机碳反应所消耗的重铬酸钾量计算有机碳含量。

腐殖质平均含碳 58%。本法操作简便，且不受碳酸盐中碳的影响。但土壤

中腐殖质平均氧化率只能达到90%，所以将测出的有机碳乘以氧化较正系数（100/90 = 1.1）和碳与腐殖质的换算系数（100/58），才能代表土壤中腐殖质碳的实际含量。

1. 药品与仪器

（1）主要药品　硫酸亚铁铵、固体石蜡或植物油、硫酸、高锰酸钾、重铬酸钾、邻菲罗啉。

（2）主要仪器　油溶锅、带有插试管用的铁丝笼、滴定管、分析天平。

2. 训练内容

通过此项训练，熟悉窖泥中有机质测定的基本原理，掌握有机质提取、测定等操作技巧。

（1）溶液的配制

① 油浴用的固体石蜡或植物油。

② 0.2mol/L 硫酸亚铁铵标准溶液（莫氏盐溶液）：称取80g 化学纯莫氏盐 [$(NH_4)_2SO_4 \cdot FeSO_4 \cdot 6H_2O$]（精确至0.01g），溶于水中，加30mL 6mol/L 硫酸，在1000mL 容量瓶中稀释至刻度。用已知浓度的高锰酸钾标液标定如下：准确吸取10.00mL 莫氏盐溶液于250mL 锥形瓶中，加50mL 水和10mL 6mol/L 硫酸，用0.1mol/L（$1/5KMnO_4$）高锰酸钾溶液滴定至微红色，0.5min 不消失为终止。

用下式计算硫酸亚铁铵标准溶液浓度：

$$c = \frac{c_1 V_1}{10}$$

式中　c——硫酸亚铁铵标准溶液浓度，mol/L

　　　c_1——高锰酸钾浓度，mol/L

　　　V_1——高锰酸钾溶液用量，mL

　　　10——莫氏盐用量，mL

③ 重铬酸钾 – 硫酸溶液：称取20.0g 研细的重铬酸钾（精准至0.01g）溶于250mL 水中，必要时可以加热溶解。冷却后稀释至500mL，全量移入1000mL 有柄瓷蒸发皿中，缓缓加入500mL 浓硫酸，冷却后用1000mL 容量瓶稀释至刻度。

④ 0.5% 邻菲罗啉指示剂：称0.5g $FeSO_4 \cdot 7H_2O$ 溶于100mL 水中，加2滴浓硫酸，再加0.5g 邻菲罗啉，摇匀，现配现用。

（2）窖泥腐殖质的测定

① 提取与测定：准确称取0.1～0.3g（精确到0.001g）风干土样于干燥的18mm×160mm 硬质试管中，用滴定管准确加入10mL 重铬酸钾硫酸溶液，将试管插入到加热至185～190℃的油浴中（用铁丝笼固定试管）。此时温度下降到

170～180℃，调节热源，保持此温度。当试管内液面沸腾时计时，沸腾5min。取出冷却，将试管内容物全部洗入250mL锥形瓶中，用水反复洗涤，使溶液总体积为50～60mL，滴入2～3滴邻菲罗啉指示剂，用0.2mol/L莫氏盐标液滴定，颜色由橙红色变绿，最后为灰紫色为终止，平行4次，同时做空白实验。

② 结果计算

$$x(\%) = \frac{(V_0 - V) \times c \times 0.003 \times 1.724}{m} \times 1.1 \times 100 \times \frac{100}{100 - \omega}$$

式中　x——干土中腐殖质含量,%

　　　V_0——空白实验的莫氏盐溶液用量，mL

　　　V——试样测定时莫氏盐溶液用量，mL

　　　c——莫氏盐溶液浓度，mol/L

　　　m——试样质量，g

　0.003——碳的毫摩尔质量，g/mmol

　1.724——将有机碳换算成有机质，100/58 = 1.724

　　　ω——风干土水分含量,%

（3）注意事项

① 称样量视有机物质多少而定，含腐殖质7%～15%的窖泥，称0.1g；2%～4%者称0.3g；小于2%者称0.5g。

② 消煮时间和温度严格控制，否则对结果有较大影响。若消煮完毕后，试管内的重铬酸钾的红棕色消失，则应适当减少试样用量再测定。

③ 邻菲罗啉指示剂与空气接触时间长了会失效，应现配现用。

小　结

本任务针对窖泥进行了水分及挥发物、pH、氨态氮、有效磷、有效钾、腐殖质的测定。

腐殖质的测定实验操作、计算简单，但仍须注意以下细节：①称重前干燥冷却至室温，一般冷却30min；②试样中腐殖质含量过高，为防止分解，第一次烘后称重即可。

氨态氮测定实验主要包括药品配制、样品测定等过程，总体过程较复杂，实验过程中由于高温等原因，还需特别注意实验安全。

pH测定实验，操作过程简单，较易进行，但仍需注意电极每次用后需用水冲洗净。

关键概念

标准系列溶液的配制；分光光度计；标准曲线图；酸度计；窖泥组分测定

考核与评价

参照附录"白酒分析与检测实验员考核与评价标准"。

思考与练习

1. 有效钾的测定实验中应注意哪些环节？
2. 窖泥腐殖质的测定实验中应注意哪些事项？
3. 在人工培窖过程中，为什么必须测定土壤的 pH？
4. 简述有效磷的实验分析检测过程。

任务四　糟醅分析

一、学习目的

1. 掌握邻苯二甲酸氢钾及氢氧化钠溶液的配制及滴定等基本操作技能。
2. 熟悉酒糟中还原糖测定的原理，掌握斐林溶液和标准葡萄糖溶液的配制，酒糟样品的预处理、样液中还原糖的测定等基本操作技能。
3. 熟悉糟醅中淀粉含量测定的原理，掌握斐林液和标准葡萄糖等溶液的配制、糟醅样品的酸水解、样液中还原糖的测定等基本操作技能。
4. 熟悉出池醅中酒精含量测定的原理。
5. 掌握出池醅样品的蒸馏、馏出液酒精含量测定等基本操作技能。
6. 了解酒糟中残余酒精含量测定的原理，掌握酒糟中残余酒精的蒸馏、反应显色及比色等基本操作技能。

二、知识要点

1. 邻苯二甲酸氢钾的干燥，NaOH 溶液的配制及标定，样品的处理及滴定。
2. 斐林溶液。
3. 酒糟中残余酒精的蒸馏、反应显色及比色。
4. 糟醅样品的酸水解，样液中还原糖的测定。

三、相关知识

酒精的相对密度是指20℃时酒精质量与同体积纯水质量的比值。

酸度的定义为100g酒醅滴定消耗NaOH的毫克分子数，以度表示。利用酸碱中和反应，以中和法测定，即

$$RCOOH + NaOH \longrightarrow RCOONa + H_2O$$

还原糖的实验测定采用"快速法"。其原理与原料中粗淀粉测定相似，都属于斐林法。不同的是红色氧化亚铜沉淀影响滴定终点的判断，故加入亚铁氰化钾与一价铜生成稳定的络合物，使终点明显。

$$Cu_2O + K_4Fe(CN)_6 + H_2O = K_2Cu_2Fe(CN)_6 + 2KOH$$

"快速法"测定糖量范围为5mL左右。

酒糟中残余酒精含量是衡量白酒蒸馏技术的一个重要指标。但酒糟中酒精含量较低，其蒸馏液难以用相对密度法或酒精计准确测量。重铬酸钾把酒精氧化为醋酸，同时6价铬被还原为3价铬，可用比色法进行测定。该法对酒精的检测下限可达0.02%，其反应式：

$$3CH_3CH_2OH + 2K_2Cr_2O_7 + 8H_2SO_4 \longrightarrow 3CH_3COOH + 2Cr_2(SO_4)_3 + 2K_2SO_4 + 11H_2O$$

四、任务实施

（一）酸度分析

1. 药品与仪器

（1）主要药品　邻苯二甲酸氢钾、氢氧化钠、酚酞指示剂。

（2）主要仪器　分析天平、250mL烧杯、250mL锥形瓶、100mL量筒、10mL吸管、50mL碱式滴定管、50mL量筒、漏斗、电烘箱、1000mL容量瓶、1000mL量筒。

2. 训练内容

通过此项训练，熟悉酸度测定原理、氢氧化钠标准溶液配制的原理，掌握酒曲样品的预处理、邻苯二甲酸氢钾及氢氧化钠溶液的配制及滴定等基本操作技能。

（1）溶液的配制

① 0.1mol/L的氢氧化钠标准溶液。

② 1%酚酞指示剂。

（2）糟醅酸度分析

① 试样处理：称取10.0g糟醅，置于250mL烧杯中，加100mL煮沸冷却蒸馏水，在室温下浸泡15min，不时搅拌，脱脂棉过滤后备用。

② 测定：吸取 10mL 滤液于 250mL 锥形瓶中，加 20mL 煮沸冷却蒸馏水、2 滴 1% 酚酞指示剂，混匀，用 0.1mol/L 的氢氧化钠标准溶液滴定至溶液呈微红色，30s 内不褪色，记录标准碱液的用量为 VmL。

（3）计算结果

$$酸度 = \frac{cV}{10 \times \frac{10}{100}} \times 100 = cV \times \frac{100}{10} \times \frac{100}{10}$$

式中　c——为氢氧化钠标准溶液的实际浓度，mol/L

　　　V——为滴定消耗氢氧化钠标准溶液的体积，mL

$\frac{100}{10} \times \frac{100}{10}$——试样稀释倍数，并换算到 100g 酒醅的酸度

（二）酒糟中还原糖的测定

1. 药品与仪器

（1）主要药品　硫酸铜、次甲基蓝、酒石酸钾钠、氢氧化钠、葡萄糖、亚铁氰化钾（黄血盐）。

（2）主要仪器　烘箱、容量瓶、电炉、滴定管。

2. 训练内容

通过此项训练，熟悉酒糟中还原糖测定的原理，掌握斐林液、标准葡萄糖溶液的配制，酒糟样品的预处理，样液中还原糖的测定等操作技巧。

（1）溶液的配制

① 斐林溶液：甲液：称取 15g 硫酸铜（$CuSO_4 \cdot 5H_2O$）、0.05g 次甲基蓝，用水溶解并稀释至 100mL。

乙液：称取 50g 酒石酸钾钠、54g 氢氧化钠、4g 亚氰化钾（黄血盐），用水溶解并稀释至 1000mL。

② 0.1% 标准葡萄糖溶液：准确称取已烘干（100℃ 左右，1h）的无水葡萄糖 1g，用水溶解，加约 5mL 浓盐酸（防腐），并用水定容至 1000mL。

（2）酒糟中还原糖的测定

① 斐林溶液的标定：吸取斐林甲、乙液各 5mL，置入 100～150mL 锥形瓶中，往滴定管中加入约 9mL 0.1% 标准葡萄糖溶液，摇匀。于电炉上加热至沸腾，立即用 0.1% 标准葡萄糖溶液滴定至蓝色消失，溶液呈浅黄色。此滴定操作应在 1min 内完成。其消耗的 0.1% 标准葡萄糖溶液应控制在 1mL 以内。

② 试样处理：称取 10.0g 糟醅，置于 250mL 烧杯中，加 100mL 煮沸冷却蒸馏水，在室温下浸泡 15min，不时搅拌，脱脂棉过滤后备用。

③ 定糖：吸取斐林甲、乙液各 5mL，置入 100～150mL 锥形瓶中，准确加

入 2mL 滤液，并从滴定管中预先加入一定量的 0.1% 标准葡萄糖溶液（其量应控制在离滴定终点约需 1mL 糖液），摇匀。于电炉上加热至沸腾，立即用 0.1% 标准葡萄糖溶液滴定至蓝色消失，溶液呈浅黄色。此滴定操作应在 1min 内完成。其消耗的 0.1% 标准葡萄糖溶液应控制在 1mL 以内。

（3）计算　还原糖以葡萄糖计

$$还原糖（\%）= (V_0 - V) \times C \times (100/2) \times (100/10)$$

式中　V_0——斐林溶液的标定值，mL

　　　V——斐林溶液的测定值，mL

　　　C——标准葡萄糖溶液的浓度，g/mL

　100/2——2 为测定时所取滤液的体积，mL；100 为酒糟浸出液的体积，mL

　100/10——10 为所取酒糟的质量，g，100 为换算成 100g 酒糟中还原糖的质量，g

（4）技能要点　酒糟中还原糖含量较低，故采用低浓度硫酸铜的斐林溶液进行测定比较合适。

（三）糟醅淀粉含量的测定

1. 药品与仪器

（1）主要药品　硫酸铜、次甲基蓝、酒石酸钾钠、氢氧化钠、葡萄糖、亚铁氰化钾（黄血盐）。

（2）主要仪器　凝管、锥形瓶、容量瓶、烘箱、电炉。

2. 训练内容

通过此项训练，熟悉糟醅中淀粉含量测定的原理，掌握斐林液、标准葡萄糖等溶液的配制，糟醅样品的酸水解，样液中还原糖的测定等操作技巧。

（1）溶液的配制

① 斐林溶液：甲液：称取 15g 硫酸铜（$CuSO_4 \cdot 5H_2O$）、0.05g 次甲基蓝，用水溶解并稀释至 100mL。

乙液：称取 50g 酒石酸钾钠、54g 氢氧化钠、4g 亚氰化钾（黄血盐），用水溶解并稀释至 1000mL。

② 0.1% 标准葡萄糖溶液：准确称取已烘干（100℃左右，1h）的无水葡萄糖 1g，用水溶解，加约 5mL 浓盐酸（防腐），并用水定容至 1000mL。

③ 1:4 盐酸溶液：量取 20mL 浓盐酸，缓慢倒入 80mL 水中。

④ 200g/L 氢氧化钠溶液：称取 20g 氢氧化钠，用水溶解并稀释至 100mL。

（2）糟醅淀粉含量的测定

① 试样水解：称取试样 10g，置入 250mL 锥形瓶中，加 100mL 1:4 盐酸溶

液, 瓶口安上回流冷凝管或约 1m 长的玻璃管, 于沸水浴中回流水解 30min 取出, 迅速冷却, 并用 200g/L 氢氧化钠溶液中和至中性或微酸性 (用 pH 试纸实验), 用脱脂棉过滤, 滤液用 500mL 容量瓶接收。用水充分洗涤残渣, 然后用水定容至 500mL, 摇匀。

② 定糖: 同 "还原糖的测定"。

（3）计算

$$淀粉（\%）= (V_0 - V) \times C \times (500/2) \times (1/10.0) \times 100 \times 0.9$$

式中　V_0——斐林溶液的标定值, mL

V——斐林溶液的测定值, mL

C——标准葡萄糖溶液的浓度, g/mL

500/2——2 为测定所取滤液的体积, mL; 500 为酒糟水解滤液的总体积, mL

10.0——所取酒糟质量, g

100——换算成 100g 酒糟中的糖量, g

0.9——葡萄糖与淀粉的换算系数 (162/180 = 0.9)

（四）出池醅中酒精含量测定

1. 主要仪器

密度瓶、酒精计、水浴锅。

2. 训练内容

通过此项训练, 熟悉出池醅中酒精含量测定的原理, 掌握出池醅样品的蒸馏、馏出液酒精含量测定等操作技巧。

（1）出池醅中酒精含量的测定

① 蒸馏: 称取 100g 酒醅, 置于 500mL 蒸馏烧瓶中, 加水 200mL, 连接蒸馏装置, 蒸出馏出液 100mL, 置于 100mL 量筒中, 搅匀。

② 相对密度法测量酒精: 将附温度计的 25mL 密度瓶洗净, 烘干至恒重。然后注满煮沸冷却至 15℃左右的蒸馏水, 插上带温度计的瓶塞, 排除气泡, 浸入 (20 ± 0.1)℃的恒温水浴中, 待内容物温度达 20℃时, 保持 20min, 取出。用滤纸擦干瓶壁, 盖好盖子, 称重。

倒掉密度瓶中的水, 洗净、烘干至恒重, 注入混匀的流出液, 测定方法同上。

③ 计算

$$d_{20}^{20} = \frac{m_2 - m}{m_1 - m}$$

式中　d_{20}^{20}——馏出液 20℃时的相对密度

　　　 m——密度瓶的质量，g

　　　 m_1——密度瓶和水的质量，g

　　　 m_2——密度瓶和馏出液的质量，g

根据酒样相对密度 d_{20}^{20}，查表（GB/T 10345—2007），得出酒醅的酒精含量。

（2）酒精计法测定酒精含量　将量筒中的馏出液搅拌均匀静置几分钟，排除气泡，轻轻放入洗净、擦干的酒精计。再略按一下，静置后，水平观测与弯月面相切处的刻度示值，同时测量温度。查表（GB/T 10345—2007），换算成 20℃时的酒精体积分数。

（3）注意事项

① 蒸馏过程中防倒吸。

② 尤其注意测定酒精度的同时测定温度。

（五）酒糟中残余酒精含量测定

1. 药品与仪器

（1）主要药品　酒精、铬酸钾、浓硫酸。

（2）主要仪器　分光光度计、电子天平、比色管、容量瓶。

2. 训练内容

通过此项训练，熟悉酒糟中残余酒精含量测定，相关溶液的配制，标准系列配制，酒糟中残余酒精的蒸馏、反应显色及比色等基本操作技能。

（1）溶液的配制

① 0.1% 标准酒精溶液：准确吸取 0.1mL（AR 级）无水酒精，置于 100mL 容量瓶中，用水定容至刻度。

② 2% 重铬酸钾溶液：称取 2g 重铬酸钾（$K_2Cr_2O_7$），溶于水，并稀释至 100mL。

③ 浓硫酸：98%，相对密度 1.84。

（2）酒糟中残余酒精含量测定

① 标准系列配制：在 6 支 10mL 的比色管中，配制标准系列，如表 3-5 所示。

表 3-5　酒精标准溶液的配制　　　　　　　　　　单位：mL

试管编号	0	1	2	3	4	5
0.1%酒精	0	1	2	3	4	5
蒸馏水	5	4	3	2	1	0

各试管中加入 1mL 2% 重铬酸钾、5mL 浓硫酸，摇匀，于沸水浴中加热 10min，取出冷却。

② 试样制备：蒸馏：同出池醅蒸馏。

显色：吸取 5mL 馏出液，置于 100mL 比色管中，加 1mL 2% 重铬酸钾、5mL 浓硫酸，摇匀，与标准系列管一起加热，并冷却。

（3）比色　目测法。

① 可用目测法将试样与标准系列进行比较，求出酒糟中的酒精含量。

② 计算

$$酒精含量（mL/100g）= \frac{V \times 0.001}{m \times \frac{5}{100}} \times 100$$

式中　V——试样管与标准系列中颜色相当时标准酒精液的体积，mL

　0.001——标准酒精液的浓度，mL/mL

　$\frac{5}{100}$——试样稀释倍数

　m——试样质量，g

（4）分光光度计测定　将显色后的试管在 600nm 波长下测光密度。以标准系列中酒精含量为横坐标，相对应的光密度为纵坐标，绘制标准曲线。然后测定试样管的光密度，在标准曲线上查得酒精溶液的体积 V。

小　结

本任务针对糟醅进行了酸度分析，酒糟中还原糖、糟醅淀粉含量、出池醅中酒精含量、酒糟中残余酒精含量测定。

酸度分析过程主要包括样品浸泡获得滤液，再经氢氧化钠溶液滴定后计算出糟醅的酸度，原理及操作均简单。

酒糟中还原糖的测定实验包括试样处理、斐林溶液的标定及滤液中还原糖的滴定，主要注意滴定过程中的时间控制。

糟醅淀粉含量测定实验过程包括糟醅的酸水解、调酸、过滤及还原糖的测定，综合性较强。

出池醅中酒精含量测定包括样品酒精蒸馏及酒度测定两个过程，操作简单。但需注意实验过程中的用电、用水安全。

酒糟中残余酒精含量测定实验主要包括标准曲线的制得，样品蒸馏、显色、分光光度计测定等步骤。总体而言过程简单，但操作较复杂，所需时间较长，另外还需注意重铬酸钾、浓硫酸等药品属于危险品，注意操作规范，避免危险。

关键概念

试样处理；标定；还原糖的测定；显色、比色；斐林溶液

考核与评价

参照附录"白酒分析与检测实验员考核与评价标准"。

✐思考与练习

1. 为什么在滴定还原糖的过程中需要严格控制时间？

2. 如何准确把握滴定过程的终点？

3. 如何防止蒸馏过程中的倒吸现象？

4. 获取滤液时，槽醅在室温下需浸泡 30min，为什么？

5. 600nm 波长下测光密度时，要求样品测定结果在标准曲线范围内，若测定结果不在此范围，怎么办？

任务五　黄水分析

一、学习目的

1. 熟悉黄水中总酯含量的测定原理，掌握黄水中酯的皂化、滴定等基本操作技能。

2. 熟悉黄水中单宁含量的测定原理，掌握单宁酸标准曲线的绘制，黄水中单宁的提取及检测等基本操作技能。

二、知识要点

1. 分光光度计的使用，标准曲线的绘制。

2. 黄水中酯的皂化、滴定。

三、相关知识

酯是浓香型白酒中主要的风味成分，对白酒风味的形成具有重大贡献。黄水中的酯含量较多，可以通过一定方式将其利用。总酯含量的测定原理是利用酯在碱性条件下经皂化作用水解为酸，再利用强酸制弱酸的原理测定其含量。

单宁含量的测定是用二甲基甲酰胺溶液振荡提取黄水中的有效成分进行。

具体步骤为取滤液，在氨存在的条件下，与柠檬酸铁铵形成一种棕色络合物，用分光光度计在 525nm 波长处测定其吸光度值，与标准系列比较定量。

四、任务实施

（一）总酯含量的测定

1. 药品与仪器

（1）主要药品 0.1mol/L NaOH 溶液、0.05mol/L H_2SO_4。

（2）主要仪器 250mL 圆底烧瓶、冷凝回流管、pH 计、电炉。

2. 训练内容

通过此项训练，熟悉黄水中总酯含量的测定原理，掌握相关溶液的配制，黄水中酯的皂化、滴定等操作技巧。

（1）黄水中总酯含量的测定

① 蒸馏：在 250mL 圆底烧瓶中加入 100mL 黄水，加入蒸馏水 50mL，缓火蒸馏出 100mL 馏出液。

② 测定：取 50mL 馏出液于 250mL 锥形瓶中，用 0.1mol/L NaOH 中和后再加入 25mL 0.1mol/L NaOH，冷凝回流皂化 30min，皂化结束后立即冷却，用 0.05mol/L H_2SO_4 标液滴定至 pH7.0。

（2）计算公式

$$X = \frac{(V_1 - V_2) \times c \times 0.088}{50} \times 100$$

式中　X——总酯含量（以乙酸乙酯计），g/L

　　　c——NaOH 浓度，mol/L

　　　V_1——样品消耗 NaOH 体积，mL

　　　V_2——空白样消耗 NaOH 体积，mL

（二）黄水中单宁含量的测定

1. 药品与仪器

（1）主要药品 单宁酸、氨溶液、二甲基甲酰胺、柠檬酸铁铵。

（2）主要仪器 分析天平、机械粉碎机、中速滤纸、振荡机、可见分光光度计；10mm 比色皿、50mL 移液管、容量瓶、具塞锥形瓶。

2. 训练内容

通过此项训练，熟悉黄水中单宁含量的测定原理，掌握相关溶液的配制、单宁标准曲线的绘制、黄水中单宁的提取及检测等操作技巧。

（1）溶液的配制

① 单宁酸标准溶液：取 2.5g 单宁酸溶于水中，定容至 1000mL。该溶液避光、低温保存，一周内稳定。单宁酸标准来源不同，对测定结果有影响。因此，推荐使用相对分子质量为 1701.25 的单宁酸作为标准品，并且配制 0.3mg/mL 的单宁酸标准溶液，吸光度值应在 0.45~0.55。

② 8.0g/L 氨溶液：取浓氨水（25%~28%）3.6mL，定容至 100mL。

③ 75%（体积分数）二甲基甲酰胺溶液：取 75mL 二甲基甲酰胺，加水约 20mL，混匀，放至室温，然后定容至 100mL。

④ 3.5g/L 柠檬酸铁铵溶液：柠檬酸铁铵试剂铁的含量在 17%~20%（质量分数）；3.5g/L 溶液，使用前 24h 配制。

所有试剂均为分析纯，水为蒸馏水。

（2）黄水中单宁含量的测定

① 提取：称取试样约 1g，精确至 0.0001g，置于 100mL 锥形瓶中，准确加入 50mL 75% 二甲基甲酰胺溶液，加塞子密封，于振荡机上振荡 60min，然后用双层滤纸过滤，滤液备用。

② 测定：用移液管吸取提取液 1.0mL，置于试管中，用移液管移加 6.0mL 水和 1.0mL 氨溶液，振荡均匀、静置。加氨水 10min 后，以水作空白，用分光光度计在 525nm 波长处测定吸光度值。

用移液管吸取提取液 1.0mL，置于试管中，用移液管移加 5.0mL 水和 1.0mL 柠檬酸铁铵溶液，振荡均匀，再加 1.0mL 氨溶液，充分振荡均匀、静置。加氨水 10min 后，以水作空白，用分光光度计在 525nm 波长处测定吸光度值。

结果为两次测定吸光度值之差。

③ 绘制标准曲线：用移液管准确吸取 0.0mL、1.0mL、2.0mL、3.0mL、4.0mL、5.0mL 单宁酸标准溶液，分别置于 6 个 25mL 容量瓶中，用 75% 二甲基甲酰胺溶液稀释至刻度（标准溶液系列分别相当于 0.0mL、0.1mL、0.2mL、0.3mL、0.4mL、0.5mg/mL 的单宁酸含量）。

用移液管分别吸取以上单宁酸标准溶液系列 1.0mL，置于 6 只试管中，并准确加入 5.0mL 水和 1.0mL 柠檬酸铁铵溶液，振荡均匀，再各加 1.0mL 氨溶液，充分振荡均匀、静置。加氨水 10min 后，以水作空白，用分光光度计在 525nm 波长处测定吸光度值。

以吸光度值作纵坐标，单宁酸标准溶液系列中单宁酸含量（mg/mL）作横坐标，绘制标准曲线。

④ 结果计算：用黄水中单宁质量分数来表示，按下式计算：

$$单宁（\%） = （5 \times C/m） \times [100/（100 - H）]$$

式中　C——试样提取液测定结果，从标准曲线上查得相当的单宁酸含量，

mg/mL

m——试样质量，g

H——试样的水分含量，%

⑤ 重复性：由同一操作者同时或连续两次测定结果的允许误差不超过 0.1%，取两次测定的平均值作为测定结果（保留小数点后二位数字）。

小 结

本任务针对黄水进行总酯含量、单宁含量的测定。

总酯含量测定实验过程简单，操作容易，但要注意皂化结束后立即冷却。

单宁含量实验过程主要包括黄水中单宁的提取、测定、绘制标准曲线及计算结果等步骤。实验过程中在振荡机上振荡 60min 时间要足够，测定的波光为 525nm，应做空白实验。

关键概念

皂化；提取；分光光度计使用；标准曲线图绘制

考核与评价

参照附录"白酒分析与检测实验员考核与评价标准"。

思考与练习

1. 黄水中总酯含量测定用 0.1mol/L NaOH 中和的目的是什么？

2. 黄水中单宁的提取实验，为什么加入二甲基甲酰胺溶液后，要加塞子密封，于振荡机上振荡 60min？

3. 单宁物质的来源有哪些？

拓展阅读

拓展阅读 甲醇

甲醇是结构最为简单的饱和一元醇，相对分子质量32.04，沸点64.7℃。又称"木醇"。

　　甲醇是无色、有酒精气味、易挥发的液体，对人体有毒，因为甲醇在人体新陈代谢中会氧化成比甲醇毒性更强的甲醛和甲酸，因此饮用含有甲醇的酒可导致失明、肝病、甚至死亡。误饮 4mL 以上就会出现中毒症状；超过 10mL 即可因对视神经的永久破坏而导致失明；30mL 已能导致死亡。

　　初期中毒症状包括心跳加速、腹痛、上吐、下泻、无胃口、头痛、晕、全身无力。严重者会神志不清、呼吸急速至衰竭。失明是它最典型的症状，甲醇进入血液后，会使组织酸性变强产生酸中毒，导致肾衰竭，最严重者是导致死亡。

　　然而，仍然有不少不法商人不顾人命安全，用含有甲醇的工业酒精勾兑假酒并出售，因此为了家人及自身的身体健康，请不要购买假酒。

　　常见甲醇中毒症状及措施如下。

　　急性中毒：短时大量吸入出现轻度呼吸道刺激症状，经一段时间潜伏后出现头痛、头晕、乏力、眩晕、酒醉感、意识朦胧，甚至昏迷。视神经及视网膜病变，可有视物模糊、复视等，重者失明。

　　慢性影响：神经衰弱综合征，植物神经功能失调，黏膜刺激，视力减退，皮肤出现脱脂、皮炎等。

　　皮肤接触：脱去污染的衣着，用肥皂水和清水彻底冲洗皮肤。

　　眼睛接触：提起眼睑，用流动清水或生理盐水冲洗。就医。

　　吸入：迅速脱离现场至空气新鲜处。保持呼吸道通畅。如呼吸困难，给予输氧。如呼吸停止，立即进行人工呼吸。就医。

　　食入：饮足量温水，催吐。用清水或 1% 硫代硫酸钠溶液洗胃，就医。

项目四　成品检测分析

一、知识目标

1. 了解中国白酒香型的种类、酒精度划分、感官要求。
2. 掌握白酒仪器分析的基本原理、测定方法。
3. 了解各等级成品酒的特点、界限、制作原理。
4. 掌握成品酒的评定标准、流程、方法。
5. 掌握成品酒中酒精度、总酯、总酸、总醛等含量的测定。
6. 掌握对成品酒中芳香族化合物、乙酸乙酯及糠醛的测定方法。
7. 掌握成品白酒卫生指标相关物质的测定。

二、能力目标

1. 能掌握白酒的香型种类、质量指标、卫生指标。
2. 会正确选用测定方法和相应的仪器进行白酒组分分析。
3. 能进行实验数据的记录、计算、分析和正确处理。
4. 能对白酒进行感官鉴别。

三、素质目标

1. 具有主动参与、积极进取、团结协作、探究科学的学习态度和思想意识。
2. 具有理论联系实际的能力，严谨认真、实事求是的科学态度。
3. 培养良好的职业道德和正确的思维方式。
4. 培养解决实际问题的能力。

项目概述

本项目分为六个任务。

任务一介绍了浓香型白酒、清香型白酒以及米香型白酒等香型白酒的质量指标。

任务二主要从人体感觉器官的有关知识、酒中的相关呈味物质、白酒品评的方法与程序、评酒标准等几个方面来进行介绍。

任务三包括基酒感官指标的确定和调味酒感官指标的确定两大任务。

任务四主要介绍了成品酒酒精、总酯、总酸及总醛含量的测定，以及成品酒中固形物含量的测定。

任务五是芳香族化合物、乙酸乙酯及糠醛含量的测定。

任务六是成品白酒卫生指标相关物质的测定。

项目实施

任务一 白酒的质量指标及卫生标准

一、学习目的

1. 通过本任务的学习，了解中国白酒香型的种类，熟悉各种香型白酒的生产原理。

2. 掌握各种香型白酒的质量标准。

3. 正确区分各种香型白酒的主要特点与感官要求。

二、知识要点

1. 各类白酒的主体香型。

2. 白酒酒精度的区分、感官要求及理化指标。

三、相关知识

中国白酒是以富含淀粉质的粮谷类为原料，以中国酒曲为糖化发酵剂，采用固态、半固态或液态发酵，经蒸馏、贮存和勾调而成的含酒精的饮料。中国白酒博大精深，悠久的酿造历史孕育出多种香型白酒，据统计目前定性的香型有 12 种，详见图 4-1。

白酒香型主要代表有：浓香型白酒、酱香型白酒、米香型白酒、凤香型白

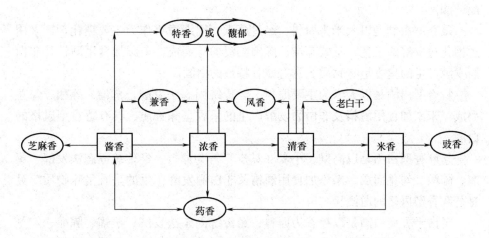

图4-1 白酒香型衍生图谱

酒、清香型白酒、豉香型白酒以及由此衍生出来的几种复合香型。①浓、酱结合衍生出兼香型（如酱中带浓，浓中带酱）；②浓、清结合衍生出凤香型；③浓、清、酱结合衍生出特香型或馥郁香型；④以酱香为基础衍生出芝麻香型；⑤以米香为基础衍生出豉香型；⑥以浓、酱、米为基础衍生出药香型；⑦以清香为基础衍生出老白干香型、小曲清香型、二锅头、青稞酒。

　　浓香型白酒是以粮谷为原料，经过传统固态法发酵、蒸馏、陈酿、勾兑而成，未添加食用酒精及非白酒发酵产生的呈香呈味物质，以己酸乙酯为主体复合香的白酒。浓香型白酒是以己酸乙酯为主体香的复合白酒，所以无论是香气成分还是质量检测方面都离不开己酸乙酯的测定。

　　清香型白酒是以粮谷为原料，经过传统固态法发酵、蒸馏、陈酿、勾兑而成的，未添加食用酒精及非白酒发酵产生的呈香呈味物质，具有乙酸乙酯及乳酸乙酯复合香的白酒。清香型白酒主要是以己酸乙酯及乳酸乙酯为主体香的复合白酒，所以无论是香气成分还是质量检测方面都离不开乙酸乙酯的测定。

　　米香型白酒是以大米等为原料，经过传统半固态法发酵、蒸馏、陈酿、勾兑而成，未添加食用酒精及非白酒发酵产生的呈香呈味物质，以乳酸乙酯、β-苯乙醇为主体复合香的白酒。米香型白酒是以乳酸乙酯、β-苯乙醇为主体复合香的白酒，所以无论是香气成分还是质量检测方面都离不开乳酸乙酯、β-苯乙醇的测定。

　　凤香型白酒是以粮谷为原料，经过传统固态法发酵、蒸馏、酒海陈酿、勾兑而成，未添加食用酒精及非白酒发酵产生的呈香呈味物质，以乙酸乙酯和己酸乙酯为主体复合香的白酒。凤香型白酒是以乙酸乙酯和己酸乙酯为主体复合香的白酒，所以无论是香气成分还是质量检测方面都离不开乙酸乙酯和己酸乙酯的测定。

豉香型白酒是以大米为原料，经过蒸煮，用大酒饼作为主要糖化剂，采用边糖化边发酵的工艺，釜式蒸馏，陈肉酝浸勾兑而成，未添加食用酒精及非白酒发酵产生的呈香呈味物质，具有豉香特点的白酒。

特香型白酒是以大米为主要原料，经传统固态法发酵、蒸馏、陈酿、勾兑而成，未添加食用酒精及非白酒发酵产生的呈香呈味物质，具有特香型风格的白酒。

芝麻香型白酒是以高粱、小麦（麸皮）等为原料，经传统固态法发酵、蒸馏、陈酿、勾兑而成，未添加食用酒精及非白酒发酵产生的呈香呈味物质，具有芝麻香型风格的白酒。

老白干香型白酒是以粮谷为原料，经传统固态法发酵、蒸馏、陈酿、勾兑而成，未添加食用酒精及非白酒发酵产生的呈香呈味物质，以乳酸乙酯、乙酸乙酯为主体复合香的白酒。老白干香型白酒是以乳酸乙酯和乙酸乙酯为主体复合香的白酒，所以无论是香气成分还是质量检测方面都离不开乳酸乙酯和乙酸乙酯的测定。

浓酱兼香型白酒是以粮谷为原料，经传统固态法发酵、蒸馏、陈酿、勾兑而成，未添加食用酒精及非白酒发酵产生的呈香呈味物质，具有浓香兼酱香独特风格的白酒。

酱香型白酒是以高粱、小麦、水为原料，经传统固态法发酵、蒸馏、陈酿、勾兑而成，未添加食用酒精及非白酒发酵产生的呈香呈味物质，具有酱香风格的白酒。

药香型白酒是以优质高粱为主要原料，以大曲（麦曲）和小曲（米曲）为糖化发酵剂，配以中药材，采用独特的串香酿造工艺，精心酿制而成的白酒。其发酵池偏碱性，窖泥采用特殊材料（以遵义等地的白泥和石灰、洋桃藤浸泡汁涂抹窖壁）做成，产品兼有大曲酒浓香和小曲酒药香的风格。

馥郁香型白酒是以高粱、大米、糯米、玉米、小麦五种粮为原料，以小曲和大曲为糖化发酵剂，采用泥窖固态发酵工艺而成，发酵时间 30 ~ 60d 的白酒。酱、浓、清特点兼而有之。原酒己酸乙酯与乙酸乙酯含量突出，乙酸、己酸等有机酸含量高，高级醇含量适中，但异戊醇含量最多。

四、任务实施

（一）仪器药品（每组）

品酒桌、品酒杯（四个）、不同香型高度白酒若干、不同香型低度白酒若干；痰盂（1个）。

（二）浓香型白酒质量指标及卫生标准 （GB/T 10781.1—2006）

浓香型白酒是我国珍贵的民族遗产，在世界酒林中独树一帜，以五粮液、泸州老窖为代表的浓香型白酒誉满神州，它以"醇香浓郁，甘洌清爽，饮后尤香，回味悠长"蜚声中外，饮者甚众。浓香型白酒在感官要求、理化要求方面一般都要制订严于国家或行业标准的企业内标准。

浓香型白酒的质量指标如下：

（1）按产品酒精度分　高度酒的酒精度：41% ~68% vol；低度酒的酒精度：25% ~40% vol。

（2）感官要求　高度酒、低度酒的感官要求应分别符合表4 – 1、表4 – 2的规定。

表4 –1　高度浓香型白酒感官要求

项目	优级	一级
色泽和外观	无色或微黄，清亮透明，无悬浮物，无沉淀a	
香气	具有浓郁的己酸乙酯为主体的复合香气	具有比较浓郁的己酸乙酯为主体的复合香气
口味	酒体醇和谐调，绵甜爽净，余味悠长	酒体醇和谐调，绵甜爽净，余味较长
风格	具有本品典型的风格	具有本品明显的风格

a：当酒的温度低于10℃，允许出现白色絮状沉淀物质或失光。10℃以上时应逐渐恢复正常。

表4 –2　低度浓香型白酒感官要求

项目	优级	一级
色泽和外观	无色或微黄，清亮透明，无悬浮物，无沉淀a	
香气	具有比较浓郁的己酸乙酯为主体的复合香气	具有己酸乙酯为主体的复合香气
口味	酒体醇和谐调，绵甜爽净，余味较长	酒体醇和谐调，绵甜爽净
风格	具有本品典型的风格	具有本品明显的风格

a：当酒的温度低于10℃，允许出现白色絮状沉淀物质或失光。10℃以上时应逐渐恢复正常。

（3）理化要求　高度酒、低度酒理化要求应分别符合表4 – 3、表4 – 4的规定。

表 4 - 3　高度浓香型白酒理化要求

项目		优级	一级
酒精度/（%vol）		41 ~ 68	
总酸（以乙酸计）/（g/L）	≥	0.40	0.30
总酯（以乙酸乙酯计）/（g/L）	≥	2.00	1.50
己酸乙酯/（g/L）		1.20 ~ 2.80	0.60 ~ 2.50
固形物/（g/L）	≤	0.40ᵃ	

　　a：酒精度 41% ~ 49%vol 的酒，固形物可小于或等于 0.50g/L。

表 4 - 4　低度浓香型白酒理化要求

项目		优级	一级
酒精度/（%vol）		25 ~ 40	
总酸（以乙酸计）/（g/L）	≥	0.30	0.25
总酯（以乙酸乙酯计）/（g/L）	≥	1.50	1.00
己酸乙酯/（g/L）		0.70 ~ 2.20	0.40 ~ 2.20
固形物/（g/L）	≤	0.70	

　　酒精度按 GB 10344 的规定，可表示为"%vol"。酒精度实测值与标签示值允许差为 ±1.0%vol。

（三）清香型白酒质量指标及卫生标准（GB/T 10781.2—2006）

　　清香型白酒生产工艺精湛，用大麦与大豆制曲，高粱酿酒，清蒸清烧，地缸发酵，发酵期长，经贮存、勾兑而成，成品具有"入口绵，落口甜，清香不冲鼻，饮后有余香"的固有风格。浓香型白酒在感官要求、理化要求方面一般都要制订严于国家或行业标准的企业内标准。

　　清香型白酒的质量指标如下：

　　（1）按产品酒精度分　高度酒的酒精度：41% ~ 68%vol；低度酒的酒精度：25% ~ 40%vol。

　　（2）感官要求　高度酒、低度酒的感官要求应分别符合表 4 - 5、表 4 - 6 的规定。

　　（3）理化要求　高度酒、低度酒理化要求应分别符合表 4 - 7、表 4 - 8 的规定。

表 4-5 高度清香型白酒感官要求

项目	优级	一级
色泽和外观	无色或微黄，清亮透明，无悬浮物，无沉淀[a]	
香气	清香纯正，具有乙酸乙酯为主体的幽雅、谐调的复合香气	清香较纯正，具有乙酸乙酯为主体的复合香气
口味	酒体柔和谐调，绵甜爽净，余味悠长	酒体较柔和谐调，绵甜爽净，有余味
风格	具有本品典型的风格	具有本品明显的风格

a：当酒的温度低于10℃时，允许出现白色絮状沉淀物质或失光。10℃以上时应逐渐恢复正常。

表 4-6 低度清香型白酒感官要求

项目	优级	一级
色泽和外观	无色或微黄，清亮透明，无悬浮物，无沉淀[a]	
香气	清香纯正，具有乙酸乙酯为主体的清雅、谐调的复合香气	清香较纯正，具有乙酸乙酯为主体的香气
口味	酒体柔和谐调，绵甜爽净，余味悠长	酒体较柔和谐调，绵甜爽净，有余味
风格	具有本品典型的风格	具有本品明显的风格

a：当酒的温度低于10℃时，允许出现白色絮状沉淀物质或失光。10℃以上时应逐渐恢复正常。

表 4-7 高度清香型白酒理化要求

项目		优级	一级
酒精度/（％vol）		41~68	
总酸（以乙酸计）/（g/L）	≥	0.40	0.30
总酯（以乙酸乙酯计）/（g/L）	≥	1.00	0.60
乙酸乙酯/（g/L）		0.60~2.60	0.30~2.60
固形物/（g/L）	≤	0.40[a]	

a：酒精度41％~49％vol的酒，固形物可小于或等于0.50g/L。

表 4-8 低度清香型白酒理化要求

项目		优级	一级
酒精度/（％vol）		25~40	
总酸（以乙酸计）/（g/L）	≥	0.25	0.20
总酯（以乙酸乙酯计）/（g/L）	≥	0.70	0.40
乙酸乙酯/（g/L）		0.40~2.20	0.20~2.20
固形物/（g/L）	≤	0.70	

酒精度按 GB 10344 的规定，可表示为"% vol"。酒精度实测值与标签示值允许差为 ±1.0% vol。

（四）米香型白酒质量指标及卫生标准 （GB/T 10781.3—2006）

米香型白酒工艺大体上是将大米加水浸泡淘洗后，蒸煮糊化，打散饭团，通风冷却至适宜温度，加曲混匀入缸固态培菌糖化 18 ~20h，品温超过 45℃，加水进行液态边糖化边发酵。品温以 40℃左右为宜，周期 5 ~7d，正常醅糟含酒精 9% ~11% vol，酸度控制在 0.6% ~0.8%，然后在蒸馏釜中间接加热蒸馏取酒。

米香型白酒的质量指标如下：

（1）按产品酒精度分　高度酒的酒精度：41% ~68% vol；低度酒的酒精度：25% ~40% vol。

（2）感官要求　米香型高度酒、低度酒的感官要求应分别符合表4－9、表4－10 的规定。

表4－9　高度米香型白酒感官要求

项目	优级	一级
色泽和外观	无色，清亮透明，无悬浮物，无沉淀[a]	
香气	米香纯正，清雅	米香纯正
口味	酒体醇和，绵甜、爽冽，回味怡畅	酒体较醇和，绵甜、爽冽，回味较畅
风格	具有本品典型的风格	具有本品明显的风格

a：当酒的温度低于10℃时，允许出现白色絮状沉淀物质或失光。10℃以上时应逐渐恢复正常。

表4－10　低度米香型白酒感官要求

项目	优级	一级
色泽和外观	无色，清亮透明，无悬浮物，无沉淀[a]	
香气	米香纯正，清雅	米香纯正
口味	酒体醇和，绵甜、爽冽，回味较怡畅	酒体较醇和，绵甜、爽冽，有回味
风格	具有本品典型的风格	具有本品明显的风格

a：当酒的温度低于10℃时，允许出现白色絮状沉淀物质或失光。10℃以上时应逐渐恢复正常。

（3）理化要求　高度酒、低度酒理化要求应分别符合表4－11、表4－12 的规定。

表 4 – 11　高度米香型白酒理化要求

项目		优级	一级
酒精度/（% vol)			41 ~ 68
总酸（以乙酸计）/（g/L)	≥	0.30	0.25
总酯（以乙酸乙酯计）/（g/L)	≥	0.80	0.65
乳酸乙酯/（g/L)	≥	0.50	0.40
β – 苯乙酸/（mg/L)	≥	30	20
固形物/（g/L)	≤		0.40ᵃ

a：酒精度 41% ~ 49% vol 的酒，固形物可小于或等于 0.50g/L。

表 4 – 12　低度米香型白酒理化要求

项目		优级	一级
酒精度/（% vol)			25 ~ 40
总酸（以乙酸计）/（g/L)	≥	0.25	0.20
总酯（以乙酸乙酯计）/（g/L)	≥	0.45	0.35
乳酸乙酯/（g/L)	≥	0.30	0.20
β – 苯乙酸/（mg/L)	≥	15	10
固形物/（g/L)	≤		0.70

酒精度按 GB 10344 的规定，可表示为"% vol"。酒精度实测值与标签示值允许差为 ±1.0% vol。

（五）凤香型白酒质量指标及卫生标准　（GB/T 14867—2007）

凤香型白酒是由浓香型白酒和清香型白酒兼香而得来的，所以凤香型白酒具有两种香型白酒的风味。所以凤香型"具有乙酸乙酯和己酸乙酯为主体的复合香气"，口味"醇厚丰满，干润挺爽，诸味谐调，尾净悠长"。

凤香型号白酒的质量指标如下：

（1）按产品酒精度分　高度酒的酒精度：41% ~ 68% vol；低度酒的酒精度：18% ~ 40% vol。

（2）感官要求　凤香型高度白酒、低度白酒的感官要求应分别符合表 4 – 13、表 4 – 14 的规定。

表4-13 高度凤香型白酒感官要求

项目	优级	一级
色泽和外观	无色或微黄，清亮透明，无悬浮物，无沉淀[a]	
香气	醇香秀雅，具有乙酸乙酯和己酸乙酯为主的复合香气	醇香纯正，具有乙酸乙酯和己酸乙酯为主的复合香气
口味	醇厚丰满，甘润挺爽，诸味谐调，尾净悠长	醇厚甘润，谐调爽净，余味较长
风格	具有本品典型的风格	具有本品明显的风格

a：当酒的温度低于10℃时，允许出现白色絮状沉淀物质或失光。10℃以上时应逐渐恢复正常。

表4-14 低度凤香型白酒感官要求

项目	优级	一级
色泽和外观	无色或微黄，清亮透明，无悬浮物，无沉淀[a]	
香气	醇香秀雅，具有乙酸乙酯和己酸乙酯为主的复合香气	醇香纯正，具有乙酸乙酯和己酸乙酯为主的复合香气
口味	酒体醇厚谐调，绵甜爽净，余味较长	醇和甘润，谐调，味爽净
风格	具有本品典型的风格	具有本品明显的风格

a：当酒的温度低于10℃时，允许出现白色絮状沉淀物质或失光。10℃以上时应逐渐恢复正常。

（3）理化要求　凤香型高度白酒、低度白酒理化要求应分别符合表4-15、表4-16的规定。

表4-15 高度凤香型白酒理化要求

项目		优级	一级
酒精度/（%vol）		41~68	
总酸（以乙酸计）/（g/L）	≥	0.35	0.25
总酯（以乙酸乙酯计）/（g/L）	≥	1.60	1.40
乙酸乙酯/（g/L）	≥	0.60	0.40
己酸乙酯/（g/L）	≥	0.25~1.20	0.20~1.0
固形物/（g/L）	≤	1.0	

表 4 – 16　低度凤香型白酒理化要求

项目		优级	一级
酒精度/（% vol）		18 ~ 40	
总酸（以乙酸计）/（g/L）	≥	0.20	0.15
总酯（以乙酸乙酯计）/（g/L）	≥	1.00	0.60
乙酸乙酯/（g/L）	≥	0.4	0.3
己酸乙酯/（g/L）	≥	0.20 ~ 1.0	0.15 ~ 0.80
固形物/（g/L）	≤	0.9	

　　酒精度按 GB 10344 的规定，可表示为 "% vol"。酒精度实测值与标签示值允许差为 ± 1.0% vol。

（六）豉香型白酒质量指标及卫生标准 （GB/T 16289—2007）

　　豉香型白酒是边糖化边发酵工艺的典型代表，其生产工艺的特点是没有"川法小曲白酒"的培菌糖化工序，因此用曲量大，实际上是传统的液态发酵。

　　豉香型白酒的质量指标如下：

　　陈肉：经过加热、浸泡、长期贮存等特殊工艺处理的肥猪肉。

　　酝浸：将陈肉浸泡于基酒中进行贮存陈酿的工艺过程。

　　（1）感官要求　豉香型白酒的感官要求应符合表 4 – 17 的规定。

表 4 – 17　豉香型白酒感官要求

项目	优级	一级
色泽和外观	无色或微黄，清亮透明，无悬浮物，无沉淀[a]	
香气	豉香纯正，清雅	豉香纯正
口味	醇和甘滑，酒体谐调，余味爽净	入口较醇和，酒体较谐调，余味较清爽
风格	具有本品典型的风格	具有本品明显的风格

a：当酒的温度低于 10℃ 时，允许出现白色絮状沉淀物质或失光。10℃ 以上时应逐渐恢复正常。

　　（2）理化要求　豉香型白酒理化要求应符合表 4 – 18 的规定。

表 4 – 18　豉香型白酒理化要求

项目		优级	一级
酒精度/（% vol）		18 ~ 40	
总酸（以乙酸计）/（g/L）	≥	0.35	0.20

续表

项目		优级	一级
总酯（以乙酸乙酯计）/（g/L）	≥	0.55	0.35
β-苯乙醇/（mg/L）	≥	40	30
二元酸（庚二酸、辛二酸、壬二酸）二乙酯总量/（mg/L）	≥	1.0	
固形物/（g/L）	≤	0.60	

酒精度按 GB 10344 的规定，可表示为"% vol"。酒精度实测值与标签示值允许差为 ±1.0% vol。

（七）特香型白酒质量指标及卫生标准（GB/T 20823—2007）

其典型感官特征为"酒色清亮、酒香芬芳、酒味纯正、酒体柔和"，也可表述为"幽雅舒适、诸香谐调、柔绵醇和、悠长回甜"，即香气具有多类型、多层次的芬芳，它既清淡又浓郁；既幽雅又舒适。酒味给人以醇和、绵甜、圆润、无邪杂味之感。酒体色香味俱佳，酒体纯净，整体谐调。

特香型白酒的质量指标如下：

（1）按产品酒精度分　高度酒的酒精度：41%～68% vol；低度酒的酒精度：18%～40% vol。

（2）感官要求　高度酒、低度酒的感官要求应分别符合表4-19、表4-20的规定。

表4-19　高度特香型白酒感官要求

项目	优级	一级
色泽和外观	无色或微黄，清亮透明，无悬浮物，无沉淀[a]	
香气	幽雅舒适，诸香谐调，具有浓、清、酱三香，但均不露头的复合香气	诸香尚谐调，具有浓、清、酱三香，但均不露头的复合香气
口味	柔绵醇和，醇甜，香气谐调，余味悠长	味较醇和，醇香，香气谐调，有余味
风格	具有本品典型的风格	具有本品明显的风格

a：当酒的温度低于10℃时，允许出现白色絮状沉淀物质或失光。10℃以上时应逐渐恢复正常。

表 4 - 20　低度特香型白酒感官要求

项目	优级	一级
色泽和外观	无色或微黄，清亮透明，无悬浮物，无沉淀ᵃ	
香气	幽雅舒适，诸香较谐调，具有浓、清、酱三香，但均不露头的复合香气	诸香尚谐调，具有浓、清、酱三香，但均不露头的复合香气
口味	柔绵醇和，微甜，香气谐调，余味较长	味较醇和，醇香，香气谐调，有余味
风格	具有本品典型的风格	具有本品明显的风格

a：当酒的温度低于10℃时，允许出现白色絮状沉淀物质或失光。10℃以上时应逐渐恢复正常。

（3）理化要求　高度酒、低度酒理化要求应分别符合表 4 - 21、表 4 - 22 的规定。

表 4 - 21　高度特香型白酒理化要求

项目		优级	一级
酒精度/（% vol）		41 ~ 68	
总酸（以乙酸计）/（g/L）	≥	0.50	0.40
总酯（以乙酸乙酯计）/（g/L）	≥	2.00	1.50
丙酸乙酯/（mg/L）	≥	40	30
固形物/（g/L）	≤	0.7	

表 4 - 22　低度特香型白酒理化要求

项目		优级	一级
酒精度/（% vol）		18 ~ 40	
总酸（以乙酸计）/（g/L）	≥	0.40	0.25
总酯（以乙酸乙酯计）/（g/L）	≥	1.80	1.20
丙酸乙酯/（mg/L）	≥	30	20
固形物/（g/L）	≤	0.9	—

酒精度按 GB 10344 的规定，可表示为"% vol"。酒精度实测值与标签示值允许差为 ±1.0% vol。

（八）芝麻香型白酒质量指标及卫生标准　（GB/T 20824—2007）

芝麻香型白酒是新中国成立后自主创新的两大香型白酒之一。作为一个独特的香型，它以自成一体的风格赢得了消费者的青睐。采用麸曲纯菌种，多种微生物培养，高温堆积和发酵工艺，生产出具有独特、典型风格的芝麻香型。

芝麻香型白酒质量指标如下：

（1）按产品酒精度分　高度酒的酒精度：41% ~68% vol；低度酒的酒精度：18% ~40% vol。

（2）感官要求　高度酒、低度酒的感官要求应分别符合表4 – 23、表4 – 24 的规定。

表 4 – 23　高度芝麻香型白酒感官要求

项目	优级	一级
色泽和外观	无色或微黄，清亮透明，无悬浮物，无沉淀[a]	
香气	芝麻香幽雅纯正	芝麻香较纯正
口味	醇和细腻，香味谐调，余味悠长	较醇和，余味较长
风格	具有本品典型的风格	具有本品明显的风格

a：当酒的温度低于10℃时，允许出现白色絮状沉淀物质或失光。10℃以上时应逐渐恢复正常。

表 4 – 24　低度芝麻香型白酒感官要求

项目	优级	一级
色泽和外观	无色或微黄，清亮透明，无悬浮物，无沉淀[a]	
香气	芝麻香较幽雅纯正	有芝麻香
口味	醇和谐调，余味悠长	较醇和，余味较长
风格	具有本品典型的风格	具有本品明显的风格

a：当酒的温度低于10℃时，允许出现白色絮状沉淀物质或失光。10℃以上时应逐渐恢复正常。

（3）理化要求　高度酒、低度酒理化要求应分别符合表4 – 25、表4 – 26 的规定。

表 4 – 25　高度芝麻香型白酒理化要求

项目		优级	一级
酒精度/（% vol）		41 ~68	
总酸（以乙酸计）/（g/L）	≥	0.50	0.30
总酯（以乙酸乙酯计）/（g/L）	≥	2.20	1.50
乙酸乙酯/（g/L）	≥	0.6	0.4

续表

项目		优级	一级
己酸乙酯/（g/L）		0.10～1.20	
3-甲硫基丙醇/（mg/L）	≥	0.50	
固形物/（g/L）	≤	0.7	

表4-26 低度芝麻香型白酒理化要求

项目		优级	一级
酒精度/（%vol）		18～40	
总酸（以乙酸计）/（g/L）	≥	0.40	0.20
总酯（以乙酸乙酯计）/（g/L）	≥	1.80	1.20
乙酸乙酯/（g/L）	≥	0.5	0.3
己酸乙酯/（g/L）		0.10～1.00	
3-甲硫基丙醇/（mg/L）	≥	0.40	
固形物/（g/L）	≤	0.9	

酒精度按 GB 10344 的规定，可表示为"%vol"。酒精度实测值与标签示值允许差为 ±1.0% vol。

（九）老白干香型白酒质量指标及卫生标准（GB/T 20825—2007）

老白干香型白酒主要产于华北、东北一代。纯小麦中温大曲；采用续糟混烧老五甑工艺；地缸发酵、精心勾兑而成，具有"酒体纯净、醇香清雅、甘洌丰柔"的独特风格。

老白干香型白酒的质量指标如下：

（1）按产品酒精度分 高度酒的酒精度：41%～68% vol；低度酒的酒精度：18%～40% vol。

（2）感官要求 高度酒、低度酒的感官要求应分别符合表4-27、表4-28的规定。

表4-27 高度老白干香型白酒感官要求

项目	优级	一级
色泽和外观	无色或微黄，清亮透明，无悬浮物，无沉淀[a]	
香气	醇香清雅，具有乳酸乙酯和乙酸乙酯为主体的自然谐调的复合香气	醇香清雅，具有乳酸乙酯和己酸乙酯为主体的复合香气

续表

项目	优级	一级
口味	酒体谐调、醇厚甘洌、回味悠长	酒体谐调、醇厚甘洌、回味悠长
风格	具有本品典型的风格	具有本品明显的风格

a：当酒的温度低于10℃时，允许出现白色絮状沉淀物质或失光。10℃以上时应逐渐恢复正常。

表4-28　低度老白干香型白酒感官要求

项目	优级	一级
色泽和外观	无色或微黄，清亮透明，无悬浮物，无沉淀[a]	
香气	醇香清雅，具有乳酸乙酯和乙酸乙酯为主体的自然谐调的复合香气	醇香清雅，具有乳酸乙酯和乙酸乙酯为主体的复合香气
口味	酒体谐调、醇和甘润、回味较长	酒体谐调、醇和甘润、有回味
风格	具有本品典型的风格	具有本品明显风格

a：当酒的温度低于10℃时，允许出现白色絮状沉淀物质或失光。10℃以上时应逐渐恢复正常。

（3）理化要求　高度酒、低度酒理化要求应分别符合表4-29、表4-30的规定。

表4-29　高度老白干香型白酒理化要求

项目		优级	一级
酒精度/（%vol）		41~68	
总酸（以乙酸计）/（g/L）	≥	0.40	0.30
总酯（以乙酸乙酯计）/（g/L）	≥	1.20	1.00
乳酸乙酯/乙酸乙酯	≥	0.8	
乳酸乙酯/（g/L）	≥	0.5	0.4
己酸乙酯/（g/L）	≤	0.03	
固形物/（g/L）	≤	0.5	

表4-30　低度老白干香型白酒理化要求

项目		优级	一级
酒精度/（%vol）		18~40	
总酸（以乙酸计）/（g/L）	≥	0.30	0.25

续表

项目		优级	一级
总酯（以乙酸乙酯计）/（g/L）	≥	1.00	0.80
乳酸乙酯/乙酸乙酯	≥	0.8	
乳酸乙酯/（g/L）	≥	0.4	0.3
己酸乙酯/（g/L）	≤	0.03	
固形物/（g/L）	≤	0.7	

酒精度按 GB 10344 的规定，可表示为"% vol"。酒精度实测值与标签示值允许差为 ±1.0% vol。

（十）浓酱兼香型白酒质量指标 （GB/T 23547—2009）

浓酱兼香型白酒是在我国传统酱香型和浓香型白酒的基础上发展起来的，它吸取了酱香型白酒的工艺特点——高温曲、高温堆积和浓香型白酒的工艺特点——混蒸续糟、泥窖发酵，把两者的生产工艺创造性地结合在一起，形成了浓酱兼香型白酒独特的生产工艺。浓酱兼香型白酒兼具酱香和浓香白酒的风格特点，既有酱香型白酒的幽雅细腻，又有浓香型白酒的回甜爽净，口感舒适，浑然一体，别具风格。

浓酱兼香型白酒的质量指标如下：

（1）按产品酒精度分 高度酒的酒精度：41% ~ 68% vol；低度酒的酒精度：18% ~ 40% vol。

（2）感官要求 高度酒、低度酒的感官要求应分别符合表4 – 31、表4 – 32的规定。

表 4 – 31 高度浓酱兼香型白酒感官要求

项目	优级	一级
色泽和外观	无色或微黄，清亮透明，无悬浮物，无沉淀[a]	
香气	浓酱谐调，幽雅馥郁	浓酱较谐调，纯正舒适
口味	细腻丰满，回味爽净	醇厚柔和，回味较爽
风格	具有本品典型的风格	具有本品明显的风格

a：当酒的温度低于10℃时，允许出现白色絮状沉淀物质或失光。10℃以上时应逐渐恢复正常。

表 4-32   低度浓酱兼香型白酒感官要求

项目	优级	一级
色泽和外观	无色或微黄，清亮透明，无悬浮物，无沉淀[a]	
香气	浓酱谐调，幽雅舒适	浓酱较谐调，纯正舒适
口味	醇和丰满，回味爽净	醇甜柔和，回味较爽
风格	具有本品典型的风格	具有本品明显的风格

a：当酒的温度低于10℃时，允许出现白色絮状沉淀物质或失光。10℃以上时应逐渐恢复正常。

（3）理化要求   高度酒、低度酒理化要求应分别符合表4-33、表4-34
的规定。

表 4-33   高度浓酱兼香型白酒理化要求

项目		优级	一级
酒精度/（%vol）		41~68	
总酸（以乙酸计）/（g/L）	≥	0.50	0.30
总酯（以乙酸乙酯计）/（g/L）	≥	2.00	1.00
正丙醇/（g/L）		0.25~1.20	
己酸乙酯/（g/L）		0.60~2.00	0.60~1.80
固形物/（g/L）	≤	0.7	

表 4-34   低度浓酱兼香型白酒理化要求

项目		优级	一级
酒精度/（%vol）		18~40	
总酸（以乙酸计）/（g/L）	≥	0.30	0.20
总酯（以乙酸乙酯计）/（g/L）	≥	1.40	0.60
正丙醇/（g/L）		0.20~1.00	
己酸乙酯/（g/L）		0.50~1.60	0.50~1.30
固形物/（g/L）	≤	0.8	

酒精度按 GB 10344 的规定，可表示为"%vol"。酒精度实测值与标签示值
允许差为 ±1.0%vol。

（十一）酱香型白酒质量指标及卫生标准（GB/T 26760—2011）

酱香型又称为茅香型，以茅台酒为代表（有"国酒"之称），以其香气幽

雅、细腻、酒体醇厚丰满著称，深受消费者喜爱。酱香型酒分为大曲酱香、麸曲酱香，大曲酱香历史悠久，源远流长，麸曲酱香是 20 世纪 50 年代后发展起来的，也出现不少优质产品。酱香型酒的生产工艺复杂，周期长，与其他香型酒生产工艺区别较大。

酱香型白酒质量指标如下：

（1）按产品酒精度分　高度酒的酒精度：45%～58% vol；低度酒的酒精度：32%～44% vol。

（2）产品分级　以大曲为糖化发酵剂生产的酱香型白酒可分为优级、一级、二级。不以大曲或不完全以大曲为糖化剂生产的酱香型白酒分为一级、二级。

（3）感官要求　高度酒、低度酒的感官要求应分别符合表 4-35、表 4-36 的规定。

表 4-35　高度酱香型白酒感官要求

项目	优级	一级	二级
色泽和外观	无色或微黄，清亮透明，无悬浮物，无沉淀[a]		
香气	酱香突出，香气幽雅，空杯留香持久	酱香较突出，香气舒适，空杯留香较长	酱香明显，有空杯香
口味	酒体醇厚，丰满，诸味谐调，回味悠长	酒体醇和，谐调，回味长	酒体较醇和，谐调，回味较长
风格	具有本品典型风格	具有本品明显风格	具有本品风格

a：当酒的温度低于 10℃时，允许出现白色絮状沉淀物质或失光。10℃以上时应逐渐恢复正常。

表 4-36　低度酱香型白酒感官要求

项目	优级	一级	二级
色泽和外观	无色或微黄，清亮透明，无悬浮物，无沉淀[a]		
香气	酱香较突出，香气较幽雅，空杯留香久	酱香较纯正，空杯留香好	酱香较明显，有空杯香
口味	酒体醇和，谐调，回味长	酒体柔和，谐调，回味较长	酒体较柔和，谐调，回味尚长
风格	具有本品典型风格	具有本品明显风格	具有本品风格

a：当酒的温度低于 10℃时，允许出现白色絮状沉淀物质或失光。10℃以上时应逐渐恢复正常。

（4）理化要求　高度酒、低度酒理化要求应分别符合表 4-37、表 4-38 的规定。

表 4 – 37　高度酱香型白酒理化要求

项目		优级	一级	二级
酒精度（20℃）/（% vol）			45 ~ 58[a]	
总酸（以乙酸计）/（g/L）	≥	1.40	1.40	1.20
总酯（以乙酸乙酯计）/（g/L）	≥	2.20	2.00	1.80
己酸乙酯/（g/L）	≤	0.30	0.40	0.40
固形物/（g/L）	≤		0.70	

　　a：酒精度实测值与标签标示值允许差为 ±1.0% vol。

表 4 – 38　低度酱香型白酒理化要求

项目		优级	一级	二级
酒精度（20℃）/（% vol）			32 ~ 44[a]	
总酸（以乙酸计）/（g/L）	≥	0.80	0.80	0.80
总酯（以乙酸乙酯计）/（g/L）	≥	1.50	1.20	1.00
己酸乙酯/（g/L）	≤	0.30	0.40	0.40
固形物/（g/L）	≤		0.70	

　　a：酒精度实测值与标签标示值允许差为 ±1.0% vol。

（十二）药香型白酒质量指标及卫生标准　（DB 52/T 550—2008）

　　药香型的代表——董酒的香气成分特征是三高一低，即酯类为乙酸乙酯、乳酸乙酯和一定量的己酸乙酯、丁酸乙酯，其中丁酸乙酯含量较高；总酸含量高，乙酸、丁酸、己酸含量较多，尤以丁酸含量高为其主要特征。高级醇主要是正丙醇、仲丁醇含量高。乳酸乙酯比其他酒都低。药香以肉桂醛为主要成分，故董酒又称为药香型（或董香型）。

药香型白酒质量指标如下：

（1）按产品酒精度分　高度酒的酒精度：41% ~68% vol；低度酒的酒精度：18% ~40% vol。

（2）感官要求　高度酒、低度酒的感官要求应符合表 4 –39 的规定。

表 4 – 39　药香型白酒高度酒、低度酒感官要求

项目	高度酒要求	低度酒要求
色泽和外观	无色（或微黄色），清亮透明，无悬浮物，无沉淀[a]	

续表

项目	高度酒要求	低度酒要求
香气	香气幽雅，微带舒适药香	
口味	醇和浓香，甘爽味长	醇和柔顺，甘爽味长
风格	具有董香型白酒典型的风格	

a：当酒的温度低于10℃时，允许出现白色絮状沉淀物质或失光。10℃以上时应逐渐恢复正常。

（3）理化要求　高度酒、低度酒理化要求应符合表4－40的规定。

表4－40　药香型白酒高度酒、低度酒理化要求

项目		高度酒指标	低度酒指标
酒精度/（%vol）		41～68	25～40
总酸（以乙酸计）/（g/L）		0.9～4.5	0.7～3.50
总酯（以乙酸乙酯计）/（g/L）	≥	0.90	0.70
固形物/（g/L）	≤	0.50	0.70

酒精度按 GB 10344 的规定，可表示为"%vol"。酒精度实测值与标签示值允许差为±1.0%vol。

（十三）馥郁香型白酒质量指标及卫生标准　（GB/T 22736—2008）

馥郁香型有微量香气成分中相对突出的乙酸乙酯、己酸乙酯含量及近乎平行的量比关系和有机酸高、高级醇含量适中等为特点。微妙地揉合了酱、浓、清香的风味，无色透明、芳香秀雅、绵柔甘冽、醇厚细腻、后味怡畅、酒体净爽，具馥郁香型优质白酒的典型风格。

馥郁香型白酒（酒鬼酒）质量指标如下：

（1）按产品酒精度分　高度酒的酒精度：41%～68%vol；低度酒的酒精度：18%～40%vol。

（2）感官要求　馥郁香型白酒质量指标感官要求见表4－41。

表4－41　馥郁香型白酒感官要求

项目	要求					
酒精度/（%vol）	58	54	52	50	46	38
色泽和外观	无色（或微黄色），清亮透明，无悬浮物，无沉淀[a]					
香气	馥郁幽雅					

续表

项目	要 求					
口味	酒体醇厚丰满，绵甜圆润，余味净爽悠长	酒体醇厚丰满，绵甜圆润，净爽余长	酒体醇厚丰满，绵甜圆润，净爽余长	酒体醇和，绵甜圆润，净爽较长	酒体醇和，绵甜圆润，余味较长	酒体绵甜圆润，净爽
风格	具有本品典型的风格					

a：当酒的温度低于10℃，允许出现白色絮状沉淀物质或失光。10℃以上时应逐渐恢复正常。

（3）理化要求　馥郁香型白酒质量指标理化要求见表4–42。

表4–42　馥郁香型白酒理化指标要求

项目		要求					
酒精度/（% vol）		58	54	52	50	46	38
总酸（以乙酸计）/（g/L）	≥	0.50				0.40	
总酯（以乙酸乙酯计）/（g/L）	≥	2.20	2.00			1.80	1.60
乙酸乙酯/（g/L）	≥	1.00	0.80			0.60	0.40
己酸乙酯/（g/L）	≥	1.20	1.00			0.80	0.60
正丙醇/（g/L）	≥	0.15	0.12			0.12	0.10
固形物/（g/L）	≤	0.40				0.50	0.70

　　酒精度按 GB 10344 的规定，可表示为"% vol"。酒精度实测值与标签示值允许差为 ±1.0% vol。

小　结

　　白酒按香型分类种类较多，香型不同，白酒内的组分就有所不同，特点也就不同，各种香型的白酒按酒精度都分为高度酒和低度酒。各种香型白酒都有各自的感官要求、理化指标要求，同时也有规范的卫生标准。

关键概念

　　白酒香型；感官要求；理化指标；卫生标准

🖋 **思考与练习**

1. 馥郁香型白酒高度酒、低度酒酒精度的划分有哪些？
2. 浓酱兼香型白酒感官要求分为几个等级？感官要求是从哪几方面来阐述的？
3. 特香型质量分析从哪几方面阐述？
4. 凤香型白酒理化指标有哪几个？分别是什么？
5. 清香型白酒主要成分有哪些？
6. 清香型白酒质量指标主要从哪几方面阐述？分别是什么？
7. 简要阐述各种香型白酒的感官要求异同。

任务二　白酒感官鉴别

一、学习目的

1. 掌握白酒评酒的方法与程序。
2. 了解感觉器官感受色、香、味的途径。
3. 了解影响白酒尝评结果的各种因素。
4. 熟悉白酒行业的评酒标准。
5. 了解各类香型白酒的品评术语。

二、知识要点

1. 人体产生视觉、嗅觉、味觉的机制。
2. 白酒行业评酒标准。
3. 评酒的方法与程序。

三、相关知识

白酒的色、香、味、风格需要通过评酒员的评定，来确定其香型、风格等，通过学习可以了解人体感觉器官的有关知识、认识酒中的相关呈味物质、了解白酒评酒的方法与程序、运用白酒的评酒标准，培养出优秀的白酒评酒员。

（一）人体感觉器官的有关知识

1. 视觉
酒的外观鉴定包括色调、光泽（亮度）、透明度、清亮、浑浊、悬浮物、沉淀物等，都是通过视觉器官——眼来观察的。在视觉正常、没有色盲的人的眼光下，只要观察方法正确，光度适宜，环境良好，对酒样的观察是能得到正确结果的。

2. 嗅觉

人能感觉到香气，主要是鼻腔上部嗅觉上皮的嗅觉细胞在起作用，在鼻腔深处有黄色黏膜，这里密集分布着蜂巢状排列的嗅觉细胞。当气味分子随着空气吸入鼻腔，接触到嗅膜后，溶解于嗅腺分泌液或借助化学作用而刺激细胞，从而发生神经传动，通过传导至大脑中枢，产生嗅觉。当鼻子平静呼吸时，吸入的气流量几乎全部经下鼻道进入，以致有的气味物质不能达到嗅区黏膜，所以感觉不到气味，为了获得明显的嗅觉，就必须适当吸气或多次急促地吸气和呼气。最好的方法是头部略微下低，酒杯放在鼻下，让酒中的香气自下而上地进入鼻孔，使香气在闻的过程中容易在鼻甲上产生涡流，使香气分子多接触嗅膜。一般来说，人的嗅觉还是比仪器灵敏得多，但人的嗅觉容易疲劳，嗅觉一疲劳就分辨不出香气了。

3. 味觉

食物经唾液或者经水溶解，通过舌头上的味蕾刺激细胞，然后由味蕾传达到大脑，便可分辨出味道来。人的味蕾约有 9000 个，牛 35000 个，鸡只有 24 个，狗的味觉最灵敏。称为味蕾的细胞群分布在口腔周围，大部分分布于舌上，也分布于上颚、咽头、颊肉、喉头。舌的各部分味觉也不同，也就是说，各种呈味物质只有在舌头的一定位置上才能灵敏地显示出来。例如，甜味的灵敏区在舌尖，咸味的灵敏区在舌尖到舌两侧边缘，酸味在舌两边最敏感。舌的中部反成为"无味区"了。所以在评酒时，要充分与反复利用舌尖及舌尖边缘以及口腔的各个部位，不能卷上舌头，通过"无味区"而直接下咽，这样就容易食而不知其味。舌表面也并不是完全无味区，只是不及其他部位灵敏罢了。人的味觉也容易疲劳，舌头经长时间连续刺激，灵敏度越来越差，感觉也变得迟钝。因此，尝酒时一次样品不能太多，品尝一轮后稍事休息，并用淡茶漱口，以帮助味觉恢复。

（二）酒中的相关呈味物质

1. 对酒中呈味物质的认识

在酿酒工业中，常用酸味、甜味、咸味、苦味、涩味、鲜味等来说明不同的现象，找出影响质量的因素。为了准确地进行判断，先要熟悉不同的单一香味成分的特征，然后在检查白酒的风味时，才能在复杂成分混合的情况下，正确加以辨认。下面将口味与物质的关系分别介绍于下。

（1）酸味物质　酒中的酸味物质均属有机酸（人为加的除外），例如，白酒中的乙酸、乳酸、丁酸、己酸及其他高级脂肪酸等，果露酒中的柠檬酸、苹果酸、酒石酸等，黄酒中的琥珀酸、氨基酸等。无论是无机酸、有机酸还是酸性盐的味，都是氢离子在起作用。在进入口内感觉的酸味，由于唾液的稀释，这些酸的缓冲性和酸味的持续性、其呈味时间的长短及实际上食品的味与生成的味等均有差别。在相同 pH 的情况下，酸味强度的顺序如下：

醋酸 > 甲酸 > 乳酸 > 草酸 > 无机酸

各种酸有不同的固有的味，例如，柠檬酸有爽快味，琥珀酸有鲜味，醋酸具有愉快的酸味，乳酸有生涩味。酸味为饮料酒的必要成分，能给人以爽快的感觉，但酸味过多过少均不适宜，酒中酸味适中可使酒体浓厚、丰满。

（2）甜味物质　甜味物质种类甚多，所以具有甜味感的物质都由一个负电性的原子（如氧、氮等）和发甜味团、助甜味团构成（如甘油，发甜味团为 $CH_2OH—CHOH—$，助甜味团为 $CH_2OH—$）。酒中常带有甜味，是因为酒精本身受—OH 基的影响。羟基数增加，其醇的甜味也增加，其甜味强弱顺序如下：

乙醇 < 乙二醇 < 丙三醇 < 丁四醇 < 戊五醇 < 己六醇

多元醇不但能产生甜味，还能给酒带来丰富的醇厚感，使白酒口味软绵。除醇类外，双乙酰具有蜂蜜样的浓甜香味，醋酸和双乙酰都赋予酒浓厚感。酒中还含有多种氨基酸，氨基酸中也有很多具有甜味。D - 氨基酸多数是甜的，D - 色氨酸的甜味是蔗糖的 35 倍，而 L - 氨基酸中，苦的占多数，但是 L - 丙氨酸、L - 脯氨酸却是甜的。

（3）咸味物质　具有咸味的全部都是盐类，但盐类并不等于食盐，盐类中也有带甜味的、带苦味的，而食盐以外的盐类大部分都带有一些咸味。盐的咸味是由于盐类离解出阳离子，易被味觉感受部位蛋白质的羧基或磷酸的磷酸基吸附而呈咸味。白酒中的咸味多由加浆水带来。如果加浆水含无机盐类较多，则带异杂味，不爽口，而且会产生大量的沉淀，必须考虑除去。

（4）苦味物质　苦味在舌头上灵敏度最高，而且持续时间长，经久不散，但常因人而异。酒中的苦味物质是酒精发酵时酵母代谢的产物，如酪氨酸生成酪醇，色氨酸生产色醇，特别是酪醇在含量为 1/20000 时尝评就有苦味。

制曲时经高温，其味甚苦，这与酵母产生苦的道理差不多。我国白酒生产经验表明，制曲时霉菌孢子较多，酿酒时加曲量过多或发酵温度较高等，都会给成品酒带来苦味。此外，高级醇中的正丙醇、正丁醇、异丁醇、异戊醇和 β - 苯乙醇等均有苦涩味。

苦味物质的阈值是比较低的，而且持续性很强，不易消失，所以常常使人饮之不快。在酒的加浆用水中，含有碱土金属或硫酸根的盐类，它们中大多数带有苦味物质。一般来说，盐的阳离子和阴离子的原子质量越大，越有增加苦味的倾向。

（5）辣味物质　辣味不属于味觉，是刺激鼻腔和口腔黏膜的一种痛觉。酒的辣味是由于灼痛刺激作用于痛觉神经纤维所致。在有机化合物中，凡分子式具有—CHO（如丙烯醛、乙醛）、—CO—（如丙酮）、—S—（如乙硫醇）等基团的化合物都有辣味。白酒中的辣味主要来自醛类、杂醇油、硫醇，还有阿魏酸。

（6）涩味物质　涩味是通过麻痹味觉神经而产生的，它可凝固神经蛋白质，使舌头黏膜的蛋白质凝固，产生收敛性作用，使味觉感到涩味，使口腔里、舌面上和上颚有不滑润感。果酒中的涩味主要是单宁。白酒中的涩味是由醛类、乳酸及其酯类等产生的，还包括木质素及其分解的酸类化合物——阿魏酸、香草酸、丁香酸、糠醛以及杂醇油，其中尤以异丁酸和异戊醇的涩味重。白酒中的辣味和涩味物质是不可避免的，关键是要使某些物质不能太多，并要与其他微量成分比例协调，通过贮存、勾兑、调味掩盖，使辣味和涩味感觉减少。

（7）咸、甜、酸、苦诸味的相互关系　咸味由于添加蔗糖而减少，在1%～2%食盐浓度下，添加7～10倍的蔗糖，咸味大部分消失。甜味由于添加少量的食盐而增大。咸味可因添加极少量的醋酸而增强，但添加大量醋酸时咸味减少。在酸中添加少量食盐，可使酸味增强。苦味可因添加极少量的食盐而减少，添加食糖也可减少苦味。总之，咸、甜、酸、苦诸味能相互衬托相互抑制。

2. 呈味物质的相互作用

（1）中和　两种不同性质的味觉物质相混合时，它们失去各自独特味道的现象，称为中和。

（2）抵消　两种不同性质的味觉物质相混合时，它们各自的味道都被减弱的现象，称为抵消。

（3）抑制　两种不同性质的味觉物质相混合时，其中一种味道消失，而另一种味道出现的现象，称为抑制。

（4）加强效果　两种稍甜的物质混合时，它们的刺激阈值浓度增加一倍，这种现象即使在酸味物质中也发生。

（5）增加感觉　在一种味觉物质中加入另一种味觉物质，可以使人对前一种味觉物质的感觉增加的现象，称为增加感觉。经试验，在测定前5min，用味精溶液漱口后，人对于甜味、咸味的灵敏度不变，但对酸味和苦味的灵敏度增加，增加感觉现象对评酒影响很大，所以在尝评之前不要吃含过多味精的食品，以免影响评酒结果。

（6）变味　同一种味觉物质在人的舌头上停留的时间长短不同，人对该味觉物质的味觉感受也不同的现象，谓之变味。例如，评酒时若用硫酸镁溶液漱口，开始是苦味，25～30s后会变为甜味。

（7）混合味觉　各种味觉物质相互抵消、中和、抑制和加强等给人的一种综合感觉，称为混合味觉。一般来说，甜、酸、苦最容易抵消，甜与咸能中和，酸与苦有时则是既不中和也不抵消。

总之，味觉随着味觉物质的不同而有变化。为了保证各种名优白酒的质量与风味，使产品保持各自的特色，必须掌握好味觉物质的相互作用和酒中微量香味成分的物理特征。

（三）白酒的评酒标准

评酒的主要依据是产品质量标准。在产品质量标准中明确规定了白酒感官标准技术要求，它包括色、香、味和风格四方面。

目前在产品质量标准中有国家标准、行业标准、企业标准。根据国家标准化法规定，各企业生产的产品必须执行产品标准，首先要执行国家标准，无国家标准要执行行业标准，无行业标准执行企业标准。

根据 GB 10345.2—2007 白酒感官评定方法中的明确规定，现将白酒的评酒标准分述如下。

（1）色泽　将样品注入洁净、干燥的品评杯中，在明亮处观察，记录其色泽、清亮程度、沉淀及悬浮物情况。

（2）香气　将样品注入洁净、干燥的品评杯中，先轻轻地摇动酒杯，然后用鼻闻嗅，记录其香气特征。

（3）口味　将样品注入洁净、干燥的品评杯中，喝少量样品（约2mL）于口中，以味觉器官仔细品尝，记录口味特征。

（4）风格　通过品尝香与味，综合判断是否具有该产品的风格特点，并记录其强、弱程度。计分标准如表4-43所示。

（四）典型香型白酒的品评术语

1. 浓香型白酒的品评术语

（1）色泽　无色，晶亮透明，清亮透明，清澈透明，无色透明，无悬浮物，无沉淀，微黄透明，稍黄，浅黄，较黄，灰白色，乳白色，微混，稍混，有悬浮物，有沉淀，有明显悬浮物。

（2）香气　窖香浓郁，较浓郁，具有以己酸乙酯为主体的纯正谐调的复合香气，窖香不足，窖香较小，窖香纯正，较纯正，有窖香，窖香不明显，窖香欠纯正，窖香带酱香，窖香带陈味，窖香带焦煳气味，窖香带异香，窖香带泥臭气，其他香等。

表 4 – 43 白酒品评计分标准

质量指标	项目	分数	质量指标	项目	分数
色泽	无色透明	+10		淡薄	-2
	浑浊	-4		冲辣	-3
	沉淀	-2		后味短	-2
	悬浮物	-2		后味淡	-2
	带色（除微黄外）	-2		后味苦（小曲酒放宽）	-3
香气	具备固定香型的香气特点	+25	口味	涩味	-5
	放香不足	-2		焦煳味	-3
	香气不纯	-2		辅料味	-5
	香气不足	-2		梢子味	
	带有异味	-3		杂醇油味	-5
	有不愉快气味	-5		糠腥味	-5
	有杂醇油气味	-5		其他邪杂味	-6
	有其他臭气	-7			
口味	具有本香型的口味特点	+50	风格	具有本品特有风格	+15
	欠绵柔	-2		风格不突出	-5
	欠回甜	-2		偏格	-5
				错格	-5

注：" + "表示加分，" - "表示扣分。

(3) 口味　绵甜醇厚，醇和，香醇甘润，甘洌，醇和味甜，醇甜爽净，净爽，醇甜柔和，绵甜爽净，香味谐调，香醇甜净，醇甜，绵软，绵甜，入口绵，柔顺，平淡，淡薄，香味较谐调，入口平顺，入口冲，冲辣，糙辣，刺喉，有焦味，稍涩，涩，微苦涩，苦涩，稍苦，后苦，稍酸，较酸，酸味大，口感不快，欠净，稍杂，有异味，有杂醇油味，酒梢子味，邪杂味较大，回味悠长，回味较长，尾净味长，尾子干净，回味欠净，后味淡，后味短，后味杂，余味长，余味较长，生料味，霉味等。

(4) 风格　风格突出、典型，风格明显，风格尚好，具有浓香风格，风格尚可，风格一般，固有风格，典型性差，偏格，错格等。

2. 清香型白酒的品评术语

(1) 色泽　同浓香型白酒。

(2) 香气　清香纯正，清香雅郁，清香馥郁，具有以乙酸乙酯为主体的清雅谐调的复合香气，清香较纯正，清香欠纯正，有清香，清香较小，清香不明显，清香带浓香，清香带酱香，清香带焦煳味，清香带异香，不具清香，糟香，其他香气等。

（3）口味　绵甜爽净，绵甜醇和，香味谐调，自然谐调，酒体醇厚，醇甜柔和，口感柔和，香醇甜净，清爽甘冽，清香绵软，爽冽，甘爽，爽净，入口绵，入口平顺，入口冲，冲辣，糙辣，暴辣，落口爽净，欠净，尾净，回味长，回味短，回味干净，后味淡，后味短，后味杂，稍杂，寡淡，有杂味，邪杂味，杂味较大，有杂醇油味，酒梢子味，焦煳味，涩，稍涩，微苦涩，苦涩，后苦，稍酸，较酸，过甜，生料味，霉味，异味，刺喉等。

（4）风格　风格突出、典型，风格明显，风格尚好，风格尚可，风格一般，典型性差，偏格，错格，具有清、爽、绵、甜、净的典型风格等。

3. 酱香型白酒的品评术语

（1）色泽　微黄透明，浅黄透明，较黄透明。其余参见浓香型白酒。

（2）香气　酱香突出、较突出，酱香明显，酱香较小，具有酱香，酱香带焦香，酱香带窖香，酱香带异香，窖香露头，不具酱香，其他香，幽雅细腻，较幽雅细腻，空杯留香幽雅持久，空杯留香好、尚好，有空杯留香，无空杯留香。

（3）口味　绵柔醇厚，醇和，丰满，醇甜柔和，酱香味显著、明显，入口绵、平顺，入口冲，有异味，邪杂味较大，回味悠长、较长、短，回味欠净，后味长、短、淡，后味杂，焦煳味，稍涩，涩，苦涩，稍苦，酸味大、较大，生料味，霉味等。

（4）风格　风格突出、较突出，风格典型、较典型，风格明显、较明显，风格尚好、一般，具有酱香风格，典型性差、较差，偏格，错格等。

4. 米香型白酒的品评术语

（1）色泽　同浓香型白酒。

（2）香气　米香清雅、纯正，米香清雅、突出，具有米香，米香带异香，其他香等。

（3）口味　绵甜爽口，适口，醇甜爽净，入口绵、平顺，入口冲、冲辣，回味怡畅、幽雅，回味长，尾子干净，回味欠净。其余参考浓香型白酒。

（4）风格　风格突出、较突出，风格典型、较典型，风格明显、较明显，风格尚好、尚可，风格一般，固有风格，典型性差，偏格，错格等。

5. 凤香型白酒的品评术语

（1）色泽　参考浓香型白酒。

（2）香气　醇香秀雅，香气清芬，香气雅郁，有异香，具有以乙酸乙酯为主、一定量己酸乙酯为辅的复合香气，醇香纯正、较正等。

（3）口味　醇厚丰满，甘润挺爽，诸味谐调，尾净悠长，醇厚甘润，谐调爽净，余味较长，较醇厚，甘润谐调，爽净，余味较长，有余味等。

（4）风格　风格突出、较突出，风格明显、较明显，具有本品固有的风格，风格尚好、尚可、一般，偏格，错格等。

6. 其余香型白酒的品评术语

（1）色泽　参考浓香型白酒。

（2）香气　香气典雅、独特、幽雅，带有药香，带有特殊香气，浓香谐调的香气，芝麻香气，带有焦香，有异香，香气小等。

（3）口味　醇厚绵甜，回甜，香绵甜润，绵甜爽净，香甜适口，诸香谐调，绵柔，甘爽，入口平顺，入口冲、冲辣、刺喉，涩，稍涩，苦涩，酸，较酸，甜，过甜，欠净，稍杂，有异味，有杂醇油味，有酒梢子味，回味悠长、较长、长，回味短，尾净香长，有焦煳味，有生料味，有霉味等。

（4）风格　风格典型、较典型，风格独特、较独特，风格明显、较明显，具有独特风格，风格尚好、尚可、一般，典型性差，偏格，错格等。

对本企业的产品进行品评时，应将国家对评酒的有关规定以及本产品的内定标准相结合进行。

将调配好的酒样与前一批次的产品进行对比品评，对其色、香、味、风格进行综合判断，看其差异性和雷同性的大小，如差别不明显则可包装出厂。

（五）白酒评酒的方法与程序

根据评酒的目的、提供酒样的数量、评酒员人数的多少，可采用明评和暗评的评酒方法。

1. 明评

明评又分为明酒明评和暗酒明评。明酒明评是公开酒名，评酒员之间明评明议，最后统一意见，打分并写出评语。暗酒明评是指不公开酒名，酒样由专人倒入编号的酒杯中，由评酒员集体评议，最后统一意见，打分、写出评语，并排出名次顺位。

2. 暗评

暗评是酒样密码编号，从倒酒、送酒、评酒一直到统计分数、写出综合评语、排出顺位的全过程，分段保密，最后揭晓公布评酒结果。评酒员所做的评酒结论具有权威性和法律效力，其他人无权更改。

（六）影响白酒尝评结果的因素

1. 评酒的环境与容器

酒类质量的感官品尝，除依赖评酒员较高的灵敏度、准确性和精湛的评酒技术外，还要有较好的评酒环境和评酒容器等条件的配合。

（1）评酒室　人的感觉灵敏度和准确性易受环境的影响。国外有资料显示，在设备完善的评酒室和有噪声等干扰的室内进行品评对比，结果在良好的环境中可使品评的准确度提高，两者品评的正确率相差15%。据测定，评酒室的环境噪声通常在40dB以下，温度为18~22℃，相对湿度在50%~60%较为适宜。

为了给评酒员创造一个良好的评酒环境，评酒室大小应合适，适当宽敞，不可太小；天花板和墙壁应用统一的色调中等的材料；评酒室要光线充足，空气清新，不允许有任何异味、香味、烟味等。

评酒室内的陈设应尽可能简单些，无关的用具不要放入。集体评酒室应为每个评酒员准备一张品酒桌，桌面铺白色桌布（或白纸），桌子之间应有一定的距离，最好在1cm以上，以免互相影响。评酒员的座椅应高低适中、舒适，以减少疲劳。评酒桌上放1杯清水、1杯淡茶，桌旁设一个水盂。评酒室最好有温水洗手池。

（2）评酒杯　评酒杯见图4-2，是评酒的主要工具，它的质量对酒样的色、香、味可能产生影响。评酒杯可用无色透明、无花纹的高级玻璃杯，大小、形状、厚薄应该一致。我国白酒品评多用郁金香型酒杯，容量约60mL，评酒时装入1/2~3/5的容量，即到腹部最大横截面处。这种杯的特点是腹大口小。腹大蒸发面积大，口小能使蒸发的酒味分子比较集中，有利于嗅闻。评酒用的酒杯要专用，以免染上异味。在每次评酒前酒杯应彻底洗净，先用温热水冲多次，再用洁净凉水或蒸馏水清洗，用烘箱烘干

图4-2　品酒杯

或用白色洁净绸布擦拭至干。洗干净后的酒杯应倒置在洁净的瓷盘里，不可放入木柜或木盘中，以免沾染木料或涂料气味。

2. **评酒的顺序与效应**

（1）评酒的顺序　同一类酒的酒样应按下列因素排列先后顺序评酒。

① 酒精含量：先低后高。

② 香气：先淡后浓。

③ 滋味：先干后甜。

④ 酒色：无色、白色、红色。如为同一酒色而色泽有深有浅，应该先浅后深。

（2）评酒效应　由于评酒有先有后，可能会出现生理和心理的效应，从而引起品评的误差，影响结果的准确度。各种条件对感官尝评的影响，有下述几方面。

① 顺序效应：有甲、乙两种酒，如果先尝甲酒，后尝乙酒，就会发生偏爱品尝甲酒的心理作用。偏爱先品尝的一杯，这种现象称为正的顺序效应；有时则相反，偏爱乙酒，称为负的顺序效应。因此，在安排品评时，必须从甲到乙，反过来从乙到甲，进行相同次数的品评。

② 顺效应：人的嗅觉和味觉经过长时间的连续刺激，就会变得迟钝，以致最后变得无知觉的现象，称为顺效应。为了避免发生这种现象，每次尝评的酒样不宜过多，如酒样多时应分组进行。

③ 后效应：在品评前一种酒时，往往会产生影响后一种酒品评的现象，这称为后效应。例如用 0.5% 的硫酸或氯化锰的水溶液漱口后，再含清水，口中有甜味感。我国评酒的习惯，是尝一杯酒后休息片刻，回忆其味，用温热淡素茶漱口，以消除口中的余味，然后再尝另一杯，这样来消除后效应。

为了避免这些生理和心理效应的影响，评酒时应先按 1、2、3……顺序品尝，再按……3、2、1 的顺序品评，如此反复几次，慢慢体会自然的感受。

3. 评酒样品的编排、酒样温度和评酒时间

(1) 评酒样品的编排 集体评酒的目的是为了对比、评定酒的质量。因此一组的几个酒样必须要有可比性，酒的类别和香型要相同。

分类型应根据评委会所属的地区产酒的品种而定，不必强求一致。白酒按酱香、浓香、清香、米香、其他香、兼香型和糖化剂种类分别品评，也包括不同原料、不同工艺的液态法白酒、低度白酒、普通白酒等类型。

每次品评的酒样不宜过多，以不使评酒员的嗅觉和味觉产生疲劳为原则。一般来说，一天之内品评的酒样不宜超过 20 个，每组酒样 5 个，一天评 4 组（或称 4 轮次）。每评完一轮，应稍事休息再评，以使味觉得到恢复。

(2) 酒样的温度 食品和饮料都一样，温度不同，给人的味觉和嗅觉也有差异。人的味觉在 10~38℃ 最敏感，低于 10℃ 会引起舌头凉爽麻痹的感觉；高于 38℃ 则易引起炎热迟钝的感觉。评酒时若酒样的温度偏高，则香大，有辣味，刺激性强，不但会增加酒的不正常香和味，而且会使嗅觉发生疲劳；温度偏低则可减少不正常的香和味。各类酒的最适宜的品评温度，也因品种的不同而异。一般来说酒样温度以 15~20℃ 为好。

(3) 评酒时间 评酒的时间以上午 9~11 时为最好，这是一天中精神最充沛稳定、注意力容易集中的时间，也是感官最敏感的时辰。如需要下午进行则在下午 3~5 时较好。评酒的时间不宜过长，否则会易于疲劳，影响效果。

4. 评酒时的注意事项

(1) 评酒中应独立品评，不得互议、互讲、互看评比内容与结果。

(2) 评酒中不得吸烟，不得带入芳香的食品、化妆品、用具等。

(3) 评酒中不得有大声饮、漱口声和拿放杯声。

（4）评酒中除由工作人员简介情况外，不得询问所评酒的任何详尽的情况。

（5）评酒期间不得食用刺激性强及影响到评酒效果的食品。

（6）评酒期间不得进入样酒工作室及询问评比结果。

（7）评酒期间应尽量休息好，不要安排个人会外活动，一般不接待来访人员，不吐露酒类评比的情况。

（8）评酒期间只能评酒，不能饮酒。

四、任务实施

（一）评酒的训练

1. 药品与仪器

品酒桌、品酒杯、不同品种白酒若干。

2. 白酒的品评过程

通过此项训练，熟悉白酒的品评操作过程。

白酒的品评主要包括色泽、香气、风味和风格四方面。按照眼观其色、鼻闻其香、口尝其味，并综合色、香、味三方面的感官印象，确定其风格的方式来完成尝评的全过程。

具体步骤如下。

（1）眼观色　白酒色泽的评定是通过人的眼睛来确定的。先把酒样放在评酒桌的白纸上，用眼睛正视和俯视，观察酒样有无色泽和色泽深浅，同时做好记录。在观察透明度、有无悬浮物和沉淀物时，要把酒杯拿起来，然后轻轻摇动，使酒液游动后进行观察。根据观察，对照标准，打分并做出色泽的鉴定结论，见图4-3。

图4-3　眼观色

图4-4 鼻闻香

（2）鼻闻香 白酒的香气是通过鼻子判断确定的。当被评酒样上齐后，首先注意酒杯中的酒量多少，把酒杯中多余的酒样倒掉，使同一轮酒样中酒量基本相同后才嗅闻其香气，见图4-4。

在嗅闻时要注意：

① 鼻子和酒杯的距离要一致，一般在1~3cm。

② 吸气量不要忽大忽小，吸气不要过猛。

③ 嗅闻时，只能对酒吸气，不要呼气。

在嗅闻时按顺序顺次进行，辨别酒的香气和异香，做好记录。再按反顺次进行嗅闻。经反复后，综合几次嗅闻情况，排出质量顺位。嗅闻时，香气突出的排列在前，香气小的、气味不正的排列在后。初步排出顺位后，嗅闻的重点是对香气相近似的酒样进行比对，最后确定质量优劣。

在不同香型混在一起品评时，先分出各编号属于何种香型，而后按香型的顺序依次进行嗅闻。对不能确定香型的酒样，最后综合判定。为确保嗅闻的结果准确，可把酒样滴在手心或手背上，靠手的温度使酒挥发来闻其香气；或把酒倒掉，放置10~15min后嗅闻空杯，这种是确定酱香型白酒空杯留香的唯一方法。

闻香的感官指标是香气是否有愉快的感觉，主体香是否突出、典型，香气强不强，香气的浓淡程度，香气正与不正，是否有异香或邪杂香气，放香的大小。尝评人员根据上述情况酌情扣分。

（3）品尝味 白酒的口味是通过味觉来确定的。先将盛酒样的酒杯端起，吸取少量酒样于口腔内，品尝其味，见图4-5。在品尝要注意：

① 每次入口量要保持一致，以0.2~2.0mL为宜。

② 酒样布满舌面，仔细辨别其味道。

③ 酒样下咽后，立即张口吸气闭口呼气，辨别酒的后味。

图4-5 品尝味

④ 品尝的次数不宜过多，一般不超过 3 次，每次品尝后以茶水漱口，防止味觉疲劳。

品尝要按香型的顺序进行，先从香气小的酒样开始，逐个进行品评。在品评时把异杂味大的异香和暴香的酒样放到最后尝评，以防味觉刺激过大而影响品评结果。

在尝评时按酒样的多少，一般又分为初评、中评和总评三个阶段。

① 初评：一轮酒样闻香时从嗅闻香气小的开始，入口酒样布满舌面，并能下咽少量酒为宜。酒下咽后，可同时吸入少量空气，并立即闭口用鼻腔向外呼气，这样可辨别酒的味道。做好记录，排出初评的口味顺序。

② 中评：重点对初评口味相似的酒样进行认真品尝比较，确定中间酒样口味的顺序。

③ 总评：在中评的基础上，可加大入口量，一方面确定酒的余味，另一方面可对暴香、异香、邪杂味大的酒进行品尝，以便从总的尝评中排列出本次酒的顺位，并写出确切的评语。蒸馏白酒的基本口味有甜、酸、苦、辣、涩等。白酒的味觉感官检验标准应该说是在香气纯正的前提下，口味丰满浓厚、绵软，甘洌、尾味净爽，回味悠长，各味谐调，过酸、过涩、过辣都是酒质不高的标志。评酒员根据尝味后形成的印象来判断优劣，写出评语，给予分数。酒味的评分标准是具备本香型的特色，各味谐调给 48～50 分，有某些缺点酌情扣分。

（4）综合起来看风格　根据色、味、香的鉴评情况，综合判定白酒的典型风格。风格就是风味，也称酒味，是香和味的综合印象。各香型的名优酒都有自己独特的风格，它是酒中各微量香味物质达到一定比例及含量的综合阈值的物理特征的具体表现。具有固有独特的优雅、美好、自然谐调，酒体完美，恰到好处给 15 分，一般的、大众的酌情扣分，偏格的扣 5 分。

3. 示范与技能要点

（1）在观察白酒透明度、有无悬浮物和沉淀物时，要把酒杯拿起来，然后轻轻摇动，使酒液游动后进行观察。

（2）鼻子与酒杯的距离一般控制在 1～3cm。

（二）几种方法尝评训练

1. 药品与仪器

品酒桌、品酒杯、不同品种白酒若干。

2. 尝评训练及技能要点

一般多采用差异品评法，主要有下述几种。

（1）一杯品尝法　先拿出一杯酒样，尝后将酒样取走，然后拿出另外一个酒样，要求尝后做出这两个酒样是否相同的判断。这种方法一般用来训练或者考核评酒员的记忆力（即再现性）和感觉器官的灵敏度。

（2）两杯品尝法 一次拿出两杯酒样，其中有一杯是标准酒，另一杯是酒样，要求品尝出两者的差异。有时两者均可作标准样，并无差异。这种方法用来考核评酒员的准确性。

（3）三杯品尝法 一次拿出三杯酒样，其中有两杯是相同的，要求品尝出哪两杯是相同的，不相同的一杯酒与相同的两杯酒之间的差异，以及差异程度的大小等。此法可测出评酒员的再现性和准确法。

（4）顺位品评法 将几种酒样分别在杯上做好记录，然后要求评酒员按酒度高低或优劣顺序来排列。此法在我国评酒时最常采用，在勾兑调味时常用此法做比较。

（5）秒持值衡定评酒法 就是以秒（s）为单位，把一定量的名优白酒在口腔内保持时间和这种酒中各微量香味成分综合后的物理反应特征、对感官的刺激程度，用数字表示出来的方法。

（6）五字打分法 就是将名优白酒的感官物理特征按香、浓、净、级别、风格的顺序排列，分别用五个数字来代替评语的方法。这样对酒质优劣的评定就有了具体衡量的尺度。

（7）尝评计分法 按尝评酒样的色、香、味、格的差异，以计分表示。我国的第三、第四、第五届评酒会全是采用百分制计分法，即以总分为 100 分，其中色 10 分、香 25 分、味 50 分、风格 15 分。而国外对蒸馏酒采用 20 分制计分法，即总分为 20 分，其中色为 2 分（色泽与透明度分别 1 分），香 8 分，味 10 分。目前国内有的省市考虑到除感官尝评产品质量的优劣外，理化卫生指标的合格与否也不能忽视，所以把理化指标也列入评分项目，这对保证人体健康、加强质量标准的管理有积极的促进作用。一般品尝计分表格见表 4 – 44。

表 4 –44　白酒品尝计分表格

酒样编号	评酒记分				总分 100分	评语	名次
	色 10分	香 25分	味 50分	格 15分			
1							
2							
3							
4							
5							

3. 尝评的意义和作用

（1）在生产中，通过尝评可以及时发现问题，总结经验教训，为进一步改革工艺和提高产品质量提供科学依据。

（2）通过尝评，可以及时确定产品等级，便于分级、分质、分库贮存，同时又可以掌握酒在贮存过程中的变化情况，摸索规律。

（3）尝评也是验收产品、确定质量优劣及控制进出厂酒质量的十分重要和起决定性作用的方法，它也标志着每个酒厂尝评技术水平的高低。

（4）尝评是检验勾兑、调味效果的比较快速和灵敏的好方法，有利于节约时间、节省开支，及时改进勾兑和调味方法，使产品质量稳定。

（5）通过尝评，与同类产品进行比较，可以找出差距，并评选出地方或国家名、优酒，树立榜样，带动同类产品提高质量水平。

（6）尝评还是上级机关和生产领导部门监督产品质量、评选名优产品的手段。

小　结

白酒的品评主要分为明评和暗评两种方法。白酒的品评主要包括色泽、香气、风味和风格四方面，按照眼观其色、鼻闻其香、口尝其味，并综合色、香、味三方面的感官印象，确定其风格的方式来完成尝评的全过程。在白酒的品评中必须遵守相应的规定标准和牢记各种评酒术语。白酒的评酒室、品酒杯对白酒的品评有一定的影响，同时评酒还应按照一定的顺序和效应进行。

关键概念

白酒品评；品评术语；评酒方法与程序；白酒尝评；评酒标准

思考与练习

1. 在观色时具体注意事项是什么？
2. 在嗅闻时有哪些动作要点？
3. 白酒评酒的程序及方法有哪些？
4. 简述在相同 pH 下酒中各种酸的酸味强弱比较。
5. 为什么不能连续多次尝评白酒？
6. 影响白酒尝评结果的因素主要有哪些？

任务三　基酒、调味酒感官分析

一、学习目的

1. 了解基酒的感官质量分析指标。
2. 掌握基酒感官分析的标准和步骤。
3. 了解感官指标评价的前期准备工作。
4. 熟悉调味酒的感官分析步骤。

二、知识要点

1. 基酒的感官分析指标。
2. 基酒感官分析的步骤。
3. 调味酒感官分析的相关注意事项。

三、相关知识

白酒是一种带有嗜好性的酒精饮料，亦是一种食品。对食品的评价，往往在很大程度上要以感官品评为主。白酒的质量指标，除了理化、卫生指标外，还有感官指标。对感官指标的评价，要由评酒员来进行品尝鉴别，所以酒的品评工作是非常重要的。白酒勾兑和调味是白酒生产的最后环节，也是非常重要的环节。图4-6所示为白酒勾兑与调味的工艺流程。

图4-6　白酒勾兑与调味的工艺流程

（一）基酒感官质量分析

基酒的感官质量分析就是评酒员利用自己的感觉器官（视觉、嗅觉和味觉）来鉴别白酒质量优劣的一门检测技术。对白酒质量的鉴评是一看色泽、二闻香气、三尝味道、四定风格的综合判断。

到目前为止，尽管受地区、民族、习惯以及个人爱好和心理等因素的影响，但还没有任何分析仪器能替代人的感官品评。

基酒感官质量分析指标如下：

1. 色泽

酒中具有沉淀物质或有云雾状现象，说明酒中杂质多；如酒液不失光不浑浊，没有悬浮物，说明酒的质量较好。从色泽上看，一般白酒都是无色透明的。也有例外，如贵州的茅台酒，酒液略显黄色，是正常的。

2. 醇厚度

醇厚是对品质好的白酒的感觉，与寡淡意义相反。一般成品白酒中原浆酒使用比例大点、基酒品质好一些、微量成分较高的，口感相对"醇厚绵长"些；而那些使用食用酒精较多的白酒、固液结合白酒或新型白酒，口感就比较"寡淡"。

3. 净爽度

净爽——清爽舒适、纯净谐调、无油脂味、糠味、霉味、腥味、焦煳味及其他杂味。净爽度是基酒品评的一项重要感官指标，无异杂味、爽净是优良基酒的重要象征。消费者非常注重这一点，他们要求喝到嘴里不但绵柔醇甜而且爽口干净，下咽后有舒畅之感。可从几个方面来辨识：净爽舒畅；较净爽；不净爽。

4. 风格

中国白酒在饮料酒中，独具风格，与世界其他国家的白酒相比，我国白酒具有特殊的不可比拟的风味。酒色洁白晶莹、无色透明；香气宜人，五种香型的酒各有特色，香气馥郁、纯净、溢香好，余香不尽；口味醇厚绵柔，甘润清洌，酒体谐调，回味悠久，那爽口尾净、变化无穷的优美味道，给人以极大的欢愉和幸福之感。风格是酒中所有成分的综合体现。要求酒体谐调，具有各类型酒的典型性。

5. 个性

每种产品都要有自家的风格特征，突出自己的个性特点。可从几个方面来辨识：个性悦人突出；个性明显可以接受；个性不明显；难以接受。

针对以上专业化论述，对各香型基酒主要个性赏析如下。

（1）酱香型基酒品评

① 带有馥郁的高温曲香味，酱香、焦香、果香（酯香）、煳香配合协调，以酱香为主，焦香、煳香为辅，且不显露，相互烘托。而差酒则焦香、煳香显露。

② 该酒的酸度较高，口味微酸，细腻悠长。差酒则粗糙，味不够长。

③ 空杯留香久，香气优雅。差酒则空杯差些。

（2）浓香型基酒品评

① 从香气上首先辨别流派，川派窖香浓郁，带陈香味；江淮派则窖香淡

雅，粮糟香突出。

② 辨别是单粮香气还是多粮香气。单粮酒香味较单一，多粮酒香味醇厚馥郁。

③ 好酒绵甜自然舒畅，差酒不是甜味过头就是甜味不突出。

④ 好酒香味协调自然，酿造复合香味好，而新工艺白酒浮香明显，酿造复合香味差，有外加香味，后味刺激感也明显。

⑤ 辨识白酒中的异杂味，主要是泥臭味、糠杂味等。

（3）清香型基酒品评

① 清雅的酿造香气，又类似花的香气，细闻有陈香，没有任何杂香；差酒则带明显的糟糠味。

② 入口绵柔舒顺，不刺激，口味特别净爽；差酒则不自然，且粗糙。

③ 尝过几口以后，甜味渐渐地显露出来。

（4）米香型基酒品评

① 闻香有蜜雅的气味，香有点闷。

② 口味比较短，但很净爽。

③ 好酒带类似极淡极淡的白兰地味道，后味怡畅。差酒则带酒精气味，后味比较刺激。

（5）凤香型基酒的品评

① 闻香以醇香为主，有轻微的类似豌豆蒸熟的糟香，清香味中带淡淡的窖香味。

② 入口有香气往上窜的感觉，有挺拔感。

（6）兼香型基酒的品评

① 酱浓谐调。

② 口味细腻悠长。

③ 各类香味复合统一，口味典雅。

④ 不像浓香型基酒那样娇艳，也不像酱香型基酒那样显酸，窖香淡雅适中，酱香复合感舒适。口味柔顺细腻甘爽。集浓酱之长，品质高雅。

（7）芝麻香型基酒的品评

① 闻香以清香加酱香为主，有明显的焦香味。

② 口味醇厚丰满，焦香突出，新品带类似焙炒的芝麻香味。

③ 口味中略带浓香型基酒的窖香及醇甜感。

（8）药香型基酒的品评

① 香气中带类似霉味及药香和糟香，丁酸乙酯味明显。

② 入口丰满醇厚，稍带丁酸味。

③ 复合香浓郁，味长。

（9）特型基酒的品评

① 集糟香、窖香、甜香及陈香于一体，香气馥郁。

② 口味柔和，醇甜，有黏稠感。

③ 口味中带类似庚酸乙酯的味道。

（10）豉香型基酒的品评

① 闻香有类似油哈喇味，细闻带蜜雅的味道。

② 醇滑柔和，味特别长。

③ 饮后余甘，清爽怡人。

（11）老白干型基酒的品评

① 闻香有醇香及糟香，细闻有类似枣香。

② 醇香清雅，具有乳酸乙酯和乙酸乙酯为主体的自然谐调的复合香气。

③ 酒体谐调，醇厚甘洌，回味悠长。

不论何种白酒，它的香气应该满足以下要求：典型与协调。典型性就是某一类型白酒应具备的与其类型相一致的香气。协调性是指不论何种白酒均应满足香气协调的要求。主体香与溢香的谐调，喷香与留香谐调：前香与后香的谐调等。因此香气质量的好坏直接决定基酒的好坏。

（二）调味酒的感官质量分析

调味酒的感官质量分析就是评酒员（视觉、嗅觉和味觉）鉴别调味酒质量优劣的一门检测技术，对调味酒质量的鉴评是一看色泽、二闻香气、三尝味道、四定风格的综合判定。

在调味酒的感官质量分析中，我们从色泽、醇厚度、净爽度、风格和香气质量等方面进行调味酒的感官质量分析。调味酒一般要具有特香、特浓、特陈、特绵、特甜、特酸、曲香、窖香突出、酯香突出等独特风格。

四、任务实施

（一）基酒感官分析训练

通过此项训练，熟悉基酒的感官指标确定方法，掌握基酒的品鉴等操作技巧。

1. 药品与仪器

品酒桌、品酒杯、不同香型基酒若干、痰盂。

2. 操作步骤

参阅"白酒品评过程"。

3. 示范与技能要点

（1）统一闻嗅动作，使之标准化　鼻子和酒杯的距离要保持一致，一般为 1~3cm，吸气量不要忽大忽小，一般不超过 5s。

（2）统一尝评动作，使之标准化　建议：白酒要布满舌面，鼓动舌头，仔细辨别其味，入口酒液量不要忽大忽小，要保持一致，一般以 0.5mL 为宜。不要嗅尝次数过多、时间过长，要保持一致，一般不超过 10s。

（3）注重第一感觉　因为初品时感官较灵敏，往往较为准确。

（4）先嗅、后尝　鼻子和酒杯的距离要保持一致，一般以 1~3cm 为宜，白酒要布满舌面，鼓动舌头，仔细辨别其味，一般不超过 5s，不要嗅尝次数过多、时间过长。

（5）量要适宜　吸气量和入口酒液量不要忽大忽小，要保持一致，一般以 0.5~1mL 为宜。

（二）调味酒感官质量分析训练

1. 药品与仪器

品酒桌、品酒杯、不同香型基酒若干、痰盂。

2. 操作步骤

通过此项训练，熟悉基酒的感官指标确定方法，掌握基酒的品鉴等操作技巧。

（1）色泽　顾名思义，白酒要求无色清亮透明（酱香型为微黄色），无沉淀，无悬浮物，不失光。可从以下几个方面来辨识。无色清亮透明，微黄清亮透明，黄色稍重，失光或有浅淡的异色，具有悬浮物，浑浊，沉淀，有较重的异色。

（2）香气　轻轻摇动酒杯，然后用鼻闻嗅，记录其香气特征。

（3）口味　喝入少量样品（约2mL）于口中，用味觉器官仔细品尝，记下口味特征。

（4）风格　通过品尝香与味，综合判断是否具有该产品的风格特点，并记录其强、弱程度。

（5）醇厚　调味酒具有典型的风格和鲜明的个性特征，其口感醇重浓厚，注重某一方面的独特感官特点。

（6）净爽度　清爽舒适、纯净谐调，无油脂味、糠味、霉味、腥味、焦煳味及其他杂味，无异杂味是优良调味酒的重要象征。

（7）个性　调味酒通过采用特殊工艺生产或仅经陈酿老熟，具有鲜明的个性特征，其独特的个性用于消除或改善成品酒品质。

3. 注意事项

（1）先嗅、后尝　鼻子和酒杯的距离要保持一致，一般以 1～3cm 为宜，白酒要布满舌面，鼓动舌头，仔细辨别其味，一般不超过 5s，不要嗅尝次数过多、时间过长。

（2）量要适宜　吸气量和入口酒液量不要忽大忽小，要保持一致，一般以 0.5～1mL 为宜。

（3）注意品酒节奏　用温开水或茶水漱口，防止干扰和味觉疲劳。要尽量克服顺序效应、后效应和顺效应。

（4）全面科学　白酒传统品评讲究色、香、味、格的把握，应该对其进一步细化研究，进行特性辨识、个性化把握，从色泽、香气、绵柔、醇甜、净爽、谐调、后味、异杂味（或缺陷）、风格、个性十个方面来把握比较全面科学。

小　结

基酒的感官评价是指利用视觉、嗅觉、触觉、味觉和听觉来测量、分析和解释产品所引起反应的一种科学方法。感官评价包含一系列精确测定人对食品反应的技术，把品牌和一些其他信息对消费者的影响降到最低。

白酒厂家有一套感官检验程序，其中包括色泽、醇厚度、净爽度、风格、个性和香气质量，评酒员合理掌握其标准程序，有助于控制品质和优化产品。

调味酒一般要具有特香、特浓、特陈、特绵、特甜、特酸、曲香、窖香突出、酯香突出等独特风格。使用时利用其独特优点，如特陈、特酸等，达到提高、突出成品酒某一方面的优点，或消除、改善成品酒相应方面不足的目的。

关键概念

基酒；感官检验程序；调味酒；独特风格

思考与练习

1. 根据调味酒感官要求，品鉴中国白酒十二种香型调味酒的区别。

2. 调味酒的感官评价方法有哪些？

3. 调味酒的品鉴步骤分别是哪几步？

4. 调味酒感官评价从几方面阐述？分别是什么？

5. 品评头酒、中部酒、尾酒、调味酒，并从色泽、醇厚度、净爽度、风格、个性和香气质量方面比较差异。

6. 分析感官评价在基酒处理中的意义。

7. 探究如何优化基酒的感官质量。

任务四 成品酒常规物质检测分析

一、学习目的

1. 掌握利用相对密度法测定酒精含量的方法。

2. 了解测定酒精含量的影响因素。

3. 了解白酒中总酸、总酯的种类。

4. 通过学习和技能训练，掌握白酒中总酸测定的原理和方法。

5. 通过技能训练，掌握测定白酒中的总酯的方法。

6. 了解白酒中的总醛的种类及来源，掌握测定白酒中总醛的方法。

7. 掌握测定成品酒中固形物含量的方法。

二、知识要点

1. 白酒测定过程中指示剂的选择与应用。

2. 滴定终点的判断。

3. 成品酒中酒精度、总酸、总酯、总醛及固形物的测定原理及方法。

三、相关知识

1. 成品酒的常规物质

成品酒的常规物质主要包括酒精、固形物等。酒精度又称酒度，是白酒中的乙醇在 20℃时的体积分数，它是白酒的一个重要理化指标，国标规定白酒必须蒸馏后再测定酒精度。由于普通白酒中，除乙醇、水以外，其他成分含量很少，接近于乙醇和水的混合物的组成，而且乙醇含量又比较高，所以不经蒸馏，直接用酒精计测定的结果，其准确度完全可满足国家标准对酒精度指标的要求（标签标注的酒精度 ±1°），但像特型酒这类允许含糖的白酒和有添加物的营养型白酒，则必须经蒸馏后再进行酒精度的测度。

2. 白酒总酸

白酒中的总酸是指白酒中的有机酸，主要包括乙酸、丙酸、己酸、丁酸、乳酸等有机酸类，它们既是白酒中的香气成分又是呈味物质，其种类和含量对白酒的香型和风格有重要影响。

（1）酸的作用　适量的酸可对酒起缓冲作用，酸与醇生成酯，增加酒香，起到助香作用，挥发性较弱的有机酸如乳酸、苹果酸、柠檬酸、琥珀酸等在酒中起到调味解暴的作用，是重要的调味物质。

（2）白酒中总酸测定的方法和基本原理

① 指示剂法：测定白酒中的有机酸，一般采用指示剂法，即以酚酞为指示剂，用氢氧化钠进行中和滴定，以氢氧化钠标准滴定溶液滴定至微红色，即为终点。以消耗氢氧化钠标准滴定溶液的量计算总酸的含量。其反应如下：

$$RCOOH + NaOH \longrightarrow RCOONa + H_2O$$

② 电位滴定法：白酒中的有机酸，以酚酞为指示剂，用氢氧化钠进行中和滴定，当滴定接近等电点时，利用 pH 变化指示终点。

3. 白酒中的酯类

酯是有机酸与醇类在酸性条件下经酯化作用而成的。白酒中的酯类是白酒香味的重要组分，其成分极为复杂，主要包括乙酸乙酯、乳酸乙酯、己酸乙酯、丁酸乙酯，它们占白酒总酯量的90%左右，其种类和量比关系是影响白酒质量和风格的关键。

（1）酯类在酒中的来源　白酒中的各种酯类是白酒的主要香味成分，主要来源于发酵过程中脂肪醇和有机酸经微生物作用产生的酯酶催化，其次在蒸馏和贮存中也能通过化学反应生成酯。

（2）白酒中总酯测定的方法与基本原理

①指示剂法：白酒中总酯的测定常采用指示剂法，是先用碱中和样品中的游离酸，再准确加入一定量的碱，加热回流使酯类皂化，通过消耗碱的量计算出总酯的量，过量的碱用酸滴定。其反应式为：

$$R—COOR + NaOH \longrightarrow R—COONa + ROH$$
$$2NaOH + H_2SO_4 \longrightarrow Na_2SO_4 + 2H_2O$$

用此化学分析法测得的为总酯，常以乙酸乙酯计算。

②电位滴定法：先用碱中和样品中的游离酸，再准确加入一定量的碱，加热回流使酯类皂化，通过消耗碱的量计算出总酯的量，过量的碱用酸滴定，当滴定接近等电点时，利用 pH 指示终点。

4. 白酒中的醛类

白酒中的醛类包括甲醛、乙醛、丁醛、戊醛、糠醛等。它们是发酵过程中醇类的氧化产物。醛类毒性较大，总醛中乙醛含量最大，其沸点比酒精低，蒸馏集中在酒头，并使新酒具有辛辣味。但适量的醛类和醇的缩合物如乙缩醛（二乙氧基乙烷）等是酒中重要的香味成分。白酒中总醛以乙醛计。

白酒中总醛测定的方法如下。

（1）碘量法　醛与亚硫酸氢钠发生加成反应，产生 α - 羟基磺酸钠。过量的亚硫酸氢钠用碘氧化除去。然后加过量碳酸氢钠，使加成物分解，醛重新游离出来，然后用碘标准溶液滴定分解出亚硫酸氢钠。

（2）比色法　醛和亚硫酸品红作用发生加成反应，再经分子重排失去亚硫酸，生成具有醌形结构的紫红色物质，其颜色深浅与醛含量成正比。

5. 白酒固形物

白酒固形物是指白酒经蒸发、烘干后，残留于蒸发皿中的不挥发性物质，包括在此温度下的非挥发性物质、部分难挥发的高沸点物质。其主要成分为盐类物质，主要是由于贮存容器中的金属在酸性环境中氧化成金属氧化物，金属氧化物与白酒中的有机酸反应生成有机盐，及加浆水的硬度大所引起。

白酒中固形物超标还可能与生产过程中使用的香料和添加剂、酒处理方法、过滤设备、酒瓶、生产过程控制不严等因素有关。

四、任务实施

（一）成品酒酒精度的测定

1. 药品与仪器

蒸馏烧瓶、冷凝器、容量瓶、酒精计。

2. 训练内容

酒精度是利用酒精计进行测定，同时校正为20℃时的酒精度。有些酒必须经蒸馏后再进行测量，即以蒸馏法去除样品中的不挥发性物质，用密度瓶法测出试样（酒精水溶液）20℃时的密度，查酒精计温度浓度换算表求得在20℃时乙醇含量（%vol），即为酒精度。

通过此项训练，熟悉成品酒酒精含量的测定方法，掌握相对密度法测定和酒精计法测定的原理。

（1）相对密度法

① 样品制备：吸取100mL酒样，于500mL蒸馏烧瓶中加水100mL和数粒玻璃珠或碎瓷片，装上冷凝器进行蒸馏，以100mL容量瓶接收馏出液（容量瓶浸在冰水浴中）。收集约95mL馏出液后，停止蒸馏，用水稀释至刻度，摇匀备用。

注：原酒样经蒸馏处理，有利于避免酒中固形物和高沸物对酒精含量测定的影响，测出的酒精含量会高一些，高0.15%~0.45%（vol）。同时这种蒸馏方法也容易造成酒精挥发损失和蒸馏回收不完全的负效应，使测定值偏低。所以在固形物不超标的情况下，采用不蒸馏直接测定法。

② 酒精含量测量：同出池醅中酒精含量测定和计算方法。

（2）酒精计法　把蒸出的酒样（或原酒样）倒入洁净、干燥的100mL量筒中，同时测定酒精度及酒液温度，然后换算成20℃时的酒精含量。

（3）技能要点

① 原酒样经蒸馏处理，有利于避免酒中固形物和高沸物对酒精含量测定的影响，测出的酒精含量会略高一些，高 0.15% ~ 0.45% vol。同时这种蒸馏方法也容易造成酒精挥发损失和蒸馏回收不完全的负效应，使测定值偏低。所以在固形物不超标的情况下，采用不蒸馏直接测定法。

② 样品在装瓶前的温度必须低于 20℃，若高于 20℃，恒温时会因液体收缩而使瓶内样品不满，从而产生误差。

③ 当室温高于 20℃ 时，称量过程中会有水蒸气冷凝在密度瓶外壁，而使质量增加，因此要求称量操作非常迅速。为此，可先将密度瓶初称一次，将平衡砝码全部加好，然后将密度瓶用绸布再次擦干，放入天平，迅速读取平衡点刻度。

④ 密度瓶所带温度计，最高刻度为 40℃，干燥时不得放入烘箱或在高于 40℃ 的其他环境中干燥。

⑤ 酒精计要注意保持清洁，因为油污将改变酒精计表面对酒精液浸润的特性，影响表面张力的方向，使读数产生误差。

⑥ 盛样品所用量筒要放在水平的桌面上，使量筒与桌面垂直。不要用手握住量筒，以免样品的局部温度升高。

⑦ 注入样品时要尽量避免搅动，以减少气泡混入。注入样品的量，以放入酒精计后，液面稍低于量筒口为宜。

⑧ 读数前，要仔细观察样品，待气泡消失后再读数。

⑨ 读数时，可先使眼睛稍低于液面，然后慢慢抬高头部，当看到的椭圆形液面变成一直线时，即可读取此直线与酒精计相交处的刻度。

3. 示范要点

（1）相对密度测定法示范操作要点

① 取样的方法：取样量 100mL，取样仪器是移液管。

② 移液管的操作：吸液、调整液面、放液。

③ 溜出液的收集：以 100mL 容量瓶接收馏出液，容量瓶浸在冰水浴中，收集约 95mL 馏出液后，停止收集，用水稀释至刻度，摇匀备用。

（2）酒精计测定法示范操作要点

① 取样的方法：取样量 100mL，取样仪器是移液管。

② 移液管的操作：吸液、调整液面、放液。

③ 酒精计的使用：试样液注入洁净、干燥的量筒，放入洁净、擦干的酒精计，同时插入温度计，读数并换算为 20℃ 时样品的酒精度。

（二）成品酒总酸含量的测定

1. 主要药品

酚酞、氢氧化钠、苯二甲酸氢钾、乙醇。

2. 主要仪器

碱式滴定管、电子天平、烘箱、称量瓶、移液管、容量瓶。

3. 训练内容

通过此项训练，熟悉酸碱滴定的原理，掌握碱式滴定管和终点判定等操作技巧。

（1）1%酚酞指示液配制 称取酚酞1.0g，溶于60mL乙醇中，用水稀释至100mL。

（2）0.1mol/L氢氧化钠标准溶液的配制及标定

① 配制：将氢氧化钠配成饱和溶液，注入塑料瓶中，封闭放置至溶液清亮，使用前虹吸上清液。量取5mL氢氧化钠饱和溶液，注入1000mL不含二氧化碳的水中，摇匀。

② 标定：称取于105～110℃烘至恒重的基准苯二甲酸氢钾0.6g（精确至0.0001g），溶于50mL不含二氧化碳的水中，加入酚酞指示液2滴，以新制备的氢氧化钠溶液滴定至溶液呈微红色为其终点，平行4次，同时做空白实验。

③计算：氢氧化钠标准溶液的摩尔浓度（c）按以下公式计算：

$$c = \frac{m}{(V - V_1) \times 0.2042}$$

式中 c——氢氧化钠标准溶液浓度，mol/L

　　　m——基准苯二甲酸氢钾的质量，g

　　　V——滴定时，消耗氢氧化钠溶液的体积，mL

　　　V_1——空白实验消耗氢氧化钠溶液的体积，mL

0.2042——与1.00mL氢氧化钠标准溶液 ［c（NaOH）＝1.000 mol/L］ 相当
　　　　　的以克（g）表示的苯二甲酸氢钾的质量

4. 白酒中总酸含量的测定操作

（1）取酒样50.0mL于250mL锥形瓶中，加入酚酞指示液2滴；以0.1mol/L氢氧化钠标准溶液滴定至微红色，为其终点，记录消耗标准溶液的体积（V），平行4次。

（2）数据记录与计算

$$x = \frac{c \times V \times 0.0601}{50.0} \times 1000$$

式中 x——酒样中总酸的含量（以乙酸计），g/L

　　　c——氢氧化钠标准溶液浓度，mol/L

V——测定时消耗氢氧化钠标准溶液的体积，mL

0.0601——1.00mL 氢氧化钠标准溶液 $[c(NaOH) = 1.000$ mol/L] 相当的以克（g）表示的乙酸的质量

50.0——取样体积，mL

（3）精度分析　计算极差，要求 4 次平行测定结果的极差/平均值不大于 0.2%，取算术平均结果为报告结果，配制浓度与规定浓度之差不大于 5%。

5. 示范与技能要点

（1）取样的方法　取样量 50mL，取样仪器是移液管。

（2）移液管的操作　吸液、调整液面、放液。

（3）酸式滴定管的操作　注意左手的用法，防止管尖和两侧漏液。

（4）终点判断　待滴定至溶液开始出现微红色时即接近终点，摇匀后红色消失，这时要注意加半滴氢氧化钠充分摇匀，最好每滴半滴间隔 2~3s，滴到溶液呈微红色即为终点。

6. 练习

测定白酒中总酸的含量并完成实验报告。

（三）成品酒总酯含量的测定

1. 主要药品

固体 NaOH、酚酞指示剂、硫酸（或盐酸）标准溶液、白酒。

2. 主要仪器

分析天平、碱式滴定管、容量瓶、移液管、锥形瓶、烧杯、量筒。

3. 训练内容

通过此项训练，熟悉白酒中总酯的种类和测定原理，掌握碱式滴定管和终点判断等操作技巧。

（1）0.1 mol/L NaOH 溶液的配制与标定

① 配制：通过计算求出配制 500mL 0.1/L NaOH 溶液所需的固体 NaOH 的量，在台秤上迅速称出，置于烧杯中，立即用 500mL 水溶解，配制成溶液，贮于具橡皮塞的细口瓶中，充分摇匀。

② 标定：准确移取 2.5mL 硫酸（或盐酸）标准溶液放入 250mL 锥形瓶或烧杯中，加入 2 滴酚酞指示剂，用 NaOH 标准溶液滴定至呈微红色 30s 内不褪，即为终点。3 次测定的相对平均偏差应小于 0.2%，否则应重复测定。

（2）总酯的测定

① 吸取酒样 50.0mL 置于 250mL 锥形瓶中，加入酚酞指示液 2 滴；以 0.1mol/L 氢氧化钠标准溶液滴定至微红色，为其终点，平行 4 次。

② 吸取酒样 50.0mL 置于 250mL 具塞锥形瓶中，加入酚酞指示液 2 滴，以

0.1mol/L 氢氧化钠标准滴定溶液滴定至粉红色（切勿过量），记录消耗氢氧化钠标准溶液的体积数（mL）（也可作为总酸含量计算）。再准确加入 0.1mol/L 氢氧化钠标准溶液 25.0mL，若酒样总酯含量高，可加入 50.0mL，摇匀，装上冷凝管，于沸水浴上回流 0.5h，取下冷却至室温，然后用 0.1mol/L 硫酸标准溶液进行返滴定，使微红色刚好完全消失为其终点，记录消耗 0.1mol/L 硫酸标准溶液的体积，平行 4 次。

③ 数据记录与处理：样品中总酯的含量按下式计算：

$$x = \frac{(c \times 25.0 - c_1 \times V) \times 0.088}{50.0} \times 1000$$

式中　x——酒样中总酯的含量（以乙酸乙酯计），g/L

　　　c——氢氧化钠标准溶液的浓度，mol/L

　25.0——皂化时，加入 0.1mol/L 氢氧化钠标准溶液的体积，mL

　　　c_1——硫酸标准溶液的浓度，mol/L

　　　V——测定时，消耗 0.1mol/L 硫酸标准溶液的体积，mL

　0.088——与 1.00mL 氢氧化钠标准溶液 [c（NaOH）=1.000mol/L] 相当的以克（g）表示的乙酸乙酯的质量

　50.0——取样体积，mL

④ 精度分析：计算极差，要求 4 次平行测定结果的极差/平均值不大于0.2%，取算术平均结果为报告结果，配制浓度与规定浓度之差不大于5%。

4. 技能要点

（1）皂化过程中采用恒温水浴锅100℃，从第一滴冷凝液滴下开始计时，皂化30min，确保皂化充分。

（2）在用硫酸进行返滴定过程中，要保持匀速的滴定速度，过快会使反应不全，且容易过量。

5. 练习

测定白酒中总酯的含量，完成实验报告。

（四）成品酒总醛含量的测定

1. 主要药品

（1）0.10mol/L 盐酸溶液：8.4mL 浓盐酸稀释至 1L。

（2）12g/L 亚硫酸氢钠溶液。

（3）1mol/L 碳酸氢钠溶液。

（4）碘标准液 c（1/2 I_2）=0.1mol/L：称取 12.8g 碘、40g 碘化钾于研钵中，加少量水研磨至溶解，用水稀释至 1L，贮存于棕色瓶中。

（5）碘标准使用液 c（1/2I_2）= 0.1mol/L：取 0.1mol/L 碘标准溶液

500mL 用水定容至 1L，贮存于棕色瓶中。

（6）1% 淀粉指示剂。

（7）碱性品红亚硫酸显色剂。

（8）1g/L 醛标准溶液。

2. 主要仪器

分光光度计、碘量瓶、滴定管。

3. 训练内容

通过此项训练，熟悉白酒中总醛的测定方法，掌握分光光度计的使用技巧。

（1）碘量法

① 测定方法：吸取酒样 25.0mL 于 250mL 碘量瓶中，加亚硫酸氢钠溶液 25mL、0.1mol/L 盐酸溶液 10mL，摇匀，于暗处放置 1h。取出后用少量水冲洗瓶塞，以 0.1mol/L 碘液滴定，接近终点时，加淀粉指示剂 1mL，改用 0.05mol/L 碘标准使用液滴定到淡蓝紫色出现（不计数）。加 1mol/L 碳酸氢钠溶液 30mL，微开瓶塞，摇荡 0.5min（溶液无色），用 0.05mol/L 碘标准使用液释放出的亚硫酸氢钠至蓝紫色为终点，消耗体积 V，平行 4 次。

同时做空白实验，消耗体积为 V_0。

② 计算

$$X = \frac{(V - V_0) \times c \times 0.022}{25} \times 1000$$

式中　X——酒样中醛的含量（以乙醛计），g/L

　　　V——酒样中消耗碘标准使用液的体积，mL

　　　V_0——空白样消耗碘标准使用液的体积，mL

　　　c——与碘标准使用液的浓度 $[c(1/2I_2) = 1.000\text{mol/L}]$ 相当的以克 (g) 表示的乙醛的质量，g

　　　25——取样体积，mL

（2）比色法

① 分析步骤：吸取酒样和醛标准系列溶液各 2mL，分别注入 25mL 具塞比色管中，加水 5mL、显色剂 2.00mL，加塞摇匀，在室温（应不低于 20℃）放置 20min 显色后比色。

用 2cm 比色杯，于 555nm 波长处，以试剂空白（零管）调零，测定吸光度。绘制标准曲线，或用目测法比较。

② 计算

$$X = \frac{m}{V \times 1000} \times 1000$$

式中 X——酒样中总醛（以乙酸计）的含量，g/L

      m——测定试样中的醛量，mg

      V——取样体积，mL

（3）注意事项

① 乙醛的水溶液与亚硫酸氢钠的反应比较彻底，乙醛在（水 + 乙醇）体系中与 $NaHSO_3$ 的反应不完全。

② 当加入 $NaHSO_3$ 的量增加 1 倍时，反映醛含量测定准确度的回收率提高约 5%。

③ 通过增加亚硫酸氢钠溶液的加入量，能够提高酒样总醛含量测定的准确度，能防止发生因亚硫酸氢钠加入量不足导致的总醛含量超标却检验合格的错误。

（五）成品酒中固形物含量的测定

成品酒经蒸发、烘干后，不挥发物质即为固形物。

1. 药品与仪器

移液管、蒸发皿、干燥器、烘箱。

2. 训练内容

通过此项训练，熟悉白酒固形物含量的测定方法。

（1）测定步骤   吸取酒样 50mL，注入已烘至恒重的 100mL 瓷蒸发皿中，于沸水浴上蒸发干。然后于 100 ~ 105℃烘箱内干燥 2h。取出置于干燥器内冷却 30min 后称量。再烘 1h，于干燥器内冷却 30min 后称量。反复上述操作，直至恒重。

（2）计算   固形物含量的计算公式如下：

$$固形物含量（g/L） = （m - m_1） \times （1/50） \times 1000$$

式中 m——固形物和蒸发皿的质量，g

      m_1——蒸发皿的质量，g

      50——取样体积，mL

（3）技能要点

① 蒸发皿的洗涤是一项很重要的操作。蒸发皿洗得是否合格，会直接影响固形物分析结果的可靠性与准确度。选择合适的刷子，蘸水（或根据情况使用洗涤剂）刷洗，洗去灰尘和可溶性物质，用洁净的镊子夹住蒸发皿，先反复刷洗，然后边刷边用自来水冲洗，当倾去自来水后，达到蒸发皿上不挂水珠，则用少量蒸馏水或去离子水分多次（最少 3 次）冲洗，洗去所沾的自来水，干燥后使用。

② 分析天平是准确称量物质必不可少的仪器。称量前要校准天平，检查天

平称盘是否干净，称量速度要快、稳，取数据要准。

③ 电热恒温箱内要保持整洁，蒸发皿放入烘箱内，不要和试剂同时烘，否则可能延长烘干时间，甚至引起样品变化。

④ 电热恒温箱温度控制在恒温（103±2）℃，可防止因温度偏低而使固形物含量偏高，温度偏高使固形物含量偏低的问题，同时也保证了检测结果的平行性及恒重的要求。

⑤ 电热恒温水浴锅水箱要定期刷洗，箱内加入足够量的蒸馏水，一定不要加自来水，因为自来水含有杂质，蒸发皿置于沸水浴上蒸发时，水箱内水沸腾会附在蒸发皿的底部引起固形物检测结果偏高。

⑥ 蒸发皿取出后置于干燥器内冷却时，干燥器内变色硅胶要呈天蓝色，磁板要无灰尘。

⑦ 在检测固形物的操作过程中，操作者在取用蒸发皿时，一定要使用摄子，忌用手直接拿取，否则会影响固形物的检测结果。

小　结

白酒酒精度检测主要采用相对密度法和酒精计法，目前运用最广泛的是酒精计法。

采用指示剂法测定白酒中的有机酸是一种快速、简单、有效的方法，即以酚酞为指示剂，采用氢氧化钠进行中和滴定，以氢氧化钠标准滴定溶液滴定至微红色，即为终点。记录消耗氢氧化钠标准滴定溶液的量，计算总酸的含量。

常采用指示剂法测定白酒中总酯的含量，即先用碱中和样品中的游离酸，再准确加入一定量的碱，加热回流使酯类皂化，通过消耗碱的量计算出总酯的量。

白酒中的总醛是发酵过程中醇类的氧化产物，常采用碘量法或比色法进行测定。

成品酒经蒸发、烘干后，不挥发物质即为固形物。

关键概念

相对密度法；酒精计法；总酸；总酯；总醛；固形物

考核与评价

参照附录"白酒分析与检测实验员考核与评价标准"。

✐ 思考与练习

1. 运用酒精计法测量白酒酒精度时应注意哪些事项？
2. 指示剂法测定白酒中的有机酸，为什么要加酚酞作为指示剂？
3. 终点判断的时候，为什么要半滴滴加氢氧化钠并充分摇匀？
4. 配制氢氧化钠标准溶液时，为什么不直接称量一定质量的氢氧化钠然后溶解到一定体积，而是先配好饱和氢氧化钠溶液，再取一定体积稀释得到？
5. 白酒中总酯的测定实验需不需要做空白实验？为什么？
6. 终点判断的要点有哪些？
7. 测定总酯时配制和标定氢氧化钠溶液，与测定总酸时有什么区别？为什么？
8. 比色法测定总醛的方法与步骤有哪些？
9. 白酒固形物的测定步骤有哪些？

任务五　成品酒中其他物质的检测分析

一、学习目的

1. 了解白酒中的芳香族化合物种类及其作用。
2. 掌握测定白酒中芳香族化合物的方法。
3. 了解白酒中乙酸乙酯的作用及来源。
4. 掌握白酒中乙酸乙酯的测定方法。
5. 了解白酒中糠醛的测定原理。
6. 掌握白酒中糠醛的测定方法。

二、知识要点

1. 白酒中的芳香族化合物种类及其作用。
2. 测定白酒中芳香族化合物的原理和方法。
3. 白酒中的乙酸乙酯的来源及其作用。
4. 测定白酒中乙酸乙酯的原理和方法。
5. 白酒中的糠醛的来源及其作用。
6. 测定白酒中糠醛的原理和方法。

三、相关知识

1. 白酒中的芳香族化合物的种类与来源

芳香族化合物是一种碳环化合物，是苯及其衍生物的总称。白酒中含有较多的芳香族化合物，主要包括香草酸、阿魏酸、香草醛、4 – 乙基愈创木酚等。

芳香族化合物主要来源于原料中的单宁、木质素、蛋白质等的分解物参与生成的芳香族化合物，甚至部分芳香化合物还来自于泥炭。例如，酪醇是酵母将酪氨酸加水脱氨而生成的，其沸点为 310℃，有愉快的芳香味，但含量高时微苦。小麦中含有大量的阿魏酸、香草酸和香草醛，在用小麦制曲时，经过微生物作用而生成大量的香草酸及少量的香草醛。酿酒时，大曲经过酵母作用后部分香草酸又生成 4 – 乙基愈创木酚。阿魏酸经过酵母及细菌作用后也生成 4 – 乙基愈创木酚和部分香草醛。香草醛经过酵母及细菌作用后也能生成 4 – 乙基愈创木酚，进而增加浓香型白酒的醇厚度和回味。适量的单宁可生成丁香酸、丁香醛等芳香族化合物。

2. 紫外 – 可见分光光度法测定芳香族化合物的基本原理

白酒中的苯型芳香族化合物在紫外区有特征吸收光谱，从而可用来进行有机物的鉴定及结构分析（主要用于鉴定有机物的官能团）。

3. 色谱分析法测定白酒中有机物的原理

色谱法是一种分离技术。气相色谱法是采用气体（常用氮气、氢气等自身不与被测组分发生反应的气体）作为流动相的一种色谱法。当流动相携带欲分离的混合物流经固定相时，由于混合物中各组分的性质不同，与固定相作用的程度也有所不同，因而组分在两相间具有不同的分配系数，经过相当多次的分配之后，各组分在固定相中的滞留时间有长有短，从而使各组分依次流出色谱柱而得到分离。根据色谱组分的出峰时间（保留值），可进行色谱定性分析；而峰面积或峰高则与组分的含量有关，可用以进行色谱定量分析。

清香型白酒需要测定乙酸乙酯含量，浓香型白酒需测定己酸乙酯含量。测定采用气相色谱法，色谱柱为 DNP 混合柱，使用氢火焰离子化检测器，内标法定量。白酒中的己酸乙酯、乳酸乙酯、丁酸乙酯、正丙醇等成分均采用气相色谱法测定，由于此方法简单迅速，在白酒分析中运用广泛。

4. 比色法测定糠醛

白酒中糠醛由多缩戊糖热分解生成，也是香味成分之一，在酱香型、芝麻香型酒中含量较高。糠醛与盐酸苯胺反应生成樱桃红色物质，用比色法测定。首先苯胺与盐酸反应生成盐酸苯胺，然后再与糠醛反应，脱水后呈色。

四、任务实施

（一）白酒中芳香族化合物的测定

1. 主要药品

萘、乙醇溶液、苯酚、环己烷。

2. 主要仪器

752 型光栅紫外 – 可见分光光度计、1cm 石英皿。

3. 训练内容

通过此项训练，熟悉白酒中芳香族化合物的测定方法，掌握分光光度计的操作技巧。

（1）未知物鉴定（苯酚）　取约 0.1mg 的苯酚晶体，溶于 5 ~ 10mL 环己烷中。

以环己烷为参比，用 1cm 石英比色皿测定 215 ~ 290nm 波长的吸收光谱。注意：每隔 0.2nm 测定一个点，其中波峰处 0.1nm 测一个点，所有波长处测定前都应先以参比调整零点。

（2）萘的测定　以无水乙醇为参比溶液，用 1cm 石英皿对浓度为 1μg/mL 的萘乙醇溶液测其在 210 ~ 230nm 的紫外区间的吸收光谱（间隔 2nm），准确找出最大吸收峰位置。

用 10mL 容量瓶 6 支，分别配制 0.2μg/mL、0.4μg/mL、0.6μg/mL、0.8μg/mL、1.0μg/mL、1.5μg/mL 的萘标准溶液各 10mL。

在最大吸收波长处分别测定各标准溶液的吸光度，浓度由低向高记录所测定的吸光度。

测定未知样品的吸光度，注意测定条件应与标准一致。

（3）实验数据及处理

① 未知物的鉴定：记录不同波长及相应吸光度数据，绘制吸收曲线，并与标准吸收光谱进行比较，以确定未知物的成分。

② 萘的定量分析：记录萘 – 乙醇溶液的波长 – 吸光度数据，绘制萘的吸收光谱，确定最大吸收峰波长。

记录萘系列标准溶液及未知试样的吸光度数据，绘制萘 – 乙醇标准溶液的标准工作曲线，由标准曲线查得样品的浓度。

（4）练习

① 未知物鉴定（苯酚）。

② 萘的测定。

（二）白酒中乙酸乙酯含量测定

1. 主要药品

2%（体积分数）乙酸乙酯（或己酸乙酯）、50%（体积分数）乙醇溶液。

2. 主要仪器

气相色谱仪、氢火焰离子化检测器。

3. 训练内容

通过此项训练，熟悉乙酸乙酯和己酸乙酯的测定方法，掌握气相色谱的操作技术。

（1）校正系数的测定 吸取 1mL 2%（体积分数）标准溶液及 1mL 2%（体积分数）内标溶液，用 50% 乙醇稀释定容至 50mL，进样分析。其计算公式如下：

$$f = \frac{A_2}{A_1} \times \frac{d_2}{d_1}$$

式中　f——乙酸乙酯（或己酸乙酯）校正系数

　　　A_1——内标峰面积

　　　A_2——乙酸乙酯（或己酸乙酯）峰面积

　　　d_1——内标物相对密度

　　　d_2——乙酸乙酯（或己酸乙酯）相对密度

（2）酒样测定 吸取 10mL 酒样，加 0.2mL 2%（体积分数）内标溶液，摇匀，进样分析。

（3）计算

$$c = f \times \frac{A_3}{A_4} \times 0.352$$

式中　c——酒样中乙酸乙酯（或己酸乙酯）的含量，g/L

　　　f——校正系数

　　　A_3——乙酸乙酯（或己酸乙酯）峰面积

　　　A_4——内标峰面积

　0.352——酒样中添加的内标量，g/L

（4）技能要点

① 使用气相色谱时氢气发生器液位不得过高或过低。

② 空气源每次使用后必须进行放水操作。

③ 进样操作要迅速，每次操作要保持一致。

④ 使用完毕后须在记录本上记录使用情况。

⑤ 乙酸乙酯与己酸乙酯含量的回收率分别在 94.3% ~98.9% 时较为准确。

（三）白酒中糠醛含量的测定

1. 主要药品

（1）相对密度为 1.125 的 HCl 溶液　取浓盐酸 350mL，用水稀释至 500mL。

（2）苯胺应为无色，否则重新蒸馏，收集沸点为 184℃ 的馏出物，贮于棕色瓶中。

（3）酒精体积分数为 50% 的酒精溶液。

（4）糠醛标准溶液　糠醛易氧化变成黑色，需重新蒸馏，收集沸点为 162℃ 的馏出液，于棕色瓶中保存。吸取 0.87mL 新蒸馏的糠醛，用 50% 的酒精定容至 100mL，1mL 含 10mg 糠醛。

（5）糠醛标准使用液　吸取 1mL 糠醛标准溶液，用 50% 的酒精稀释至 100mL，1mL 含糠醛 100μg。

2. 主要仪器

7220 型分光光度计（附 1cm 液槽 4 个）、50mL 比色管、移液管。

3. 训练内容

通过此项训练，熟悉白酒中糠醛的测定方法，掌握比色法测定操作步骤。

（1）标准系列管制备　取 6 支 50mL 比色管，分别加入糠醛标准使用液 0.0mL、0.1mL、0.2mL、0.3mL、0.4mL、0.5mL，用 50% 的酒精稀释至 25mL。其糠醛含量分别为 0μg、10μg、20μg、30μg、40μg、50μg。

（2）试样制备　糠醛与盐酸苯胺呈色反应的灵敏度与酒精含量有关，故试样管的酒精含量应与标准系列保持一致。当酒样酒精含量大于 50% 时，应用水先稀释至 50%，酒样体积计算如下：

$$V = \frac{10 \times 50}{\varphi}$$

式中　V——吸取酒样体积，mL

　　　10——将酒样稀释至 10mL

　　　50——酒样稀释后的酒精体积分数，%

　　　φ——酒样的酒精体积分数，%

测定时取 VmL 酒样加水稀释至 10mL。若酒样的酒精体积分数低于 50% 时，则取一定量酒样加 95% 酒精，使试样的酒精体积分数达到 50%。若原酒样的酒精体积分数为 35%，则酒样体积 V' 计算式如下：

$$10 \times 50 = 35 \times V' + 95 (10 - V')$$

$$V' = \frac{950 - 500}{95 - 35} = 7.5 \ (\text{mL})$$

测定时取 V'mL 酒样，用 95% 的酒精定容至 10mL。根据酒样的酒精体积分数取 V（或 V'mL）于 50mL 比色管中，用水稀释至 10mL。再加 15mL 50% 的酒精溶液，使总体积为 25mL。

（3）显色测定　在标准系列和试样制备液中，各加 1mL 苯胺、0.25mL 相对密度为 1.125 的盐酸溶液，加盖，摇匀。在室温（不低于 20℃）条件下显色 20min，用分光光度计和 1cm 比色皿，在 510nm 波长条件下，以标准系列中的零管为空白测定吸光度，绘制标准曲线，求得酒样中的糠醛含量。也可用目测法将试样与标准系列进行比较。

（4）数据及处理

$$糠醛含量(mg/g) = \frac{m}{V}$$

式中　m——试样管中糠醛质量（与标准系列色泽相当），μg

　　　V——酒样体积，mL

小　结

白酒中芳香族化合物主要包括香草酸、阿魏酸、香草醛、4 - 乙基愈创木酚等。常采用紫外分光光度法对芳香族化合物进行定性和定量的检测。

常采用色谱法快速测定白酒中乙酸乙酯的含量，乙酸乙酯是清香型白酒的主要香味物质。

常采用比色法测定白酒中糠醛的含量，白酒中的糠醛由多缩戊糖热分解生成，也是香味成分之一。

关键概念

芳香族化合物；紫外分光光度法；气相色谱；比色法

考核与评价

参照附录"白酒分析与检测实验员考核与评价标准"。

思考与练习

1. 应用 752 型紫外分光光度计绘制有机物的紫外吸收光谱时，为什么每改变一次测量波长，均应重新用参比溶液调整一次零点？

2. 比较普通分光光度计与自动记录型分光光度计在结构上的异同点。

3. 气相色谱的测定原理与方法是什么？

4. 乙酸乙酯测定时的注意事项有哪些?

5. 比色法测定糖醛的原理与方法是什么?

6. 糖醛测定时的注意事项有哪些?

任务六　成品白酒卫生指标相关物质测定

一、学习目的

1. 掌握白酒杂醇油的意义及测定方法。

2. 掌握制作无杂醇油酒精和杂醇油标准使用液的方法。

3. 了解试样中乙醛含量过高的处理办法。

4. 掌握成品酒中锰含量测定时使用分光光度计法的原理。

5. 了解测定锰含量时进行湿法消化的原理。

二、知识要点

1. 成品白酒的卫生指标。

2. 杂醇油的测定原理和方法。

3. 甲醇、铅、锰的测定方法及原理。

三、相关知识

成品白酒的卫生指标检测主要包括杂醇油、甲醇、铅、锰等,见表4－45。

表4－45　白酒卫生标准理化指标

项　目	指　标
甲醇/（g/100mL）	
以谷类为原料者	≤0.04
以薯干及代用品为原料者	≤0.12
杂醇油（g/100mL）（以异丁醇与异戊醇计）	≤0.20
氧化物/（mg/L）（以 HCN 计）	
以木薯为原料者	≤5
代用品为原料者	≤2
铅/（mg/L）（以 Pb 计）	≤1
锰（mg/L）（以 Mn 计）	≤2

甲醇和乙醇（即酒精）虽同属脂肪醇，结构上仅有一碳之差，但其毒性却大相径庭。甲醇是有着严重毒性的有机化合物，少量饮用后轻则失明，重则致死。甲醇加水稀释后与酒精有相近的气味，且售价远低于食用酒精，严格地说，甲醇兑的产品纯属毒液。饮料酒（包含各种蒸馏酒及发酵酒）都含有极微量的甲醇，白酒自然也不例外。国家标准规定，以谷类为原料的白酒中甲醇含量不得超过 0.04g/100mL（折成酒精度为60% vol 计，下同），以薯干及代用品为原料的白酒中甲醇含量不得超过 0.12g/100mL。事实上，只要按正常酿造工艺组织生产，即使是普通白酒，甲醇含量也不至于超过这一限量标准。

杂醇油是由酿酒原料所含的氨基酸与糖类在发酵过程中经一系列的生化反应而生成的，其构成部分有各自的香气与口味，其总量及各种醇类的含量比例直接左右着白酒的风味，因此白酒中不能没有杂醇油。但是杂醇油的含量不可过高，大量的杂醇油将导致人头疼、头晕，它在人体内氧化分解的速度较慢，毒性较乙醇强，且随碳数的增加呈加剧的趋势。因此，白酒中杂醇油的含量应严格控制在国家标准规定的范围内——酒精度60% vol 的蒸馏酒的杂醇油含量应不超过 0.20/100mL（以异丁醇与异戊醇计）。

白酒中杂醇油的测定方法有比色法和气相色谱法，用气相色谱法测定的杂醇油含量是以异丁醇和异戊醇含量之和表示的。

（1）比色法　杂醇油的测定是基于脱水剂浓硫酸存在下生成烯类，与芳香醛缩合成有色物质，以比色法测定。显色剂采用对二甲氨基苯甲醛，它对不同醇类显色程度是不一致的，其显色灵敏度为异丁醇＞异戊醇＞正戊醇，而正丙醇、正丁醇、异丙醇等显色灵敏度极弱。作为卫生指标的杂醇油是指异丁醇和异戊醇的含量，标准杂醇油采用异丁醇与异戊醇（1:4）的混合液。

（2）气相色谱法　杂醇油测定采用气相色谱法，使用氢火焰离子化鉴定器，内标法定量。

铅是一种毒性很强的重金属，直接摄入少量即可中毒，20g 可致人死亡。由于铅在人体骨骼中有蓄积作用，且可移入血液而导致慢性中毒的急性发作，因此，即使是微量的铅也不容忽视。国标规定，60 度蒸馏酒的铅含量不得超过 1mg/L（以 Pb 计）。

锰是酒类食品卫生必控指标之一，酒中锰的来源主要是酒基的除杂脱臭，酒中锰残留过多，会导致人体受到损害。当前锰的分析方法主要是比色法（火焰法）。

四、任务实施

（一）成品酒中甲醇含量的测定

成品酒中甲醇含量的测定目前主要用比色法和气相色谱法。比色法测定又分为亚硫酸品红比色法测定和变色酸比色法测定两种。

（1）亚硫酸品红比色法　甲醇在磷酸介质中被高锰酸钾氧化为甲醛，过量的高锰酸钾被草酸还原，所生产的甲醛与亚硫酸品红反应，生成醌式结构的蓝紫色化合物。

（2）变色酸比色法测定　甲醇被高锰酸钾氧化成甲醛，过量高锰酸钾用偏重亚硫酸钠（$Na_2S_2O_5$）除去，甲醛与变色酸在浓硫酸存在下，先缩合，随之氧化，生成对醌结构的蓝紫色化合物，比色测定。

（3）气相色谱法　采用气相色谱法，使用氢火焰离子化鉴定器，内标法定量。根据甲醇组分在 DNP 填充柱等温分离分析中，能够在乙醇峰前流出一个尖峰，其峰面积与甲醇含量具有线性关系，因此可用内标法予以定量分析。

1. 药品与仪器

（1）主要药品　白酒样品、高锰酸钾－磷酸溶液、草酸－硫酸溶液、亚硫酸品红溶液、甲醇标准溶液、甲醇标准使用液、无甲醇酒精、100g/L 偏重亚硫酸钠溶液、变色酸显色剂、2%（体积分数）甲醇标准溶液。

（2）主要仪器　水浴锅、可见分光光度计、气相色谱仪、移液管、烧杯。

2. 训练内容

通过此项训练，熟悉白酒中甲醇的测定方法，掌握比色法、气相色谱法等操作技巧。

（1）亚硫酸品红比色法

①试样：根据酒中酒精浓度适当取样（体积分数，30% 取 1.0mL，40% 取 0.8mL，50% 取 0.6mL，60% 取 0.5mL）置于 25mL 比色管中，加水稀释至 5mL，以下操作同标准曲线绘制，测定吸光度，并从标准曲线求得甲醇含量（mg）。

② 标准曲线的绘制：取 6 支 10mL 比色管，分别加入甲醇标准使用液 0.0mL、0.2mL、0.4mL、0.6mL、0.8mL、1.0mL，各加入 0.5mL 60% 无甲醇酒精溶液，分别补水至 5mL。

于试样管和标准管中各加 2mL 高锰酸钾－磷酸溶液，混匀，放置 10min。各加 2mL 草酸－硫酸溶液，混匀，使之褪色。再各加 5mL 亚硫酸品红溶液，混匀，于室温（应在 20~40℃）静置反应 30min。用 1cm 或 2cm 比色皿，于波长 590nm 处测吸光度，绘制标准曲线（低浓度甲醛不成直线关系）。

③ 计算

$$甲醇（g/L）= m \times \frac{1}{V} \times \frac{1}{1000} \times 1000$$

式中　m——试样管中甲醇的质量，mg

　　　　V——吸取酒样体积，mL

④ 完成实验并做实验报告。

（2）变色酸比色法

① 测定步骤：标准系列管与样品管的制备同亚硫酸品红比色法。根据样品中的甲醇含量，选择 4~5 个不同浓度的甲醇标准使用液各 2mL，分别置入 25mL 比色管中。

在样品管和标准系列管中各加高锰酸钾–磷酸溶液 1mL，放置 15min。加 100g/L 的偏重亚硫酸钠 0.6mL，使其脱色。在外加冰水冷却的情况下，沿管壁加变色酸显色剂 10mL，摇匀，置于（70±1）℃水浴中 20min 后，取出冷却 10min。立即用 1cm 比色皿在 570mn 波长处测定吸光度，绘制标准曲线（呈直线关系）。

② 计算：同亚硫酸品红比色法中的计算步骤。

（3）气相色谱法

① 校正系数测定：吸取 1mL 2%（体积分数）甲醇标准溶液，置于 50mL 容量瓶中，加 1mL 2%（体积分数）内标溶液，用 60%（体积分数）乙醇稀释定容至 50mL。在一定的色谱条件下进样分析，求得甲醇与内标峰高或峰面积。

校正系数公式如下：

$$f = \frac{A_1}{A_2} \times \frac{d_2}{d_1}$$

式中　f——甲醇校正系数

A_1——内标峰高或峰面积

A_2——甲醇峰高或峰面积

d_1——内标相对密度

d_2——甲醇相对密度

② 样品测定：吸取 10mL 酒样，置入 10mL 容量瓶中，加 0.2mL 2%（体积分数）内标溶液，与 f 值测定相同条件下进样分析，求得甲醇与内标峰高或峰面积。

③ 计算

$$c = f \times \frac{A_3}{A_4} \times I$$

式中　c——样品中的甲醇含量，g/L

f——甲醇校正系数

A_3——样品中的甲醇峰高或峰面积

A_4——添加于酒样中的内标峰高或峰面积

I——添加于酒样中的内标的质量浓度，0.352g/L

（4）注意事项

① 当试样加入草酸－硫酸溶液时褪色放出热量，温度升高，此时需适当冷却，才能加入亚硫酸品红溶液。

② 试样显色时酸度过低，甲醛和亚硫酸显色就不完全，酸度过高反而会降低显色的灵敏度。

③ 在配制草酸－硫酸溶液时，所称取的草酸量一定要准确，如果过量溶液浓度过高，过剩的草酸将亚硫酸品红还原而成红色；反之，就不能使溶液褪色。

④ 试剂碱性品红的称取量不可过量，否则褪色困难。

⑤ 甲醇显色灵敏度与乙醇浓度有密切的关系，试样显色灵敏度随乙醇的浓度改变而改变，乙醇浓度越高，甲醇显色灵敏度越低。当乙醇浓度在50% ~ 60%，甲醇显色较灵敏。故在操作中试样管与标准管显色时乙醇浓度应严格控制一致。

⑥ 酒中的醛类以及经高锰酸钾氧化其他醇生成的醛（乙醛、丙醛等），与亚硫酸品红作用也显色。但是在一定浓度的硫酸酸性下，除甲醛可以形成经久不变的紫色外，其他醛所形成的色泽会慢慢消褪。因此必须严格遵守显色半小时后，测定吸光度的规程。

⑦ 检测所用的不同规格的吸管必须校准使用。

（二）成品酒中杂醇油含量的测定

1. 药品与仪器

（1）主要药品　5g/L 对二甲氨基苯甲醛硫酸溶液、无杂醇油酒精、杂醇油标准溶液、2%（体积分数）异丁醇标准溶液、2%（体积分数）异戊醇标准溶液、2%（体积分数）乙酸正丁酯（或乙酸正戊酯）标准溶液。

（2）主要仪器　比色管、可见分光光度计、气相色谱仪、容量瓶、移液管、烧杯。

2. 训练内容

通过此项训练，熟悉杂醇油的测定方法，掌握气相色谱仪、分光光度计等仪器的操作技巧。

（1）比色法

① 测定步骤：标准曲线的绘制：取 6 支 10mL 比色管，分别吸取 0.0mL、0.1mL、0.2mL、0.3mL、0.4mL、0.5mL 杂醇油标准使用液，分别补水至 1mL。放入冰浴中，沿管壁加入 2mL 5g/L 对二甲氨基苯甲醛硫酸溶液，摇匀，放入沸水浴中加热 15min 后取出，立即冷却，并各加入 2mL 水，混匀，冷却。于波长 520nm 处，1cm 比色皿测吸光度，绘制标准曲线。

　　吸取 1mL 酒样于 10mL 容量瓶中，加水稀释至刻度。混匀后吸取 0.3mL 置于 10mL 比色管中。同标准系列管一起操作测定吸光度。查标准曲线求得试样中的杂醇油含量（mg）。

　　② 计算

$$杂醇油含量(g/L) = m \times \frac{1}{V_2} \times 10 \times \frac{1}{V_1} \times \frac{1}{1000} \times 1000$$

式中　m——试样稀释液中的杂醇油质量，mg

　　　V_2——测定时吸取的稀释酒样体积，mL

　　　10——稀释酒样的总体积，mL

　　　V_1——吸取酒样的体积，mL

　　（2）气相色谱法

　　① 校正系数测定：吸取 1mL 2%（体积分数）异丁醇标准溶液、1mL 2%（体积分数）异戊醇标准溶液，置于 50mL 容量瓶中，加 1mL 2%（体积分数）内标溶液（DNP 柱内标为乙酸正丁酯，PEG 柱内标为乙酸正戊酯），用 60%（体积分数）乙醇稀释定容至 50mL。在一定的色谱条件下进样分析，求得异丁醇、异戊醇、内标峰高或峰面积，分别求得异丁醇与异戊醇校正系数。

　　校正系数计算：

$$f = \frac{A_1}{A_2} \times \frac{d_2}{d_1}$$

式中　f——异丁醇或异戊醇校正系数

　　　A_1——内标峰高或峰面积

　　　A_2——异丁醇或异戊醇峰高或峰面积

　　　d_1——内标相对密度

　　　d_2——异丁醇或异戊醇相对密度

　　② 样品测定：吸取 10mL 酒样，置于 10mL 容量瓶中，加 0.2mL 2%（体积分数）内标溶液，与 f 值测定相同条件下进样分析，求得异丁醇、异戊醇、内标峰高或峰面积。

　　③ 计算

$$c = f \times \frac{A_3}{A_4} \times I$$

式中　c——样品中异丁醇或异戊醇含量，g/L

　　　f——异丁醇或异戊醇校正系数

　　　A_3——样品中异丁醇或异戊醇峰高或峰面积

　　　A_4——添加于酒样中的内标峰高或峰面积

　　　I——添加于酒样中内标的质量浓度，0.352g/L

　　杂醇油含量以异丁醇与异戊醇含量之和表示。

（3）注意事项

① 若酒中乙醛含量过高对显色有干扰，则应进行预处理：取 50mL 酒样加 0.25g 盐酸间苯二胺，煮沸回流 1h，蒸馏，用 50mL 容量瓶接收馏出液，馏至瓶中尚余 10mL 左右时加水 10mL，继续蒸馏至馏出液为 50mL 止。馏出液即为供试酒样。

② 酒中杂醇油成分极为复杂，故用某一醇类以固定比例作为标准计算杂醇油含量时，误差较大，准确的测定方法应用气相色谱法定量。

（三）成品酒中铅含量的测定

成品酒中铅含量的测定主要有双硫腙比色法和原子吸收分光光度法两种。

双硫腙比色法：酒样经消化后，在 pH8.5～9.0 条件下，铅离子与双硫腙作用生产红色络合物。该络合物溶于三氯甲烷，与标准系列进行比较定量。

原子吸收分光光度法：酒样直接导入原子吸收分光光度计中，原子化后，吸收 283.3nm 共振线，其吸收值与铅含量成正比，可与标准系列比较定量。

1. 药品与仪器

（1）主要药品　氨水（1＋1）、6mol/L HCl 溶液、酚红指示剂、200g/L 盐酸羟胺溶液、200g/L 柠檬酸铵溶液、100g/L 氰化钾溶液、双硫腙溶液、双硫腙使用液、铅标准溶液、0.5%（体积分数）硝酸、白酒样品、63% 浓硝酸、98% 浓硫酸。

（2）主要仪器　原子吸收分光光度计、定氮瓶、容量瓶、分液漏斗。

2. 训练内容

通过此项训练，熟悉铅的测定方法，掌握原子吸收分光光度计的使用方法和操作技巧。

（1）双硫腙比色法

① 测定步骤：样品消化：吸取 20mL 酒样于 250mL 定氮瓶中，先用小火加热除去酒精，再加 5～10mL 浓硝酸混匀后，沿壁加入浓硫酸 10mL，放置片刻。用小火加热，待作用缓和，放冷。再沿壁加入 10mL 浓硝酸。再加热，至瓶中液体开始变成棕色时，不断沿壁滴加浓硝酸至有机质完全分解。再加大火力，至产生白烟，溶液呈无色或微黄色后，放冷。

加 20mL 水，煮沸除去残余的硝酸至产生白烟为止。如此处理 2 次。放冷后移入 100mL 容量瓶。

用与消化酒样同量的硝酸－硫酸，按同样方法做试剂空白实验。

测定：吸取酒样消化溶液和空白液各 20mL，分别置于 125mL 分液漏斗中。

吸取 0.0mL、0.1mL、0.2mL、0.3mL、0.4mL、0.5mL 铅标准溶液，分别置于 125mL 分液漏斗中，分别补水至 20mL。

于试样、空白和铅标准溶液的分液漏斗中各加 20mL 200g/L 柠檬酸铵溶液，1mL 200g/L 的盐酸羟胺溶液和 2 滴酚红指示剂，用氨水（1+1）调至红色。再各加 2mL 200g/L 氰化钾溶液，混匀。各加 10mL 双硫腙使用液，剧烈振摇 1min，静置分层后，把三氯甲烷层经脱脂棉滤入 1cm 比色杯中，以零管为空白，于波长 510nm 处测吸光度，绘制标准曲线，或用目测法比较。

② 计算：100mL 容量瓶中，用水洗涤定氮瓶，洗涤液并入容量瓶中，放冷、定容至刻度，混匀。

$$铅含量(mg/L) = (m - m_0) \times \frac{1}{V_1} \times V_2 \times \frac{1}{V} \times \frac{1}{1000} \times 1000$$

式中　m——酒样消化液中铅的质量，μg

　　　m_0——试剂空白液中铅的质量，μg

　　　V_1——酒样消化后定容总体积，mL

　　　V_2——测定用消化液体积，mL

　　　V——吸取酒样体积，mL

（2）原子吸收分光光度法

① 测定步骤：吸取 0.0mL、0.5mL、1.0mL、2.0mL、3.0mL、4.0mL 铅标准使用液（1μg/mL），分别置入 100mL 容量瓶中，用 0.5%（体积分数）硝酸溶液稀释定容至刻度，摇匀。将试样、试剂空白液和标准系列液分别进行测定。

空气 - 乙炔火焰条件：灯电流 7.5mA；波长 283.3nm；狭缝 0.2nm；空气流量 7.5L/min；乙炔流量 1L/min；火焰高度 3mm；灯背景校正。

石墨炉条件：灯电流 5~7mA；波长 283.3nm；干燥温度 120℃，20s；灰化温度 450℃，持续 15~20s；原子化温度 1700~2300℃，持续 4~5s；灯光背景校正。

以铅浓度对吸光光度绘制标准曲线，根据试样吸光度从标准曲线中求得铅含量。

② 计算

$$铅含量（mg/L） = (m - m_0) \times \frac{1}{V} \times \frac{1}{1000} \times 1000$$

式中　m——试样中铅的质量，μg

　　　m_0——试剂空白液中铅的质量，μg

　　　V——取酒样体积，mL

（3）注意事项

① 在此过程中使用的器具必须用 20% 的硝酸浸泡过夜，然后用去离子水、去离子蒸馏水反复清洗。实验过程中稀释液使用去离子蒸馏水。

② 处理酒样时酸度不要太大，可以在 1%~3%，赶酸时不要将样品蒸干，

每次留 1mL 左右，该步骤的操作是影响样品回收率的关键。

③ 蒸馏酒有机物含量高，可以将干燥阶段设为 3 次，使酒样中的铅不损失且又使能挥发基体逐步挥发。

④ 在不损失铅元素的前提下灰化温度不要低，能高尽量高，否则背景较高或出现前沿峰。

⑤ 原子化温度过低会造成拖尾峰或记忆效应，原子化温度太高，谱图会开叉。

⑥ 部分复杂基体有机物常常会与金属离子螯合，改变原子化过程，此时需要加入某些试剂，或用标准加入法。

⑦ 尽量稀释样品溶液，基体浓度大，灰化原子化会提前，且谱图形状变坏。

⑧ 在石墨炉法测定重金属元素含量时，如果样品的峰形不理想，用其他方法也不能改善时，需要用标准加入法，将标准溶液由少到多呈一定的梯度加入到样品溶液中，通过标准加入法校准曲线求出样品的浓度。以上操作方法供同行交流，有不妥之处欢迎探讨指正。

（四）成品酒中锰含量的测定

试样经湿法消化，使用火焰原子化器，利用原子吸收分光光度计法测定。酒样中锰离子被原子化后，吸收来自锰元素空心阴极灯发出的共振线，吸收值与该元素的含量成正比。采用标准溶液不同浓度时仪器的吸光度值，用最小二乘线性回归法做出浓度－吸光度值工作曲线，被测酒样产生的吸光度值经工作曲线查得其浓度进行测定。

1. 药品与仪器

（1）主要药品

① 锰标准溶液：吸取 10mL 锰标准溶液（1mg/mL），置入 100mL 容量瓶中，用 0.5mol/L 硝酸溶液稀释定容至刻度，此溶液浓度为 100μg/mL。

② 0.5mol/L 硝酸溶液：吸取 30mL 浓硝酸，用水稀释至 1000mL。

③ 高氯酸－硝酸溶液（1:4）。

（2）主要仪器　原子吸收分光光度计、移液管、容量瓶、电热板。

2. 训练内容及技能技巧

通过该项训练，熟悉白酒中锰的测定方法，掌握原子吸收分光光度计的使用方法。

（1）操作步骤

① 标准曲线绘制：吸取 0.0mL、0.5mL、1.0mL、2.0mL、3.0mL、4.0mL 锰标准溶液（100μg/mL），置入 200mL 容量瓶中，用 0.5mol/L 硝酸溶液稀释

定容至刻度，摇匀。

进样分析，绘制锰浓度对吸光度的标准曲线。

② 试样分析：吸取 10mL 酒样，置于 50mL 烧杯中，在电热板上加热蒸发至 1~2mL，加 5mL 高氯酸–硝酸溶液（1:4），继续加热至冒白烟，冷却，用水定容至 10mL。另取 10mL 水，同上操作，做空白实验。在相同的操作条件下进样分析，并从标准曲线中求得试样中的锰含量（mg/L）。

（2）技能要点

① 白酒中锰的测定一般采用湿法消化方法，加酸之前要预先加热挥发掉乙醇，但时机不好掌握。

② 加热时间短，乙醇挥发不净，消化时易发生爆炸；加热时间过长，样品容易挥发干。

③ 湿法消化需用硝酸、高氯酸等强氧化醇，对环境及实验人员健康不利，且操作繁琐、时间长，需要注意安全。

（五）成品酒中塑化剂含量的测定

1. 药品与仪器

（1）主要药品　二氯甲烷（色谱级）、甲醇（色谱级）、蒸馏水。

（2）主要仪器　气相色谱仪。

2. 训练内容及技能技巧

通过该项训练，熟悉白酒中塑化剂的测定方法，掌握气相色谱仪的使用方法。

（1）固相萃取方法处理样品

① 固相萃取柱：HyperSep C8（3mL/200mg）。

② 活化：5mL 二氯甲烷，5mL 甲醇，5mL 蒸馏水。

③ 上样：20mL 饮料样品，减压过柱，流速 <5mL/min；上样后，抽干 SPE 柱 5min。

④ 清洗：3mL 5% 甲醇水溶液。

⑤ 洗脱：1mL 丙酮:乙酸乙酯（3:1）洗脱，浓缩后进样，反相色谱则需将洗脱液吹干后，使用甲醇重新定容后进样。

（2）色谱分析　色谱检测仪器为 GC5890F。

色谱检测条件为色谱柱：HP–5PS 石英毛细管柱 [30m×0.25mm（内径）×0.25μm] 或相当型号色谱柱。

进样口温度：250℃。

升温程序：初始柱温 60℃，保持 1min，以 20℃/min 升温至 220℃，保持 1min，再以 5℃/min 升温至 280℃，保持 4min。

载气：氦气（纯度）99.999%，流速 1mL/min。

进样方式：不分流进样。

进样量：1μL。

小　结

本项目重点介绍了白酒的标准、酒精度和固形物的测定、总酸和总酯的测定及白酒中相关物质卫生标准的测定方法。

关键概念

标准溶液；标准使用液；灵敏度；原子化；双硫腙比色法；内标法；品红亚硫酸；蓝紫色醌型色素；氢火焰离子化

考核与评价

参照附录"白酒分析与检测实验员考核与评价标准"。

思考与练习

1. 影响白酒中锰含量测定结果不确定度的主要来源包括哪些？
2. 白酒分析时，为什么要将试样加热至冒白烟？
3. 原子分光度法中酒样的吸收值与铅含量的关系是什么？
4. 影响原子吸收分光光度法的因素有哪些？
5. 白酒中甲醇的测定方法还有哪些？
6. 制作无杂醇油酒精时为什么是收集中间馏分？
7. 用气相色谱法测定杂醇油时为什么要进行矫正系数的测定？
8. 白酒中固形物超标，采用什么方法才能降低固形物含量？
9. 为什么样品在装瓶前温度必须低于20℃？

拓展阅读

拓展阅读一　如何在商场里选白酒

面对商场里琳琅满目的白酒，如何挑选优质的白酒呢？购买瓶装白酒，由于无法事先品尝，所以在挑选时要认真观察识别。

首先，看酒色是否清澈透亮，白酒必须是无色透明的。鉴别时，可将两瓶相同类型的酒猛地倒置，气泡消失慢的那瓶，酒的浓度高，贮存时间长，味道醇香。这是因为酒中乙醇与水反应成酯，贮存时间越长，酒也就越香。

其次，看是否有悬浮物或沉淀，把酒瓶倒置过来，朝着光亮处观察，如果瓶内有杂物、沉淀物，说明酒的质量有问题。

再次，看包装封口是否整洁完好，现在不少厂家都用铝皮螺旋型"防伪盖"封口，有效地保存了酒的原味。

最后，查看酒瓶上的商标标识，一般真酒的商标标识印刷精美，颜色鲜明并有一定的光泽，而选择品牌、选择名酒也已成为人们的共识。

拓展阅读二　白酒中的塑化剂

塑化剂，一般也称增塑剂，是工业上被广泛使用的高分子材料助剂，在塑料加工中添加这种物质，可以使塑料柔韧性增强，容易加工，可合法用于工业用途。

在食品工业中，塑化剂在溶液中起到乳化、增稠、稳定作用，使不易相融的水油溶液能够形成混合均匀的胶状分散体，常用在运动饮料、果汁、茶饮、果浆果酱类、粉状胶体中来防止出现沉淀，并能增加口感。

通常情况下，白酒中添加塑化剂可以让年份不够的酒液看起来好看，产生粘杯挂杯的效果。白酒中的塑化剂主要来自于塑料接酒桶、塑料输酒管、酒泵进出乳胶管、封酒缸塑料布、成品酒塑料内盖、成品酒塑料袋包装、成品酒塑料瓶包装、成品酒塑料桶包装等。

食品塑化剂超标对人体有严重的危害。台湾大学食品研究所教授孙璐西此前接受媒体采访时表示，塑化剂毒性比三聚氰胺毒20倍。长期食用塑化剂超标的食品，会损害男性生殖能力，促使女性性早熟以及对免疫系统和消化系统造成伤害，甚至会毒害人类基因。

因此，中国酒业协会发表声明，建议：一要加强白酒生产环节监管力度，从白酒生产源头抓起，禁止在白酒生产、贮存、销售过程中使用塑料制品，防患于未然；二要要求卫生部门进行白酒塑化剂残留量安全风险评估，待评估后，制订出白酒产品塑化剂安全标准。

项目五 白酒中的微量成分检测及异杂味的防治

学习目标

一、知识目标

1. 了解白酒中微量成分的主要物质，掌握白酒中主要微量成分的测定方法。

2. 掌握白酒中的异杂味与防治解决方法。

二、能力目标

1. 能根据白酒中不同微量成分的测定原理测定主要微量成分，并判别白酒质量。

2. 通过学习，会判别各微量成分来源于白酒生产过程的哪个阶段。

3. 能识别白酒中的异杂味并提出相应的解决措施。

三、素质目标

1. 通过学习测定白酒中微量成分的含量，培养学生谦虚谨慎的工作态度和吃苦耐劳的精神。

2. 通过对白酒中异杂味的识别并提出相应的解决措施，培养学生热爱科学、热爱专业、求真务实的学风和创新意识，具备进一步学习和创新的能力。

项目概述

白酒中的微量成分是指除了白酒中的主要成分乙醇和水外，含量约为2%的成分，主要由微量的有机酸、酯、杂醇、醛、酮、含硫化合物、含氮化合物以及极其微量的无机化合物（固形物）等组成，它们决定了白酒的香和味，构成了白酒的典型性和风格。

白酒中的微量成分来源主要有三种：一是来自于酿酒所采用的原料和辅料；二是来自于微生物对酿酒原料的分解和合成；三是来自于白酒在贮存过程中的物理和化学变化。

通过对白酒中微量成分的含量进行分析检测，可以对白酒质量进行初步判断，并可追溯到对生产原料、生产过程和科研的控制，如对糟醅发酵、产品设计、酒处理、新产品开发、工艺革新的检测和控制等。因此，白酒的微量成分分析检测对白酒生产监控和质量控制等方面有重要的作用和意义。

任务一讲解了白酒中微量成分的色谱检测；任务二介绍了白酒中异杂味的生成与防治方法。

项目实施

任务一　白酒中微量成分的色谱检测

一、学习目的

1. 了解白酒中微量成分的概念和主要成分。
2. 掌握白酒中主要微量成分的测定方法。

二、知识要点

1. 微量成分的组成及风味特征。
2. 白酒中主要微量成分对酒质（或酒型）的影响。
3. 呈味物质的相互作用。
4. 白酒中醇、酯及有机酸的色谱检测。

三、相关知识

（一）微量成分的组成及风味特征

白酒中的微量成分在酒中所占比例较少，但其在酒中的作用是其他色谱骨架成分不可取代的，对酒的质量起到重要作用，是中国白酒必不可少的成分，对酒的风格产生决定性作用。

白酒中各种微量芳香成分含量甚微，但品种多，已经检出的有 150 种以上。这些微量成分之间的数量和比例变化，便形成了风味和质量各异的白酒。

近十年来，由于市场对名优酒的需求量增大，人们对白酒中芳香微量成分的剖析和风味关系的探讨越来越重视。许多科研所和名酒厂采用气相色谱、质谱、光谱联用，进行微量芳香成分的剖析。随着研究工作的逐步深入，新的微量芳香成分不断被发现。

白酒是以含淀粉的粮食等为原料，经微生物糖化发酵后，蒸馏出来的产品。原料大部分是碳水化合物，含碳（C）、氢（H）和氧（O）元素，同时原料中还含部分蛋白质，含氮（N）和硫（S）等元素。白酒中微量芳香成分所含的元素与原料相应，基本上含 C、H、O、N 和 S 等元素。由这些元素组成白酒中主要微量成分中的有机酸、酯类、醇类、羰基化合物和硫化物等物质。这些物质的不同量、不同比例，形成现在白酒的大千世界。

白酒中主要的微量成分和风味特征，如表 5 – 1、表 5 – 2、表 5 – 3 所示。表中提到的阈值（或称香味界限值）是人们对某种香味成分能感觉到的最低浓度，也就是阈值越小，呈味的作用越大。

表 5 – 1　白酒中的有机酸

名称	分子式	沸点/℃	味阈值/(mg/kg)	风味特征
甲酸	$HCOOH$	100 ~ 101	1	微酸味，进口微酸，微涩，较甜
乙酸	CH_3COOH	118.2 ~ 118.5	2.6	闻有醋酸味和刺激感，爽口，微酸甜
丁酸	$CH_3(CH_2)_2COOH$	163.55	3.4	轻微的大曲酒糟香和窖泥味，微酸甜
戊酸	$CH_3(CH_2)_3COOH$	185.5 ~ 186.6	>0.5	有脂肪臭，似丁酸气味，稀时无臭，微酸甜
乳酸	$CH_3CHOHCOOH$	122	—	微酸、甜、涩，略有浓厚感
己酸	$CH_3(CH_2)_4COOH$	205.8	8.6	强脂肪臭，有刺激感，似大曲酒气味，爽口
庚酸	$CH_3(CH_2)_5COOH$	223	>0.5	强脂肪臭，有刺激感

表 5 – 2　白酒中的酯类

酯类	分子式	沸点/℃	味阈值/(mg/kg)	风味特征
甲酸乙酯	$HCOOC_2H_5$	64.3	—	似桃香、味辣、有涩感
乙酸乙酯	$CH_3COOC_2H_5$	75 ~ 76	17.00	香蕉、苹果香，味辣带苦涩
丁酸乙酯	$CH_3(CH_2)_2COOC_2H_5$	120	0.15	似菠萝香，带脂肪香，爽快可口
乙酸异戊酯	$CH_3COO(CH_2)_2CH(CH_3)_2$	142	0.23	似梨香、苹果香、香蕉香
戊酸乙酯	$CH(CH_2)_2COOC_2H_5$	145		似菠萝香，味浓刺舌，日本称为"吟酿香"

续表

酯类	分子式	沸点/℃	味阈值/(mg/kg)	风味特征
乳酸乙酯	$CH_3CHOHCOOC_2H_5$	154.5	14	香弱，味甜，适量有浓厚感，大量时带苦
己酸乙酯	$CH_3(CH_2)_4COOC_2H_5$	167	0.076	似菠萝香，味甜爽口，浓香型曲酒香
庚酸乙酯	$CH_3(CH_2)_5COOC_2H_5$	187		似苹果香
油酸乙酯	$C_{17}H_{33}COOC_2H_5$	205	0.87	油臭，脂肪酸香
亚油酸乙酯	$C_{17}H_{31}COOC_2H_5$		0.45	

表 5-3　白酒中的醇、羰基化合物类

醇类	分子式	沸点/℃	味阈值/(mg/kg)	风味特征
甲醇	CH_3OH	64.7	—	有温和的酒精气味，有烧灼感
正丙醇	$CH_3CH_2CH_2OH$	97.2	>720	似醚臭味，带麻味，有苦味
正丁醇	$CH_3(CH_2)_3OH$	117~118	75	微刺激臭，微苦涩，刺激感
异丁醇	$(CH_3)_2CHCH_2OH$	108.4	75	微有戊醇味，苦味
异戊醇	$(CH_3)_2CH(CH_2)_2OH$	132	6.5	杂醇油气味，刺舌，稍涩香蕉味
正己醇	$CH_3(CH_2)_5OH$	157.2~158	5.2	强烈芳香，香持久，有浓厚感
2,3-丁二醇	$CH_3(CHOH)_2CH_3$	179~182	—	有甜香，可使酒发甜，稍带苦味
β-苯乙醇	$C_6H_5CH_2CH_2OH$	220~222	7.5	玫瑰香气，先微苦后甜的桃子味
乙醛	CH_3CHO	20.8	1.2	微有绿叶味，略带水果味，微甜带涩
异戊醛	$(CH_3)_2CHCH_2CHO$	92	0.12	苹果香，苦麻味，似酱油味
乙缩醛	$CH_3CH(OC_2H_5)_2$	102.7	—	有羊乳干酪味，柔和爽口，味甜
双乙酰	$CH_3COCOCH_3$	—	0.02	喜人的白酒香气，在啤酒中呈馊味
乙硫醇	C_2H_5SH	—	0.001	蒜臭，腐烂甘蓝臭

（二）白酒中主要微量成分对酒质（或酒型）的影响

1. 液态法白酒、一般固态法白酒、优质白酒主要微量成分的比较

液态法白酒、一般固态法白酒、优质白酒主要微量成分的比较如表 5-4

所示。

表5-4　固态法白酒、液态法白酒及优质白酒微量成分比较

单位：mg/100mL

项目 品种	乙酸	乳酸	乙酸乙酯	乳酸乙酯	乙醛	乙缩醛	异丁醇	异戊醇
液态法白酒	20~50	2~10	20~60	10~20	2~10	5~30	30~60	70~130
一般固态法白酒	40~80	5~20	30~80	20~70	8~30	20~70	15~30	30~40
优质白酒	40~130	10~50	60~200	40~200	15~60	60~200	10~25	30~60

从表5-4可以看出，优质白酒含酸类、酯类和醛类物质的量较多，而液态法白酒含量低，但含异丁醇和异戊醇的量比优质白酒高。

2. 名优白酒的香型与酒中主要微量成分的关系

（1）从酸的含量来看　酱香型酒含量高，品种也多；浓香型酒以丁酸、己酸等为主，但总酸含量不及酱香型酒。清香型酒主要是乙酸，其次是乳酸。其他酸含量极少。

（2）从酯的含量来看　酱香型酒含甲酸乙酯、乙酸乙酯、丁酸乙酯、乳酸乙酯均较高，其次为己酸乙酯；浓香型酒以己酸乙酯含量最高，其次是乳酸乙酯、乙酸乙酯；清香型酒主要是乙酸乙酯（比其他香型高近三倍）、乳酸乙酯（比其他香型高近两倍），其他酯的含量极少或根本没有。

（3）从醛的含量来看　酱香型酒糠醛含量最为突出；清香型酒醛类含量普遍较低。

（4）从醇的含量来看　酱香型酒含量较高，种类较多；浓香型酒稍次之；清香型酒基本上只含异戊醇和异丁醇。

（5）从芳香族化合物来看　酱香型酒含量高，较突出；浓香型酒略含有之；清香型酒含量最少，几乎没有。

3. 酒中主要微量成分含量与浓香型酒质量的关系

（1）酸与酒质的关系，如表5-5所示。

表5-5　酸与酒质的关系　　　　单位：mg/100mL

样品名称 分析项目	泸州特曲	泸州二曲
总酸	74.0	54.3
乙酸	35.0	30.0

续表

分析项目 ＼ 样品名称	泸州特曲	泸州二曲
丁酸	10.2	5.1
己酸	16.1	7.5
戊酸	微量	微量
乳酸	12.7	11.7

从表 5 - 5 可以看出，一般酒质好总酸稍高，特别是己酸的含量。

（2）酯与酒质的关系，如表 5 - 6 所示。

表 5 - 6　酯与酒质的关系　　　　单位：mg/100mL

项目 ＼ 样品	五粮液	泸州特曲	泸州二曲	一般酒
乙酸乙酯	106.8	108.5	186.2	132.7
丁酸乙酯	25.8	19.4	19.2	7.5
己酸乙酯	272.14	297.8	167.7	38.2
乳酸乙酯	166.77	258.4	290.2	359.6

从表 5 - 6 中可以看出，酒质好，己酸乙酯较高；酒质差，乳酸乙酯偏高。在工艺条件稳定的情况下，浓香型四大酯有一定的比例，比例恰当的酒质就好，特别是乳酸乙酯与己酸乙酯的比值以偏小为好。

（3）己酸乙酯和总酯的比值与酒质的关系，如表 5 - 7 所示。

表 5 - 7　己酸乙酯和总酯比值与酒质的关系　　单位：mg/100mL

成分 ＼ 酒名	五粮液	泸州特曲	泸州二曲	一般曲酒
己酸乙酯	272.14	297.8	167.77	38.16
总酯	517.36	685.57	745.91	577.59
比值	1：1.9	1：2.4	1：4.2	1：15

从表 5 - 7 中可以看出，己酸乙酯和总酯的比值大，酒质较好，其他酯含量越高，相对己酸乙酯含量小，酒质较差。

（4）丁酸乙酯和总酯比值与酒质的关系　丁酸乙酯是浓香型大曲酒的重要香气成分，具有窖香特征，香度较大；含量适度，有助于突出浓香型大曲酒的典型风格，一般在优级酒中含量较多，如表5-8所示。

表5-8　丁酸乙酯和总酯比值与酒质的关系　　单位：mg/100mL

成分　　　　酒名	五粮液	泸州特曲	泸州二曲	一般曲酒
丁酸乙酯	25.78	19.87	19.19	7.58
总　酯	517.36	685.57	745.91	577.59
比　值	1:20.1	1:35.4	1:38.9	1:76.7

（5）乳酸乙酯和己酸乙酯的比值与酒质的关系，如表5-9所示。

表5-9　乳酸乙酯和己酸乙酯比值与酒质的关系　　单位：mg/100mL

成分　　　　酒名	五粮液	泸州特曲	泸州二曲	一般曲酒
乳酸乙酯	166.7	258.4	290	359.6
己酸乙酯	272.1	297.8	167.7	38.2
比　值	0.61:1	0.86:1	1.33:1	9.4:1

多次测定结果和尝评鉴定表明，乳酸乙酯是白酒的重要香气成分，更是传统老白干酒的主体香味。从表5-9结果来看，在浓香型酒中，乳酸乙酯与己酸乙酯之比应在1以下为好，否则影响浓香型的典型风格。

（6）乙酸乙酯与己酸乙酯的比值与酒质的关系，如表5-10所示。

表5-10　乙酸乙酯和己酸乙酯比值与酒质的关系　　单位：mg/100mL

成分　　　　酒名	五粮液	泸州特曲	泸州二曲	一般曲酒
乙酸乙酯	106.8	108.5	168.2	132.7
己酸乙酯	272.1	297.8	167.7	38.2
比　值	0.41:1	0.37:1	1.11:1	34:1

乙酸乙酯与己酸乙酯的比值同乳酸乙酯与己酸乙酯之比相似，均在1以下

为好，否则会影响浓香风格，而乙酸乙酯则是清香型酒的主要香味成分。

（三）呈味物质的相互作用

白酒中的呈味物质有酸味、甜味、苦味、辣味、涩味、咸味等物质，这些物质在酒中味觉的强弱与其相互作用有关。见项目四任务二白酒感官鉴别。

总之，味觉是随着味觉物质和总量变化的不同而起变化的。为了保证酒的质量与风格，使产品保持各自的特色，必须掌握好味觉物质的相互作用和酒中香味物质的特征及变化规律。

四、任务实施

（一）白酒中醇酯的检测

1. 试样制备

取同一批次 3 个样品（样品不少于 500mL），置于硬质全玻璃器皿中，待用。

2. 色谱检测

色谱检测及分析仪器见表 5 – 11。

表 5 – 11　色谱检测及分析仪器

产品名称	型号	规格及说明
气相色谱仪	GC5890F	双 FID、双毛细管柱进样系统、液晶显示，程序升温、智能后开门
色谱工作站	KJ5890	电脑、打印机自配
色谱柱	专用毛细管柱	专用白酒醇酯分析柱 30m×0.32mm×0.25μm 专用有机酸分析柱 30m×0.32mm×0.25μm
氮氢空一体机	HGT – 300E	氮气、氢气流量 300mL/min，空气流量 2L/min

色谱检测程序如下。

（1）载气为氮气，流量 30mL/min；氢气流量为 30mL/min，空气流量选择 300mL/min。

（2）色谱柱为 KR – 9（白酒专用柱）30m×0.32mm×0.25μm，柱温设定为初始 70℃，保持 5min，以 10℃/min 升至 190℃，保持 10min，气化室采用 140℃。

（3）检测器220℃。

（4）检测某白酒中醇酯的种类，结果发现一共有23种成分，如图5-1所示。

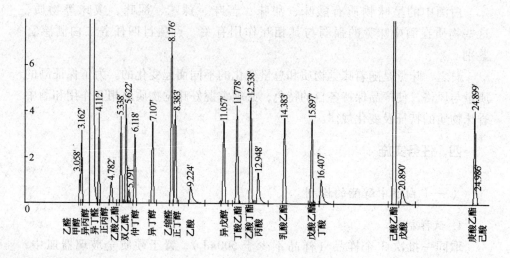

图5-1 某白酒中醇酯的色谱图

（二）白酒中有机酸的检测

1. 试样制备

取同一批次3个样品（样品不少于500mL），置于硬质全玻璃器皿中，待用。

2. 色谱检测

色谱检测及分析仪器见表5-11。

色谱检测程序如下。

（1）载气选择氮气，流量30mL/min；氢气流量为30mL/min，空气流量选择300mL/min。

（2）色谱柱选用HP-FFAP 30m×0.32mm×0.25μm，柱温设定为初始150℃，保持3min，以30℃/min升至220℃，保持10min。

（3）气化室采用160℃。

（4）检测器180℃。

（5）检测某白酒中醇酯的种类，结果发现一共有5种成分，见图5-2。

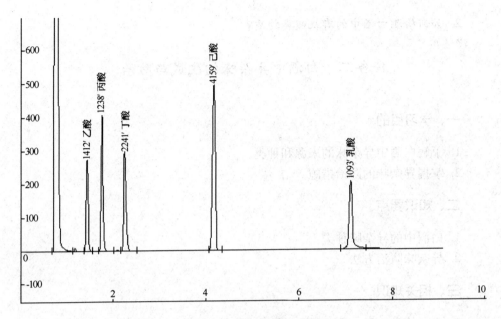

图5-2　某白酒中醇酯的种类图

小　结

白酒中各种微量芳香成分含量甚微，但品种多，已经检出的有150种以上。这些微量成分之间数量和比例发生变化，便形成了风味和质量各异的白酒。

白酒中的呈味物质有酸味、甜味、苦味、辣味、涩味、咸味等物质，这些物质在酒中呈味的强弱与其相互作用有关。

关键概念

色谱；醇；酯；有机酸

考核与评价

参照附录"白酒分析与检测实验员考核与评价标准"。

思考与练习

1. 如何检测白酒中的醇酯类物质？

2. 如何检测白酒中的有机酸类物质?

任务二 白酒中异杂味的生成与防治

一、学习目的

1. 了解白酒中异杂味的来源和种类。
2. 掌握异杂味的防治措施。

二、知识要点

1. 白酒中的异杂味种类。
2. 异杂味防治方法。

三、相关知识

白酒中的臭、苦、酸、辣、涩、油味等与白酒众多微量成分如酸、酯、醛、醇、酚等物质含量的多少,相互间的比例有着密切的关系。如果酸、酯、醛、醇、酚等物质在酒中含量失调,即失去了在白酒中的正常比例或某一种、几种物质含量偏多就会导致异杂味。而其他怪、杂味物质则是由于白酒发酵管理不善,蒸馏不清洁,容器、设备、工具不干净,污染影响而造成的。

酒是一种非常敏感的物质,稍微有一点杂质,就会影响到酒质的纯净,白酒中的异杂味较严重时,就会影响到产品质量。因此,应认真在白酒生产及管理中加以防治、解决。

四、任务实施

(一)臭气的生成和防治解决方法

白酒中都含有臭气成分,只是一般被香味物质及刺激性物质所掩盖而不突出。但是质量次的酒、新酒及某种香味成分过浓和突出时,就会出现臭味。

一般臭味有三个特点:

(1)臭味是嗅觉的反应。

(2)臭气和香气都是通过鼻的嗅觉传到大脑的,一般很难区分,就是同一成分,浓度不同,呈味也不同。

(3)臭气很难除掉,因为人们的嗅觉很灵敏,即使是臭味物质基本上已除去,但在感觉上尚能闻出残留的气味。

1. 臭气成分的种类

（1）硫化氢 硫化氢呈臭鸡蛋、臭豆腐气味。不但在发酵时能生成硫化氢，在酒醅酸度大，特别是含有大量乙酯的情况下，蒸煮、蒸馏过程中也能产生。

（2）硫醇 一般指乙硫醇，是萝卜辣味。浓厚时是吃萝卜打嗝的臭味，稀薄时是水煮萝卜的香味。

（3）乙硫醚 呈焦臭味。

（4）丙烯醛 俗称甘油醛，具有催泪辣眼的气味，似蜡烛燃烧不完全时冒烟或烧电线时发出的刺激臭。

白酒无论是固态还是液态发酵，在发酵不正常时，常在蒸馏操作中有刺眼的辣味，蒸出来的新酒燥辣，这是酒中有丙烯醛的缘故。但经贮存后，辣味大为减少。这是因为丙烯醛的沸点只有50℃，容易挥发，致使酒在老熟过程中辣味减轻。白酒发酵过程中生成丙烯醛，是异乳酸菌作用于甘油的结果。

（5）游离氨 呈氨臭、氨水臭气。

（6）丁酸、戊酸、己酸及其酯 丁酸、戊酸，己酸及其酯都属汗臭味。

2. 臭味的防治办法及解决措施

臭味的防治办法及解决措施一般有以下4种。

（1）控制蛋白质 白酒酿造过程中，蛋白质不足时，发酵不旺盛，白酒香味淡薄。然而蛋白质过剩时，其危害性更大，它使窖内酸度上升，在发酵过程中为产生大量的杂醇油及硫化物提供了原料，加之生酸大，在蒸馏过程中产生大量硫化氢。

（2）加强工艺卫生工作 因为工艺卫生差，会使大量杂菌侵入，使酒醅生酸多，给酒带入极重的臭味。

（3）掌握正确的蒸馏方法，应采取缓慢蒸馏 如蒸馏时火力过大，会使酒醅生酸多，同时一些高沸点的物质也被蒸入酒中，使臭味增加。

（4）合理贮存 新蒸出来的酒有暴辣、冲鼻、刺激性大等特点。这主要是由于新酒中有低沸点的醛类、硫化氢、丙烯醛、硫醇等挥发性物质，同时新酒的酒精活度大，对味觉的刺激大，结人以给暴辣的感觉，这就是所谓的新酒臭。通过合理的贮存，由于白酒中氧化还原、分子排列、适当的挥发（低沸点物质排出）三大作用，有力地推动了白酒的老熟。

（二）苦味的生成和防治解决方法

白酒中的苦味主要来自酵母，另外是原料，还有工艺上的毛病。原料及辅料发霉、曲子或窖泥感染青霉、酒醅倒烧都是造成苦味的原因。

一般来说，苦味有两个特点：一是苦味食品经长期食用，消费者久而惯之，对苦味的感觉就会迟钝；二是苦味反应慢，且有很强的持续性，不易消失。

苦味物质多是高沸点物质，故在贮存过程中不易消失，但在苦味较轻的情况下如能合理勾兑，苦味是可以减轻和消失的。但根本还是在生产工艺中消除苦味物质的大量产生，这才是关键。

1. 苦味的种类

（1）糠醛　呈严重的焦苦味，苦味极重。不仅影响酒质，对人体也有害。

产生原因：它是由稻壳辅料及原料皮壳中含有的多缩戊糖在高温或微生物的作用下生成的。

防治措施：按正确程序清洗谷壳，白酒在蒸馏时采取缓火蒸馏。

（2）杂醇油　由氨基酸分解脱氨而产生的杂醇油是苦的。其中正丁醇苦味小，正丙醇苦味较重，异丁醇苦味极重，异戊醇则微带甜苦。

产生原因：主要是酿酒使用的原料中蛋白质含量偏高，过多的蛋白质会导致生成较多的杂醇油，因此苦味物质偏多。

防治措施：选择含蛋白质适量的酿酒原料，一般蛋白质含量为8%左右较好，同时搞好原料除杂和改善仓储环境。

（3）酪醇　由酪氨酸生成的酪醇，其香气虽很柔和，但苦味重而长，酒中含有二万分之一就会感到有苦味。

产生原因：糟醅干燥，窖内空气多，导致酵母菌繁殖过量，在发酵后期大量酵母菌自溶后生成酪醇。

防治措施：稳准配料，糟醅熟而不腻，疏松不糙。同时严格工艺操作，科学管理窖池，按要求执行科学的封窖方法。

（4）丙烯醛　产生原因：当酒醅中含有甘油，如感染大量杂菌，尤其当酵母菌和乳酸菌共存时，就会生成丙烯醛，不但有辣的刺激臭，而且具有极大的持续性苦味。

防治措施：在操作中注意卫生，防止杂菌感染。此外，丙烯醛的沸点只有50℃，容易挥发，因此还可通过贮存减少丙烯醛的含量。

（5）酚类化合物　产生原因：由原料中的单宁等分解而来的某些酚类化合物，也常常带有苦涩味。

防治措施：选择单宁含量适量的原料，控制在0.5%~0.2%范围内。

（6）曲大酒苦　产生原因：曲用量大，特别是贮存期短的中温曲，发酵升温过猛，很快超过酵母的适宜温度（28~32℃），主发酵期短，产出的酒醇甜感差，显燥、有苦涩味。

防治措施：按不同季节，掌握好用曲量，单粮一般为18%~22%，多粮一般 20% ~ 25% 。

（7）大汽蒸馏也会带来苦味　产生原因：大汽蒸馏时，水分子与酒精分子同时蒸出，导致许多高沸点的物质进入酒中，这些高沸点的物质大多是有苦味的。

防治措施：严格执行缓火蒸馏、中温流酒的操作要求。

2. 苦味的综合防治解决措施

苦味的防治解决措施主要有：

（1）加强辅料的清蒸处理，目的是排除邪杂味。

（2）合理配料，应保持适宜的用曲量、酒母量和蛋白质量。

（3）控制杂菌，应低温发酵，降低酸度。

（4）掌握好蒸馏，采取合理上甑，缓慢蒸馏。

（5）加强勾兑，白酒中的多种苦味物质是客观存在的，只是量的多和少而已。故除严格掌握工艺条件，减少苦味物质大量生成外，应用勾兑与调味技术来提高酒质也是不容忽视的。勾兑酒主要是使香味保持一定的平衡性，在香味物质谐调的情况下，有适量的苦味物质，其苦味也就不突出了。

（三）酸味的生成和防治解决方法

1. 酸味的种类和来源

白酒中必须有一定的酸味物质，并与其他香味物质共同组成白酒固有的芳香。但它与其他香味物质一样，含量要适宜，不能过量。如过量，则香味物质也就成了异味了，不仅酒味粗糙，不谐调，伤害了风味，降低了质量，而且影响酒的"回甜"。反之，酸量过少，酒味寡淡，后味短。

白酒的有机酸主要有甲酸、乙酸、乳酸、丁酸、己酸、戊酸、琥珀酸等。有机酸是糖的不完全氧化物。但糖并不是形成有机酸的唯一原始物质，因为其他非糖化合物也能形成有机酸。另外，氨基酸也可生成有机酸，乳酸菌生成乳酸，醋酸菌将乙醇氧化成乙酸。挥发性脂肪酸，当前检出的有甲酸、乙酸、丙酸等。甲酸、乙酸是由醇氧化生成的，乙酸以上的酸是由某种菌作用，使乙酸与乙醇结合的产物。

酒在闻香上有刺激性酸气时，若饮时酸气突出，则是乙酸含量大，这是因为乙酸比乳酸味阈值低，同一浓度乙酸比乳酸影响较小。凡是酸味重者，其酒醅酸度必然大，不但酒的质量差，而且出酒率也低。

在生产过程中主要注意以下几方面：

（1）生产卫生差，杂菌大量感染会出现酸味。解决措施：搞好车间现场及环境卫生。

（2）配料淀粉浓度高，产酸高。解决措施：科学掌握入池淀粉含量。

（3）蛋白质过多，会增大产酸量。解决措施：选择蛋白质含量适中的原料。

（4）下窖温度过高，产酸高。解决措施：入窖温度做到夏季平于地温，冬季 17～18℃ 。

（5）使用新曲，水分偏大，大于13%，这时会导致产酸高。解决措施：以陈曲为主，中偏高温为主。

（6）发酵期过长，产酸高。解决措施：适当缩短发酵期。

（7）工艺操作不当、黄水未滴尽等原因也会造成酸偏高。解决措施：严格工艺操作，滴窖勤舀，控制好入窖条件。

2. 白酒酸味的综合防治措施

（1）蛋白质勿过剩，否则将分解成氨基酸、脂肪酸。

（2）减少杂菌污染，白酒的开放式生产，不可避免地会有大量微生物入侵，而酸是微生物的代谢产物。因此，在各种微生物的作用下，使酒醅中存在大量有机酸，同时也会造成糖分损失和酒精损失。

（3）根据季节变化，严格入窖温度、酸度、淀粉浓度的管理，控制好发酵品温。

（4）辅料用量勿过大。

（5）摊晾时间不能过长。

（6）滴窖时间要足够。

（7）加强发酵时间内的窖内管理，严禁窖皮因裂口而造成杂菌大量侵入生酸。

（8）用消毒剂杀菌、用防腐剂控制酸度和用抗生素抑制细菌的生长。

（9）保持一定的贮存期，能使酒味香而谐调柔和，有助于防止酸味突出。

（四）辣味的生成和防治解决方法

1. 辣味的生成

辣味在白酒微量成分中，是必不可少的。但太辣，有损饮用者健康。所以白酒中的辣味成分应在符合白酒卫生指标的前提下，含量适中，并与其他诸味协调配合好。

产生原因：白酒中辣味成分主要有糠醛、杂醇油、硫醇和乙硫醚，还有微量的乙醛。一般认为，有刺激性的辣味，是低级醛过多，主要是流酒温度过低、贮存期过短、卫生管理不善、感染大量乳酸菌所造成的。

2. 辣味的防治解决方法

（1）正确使用辅料。

（2）工艺操作过程中应严格卫生管理，防止感染大量杂菌，使发酵温度升高，而产生刺激性强的丙烯醛。

（3）工艺上保证发酵正常进行。

（4）掌握正确的流酒温度，温度过高，不利于酒精在甑内最大限度地浓缩，影响出酒率和酒质，温度过低，影响低沸点辣味物质的扩散。

（5）合理贮存，一方面能促进酯化作用，另一方面也能使低沸点的辣味和其他异味物质扩散，使酒变得绵软。

（五）涩味的生成和防治方法

1. 涩味的生成

涩味是由不谐调的苦辣酸味共同组成的，并常常伴随着苦、酸味共存。白酒中呈涩味的物质主要有：乳酸及其酯——乳酸乙酯（它是白酒涩味之王）、单宁、糠醛、杂醇油（尤以异丁醇和异戊醇的涩味重）。

产生原因：单宁、糠醛、杂醇油含量过高，尤以异丁醇和异戊醇的涩味重。用曲及酒母量大的，也都容易使酒出现涩味和苦味。

2. 涩味的防治方法

（1）降低白酒乳酸及其酯，使之含量适中，与白酒诸味谐调。例如，适当控制入池淀粉含量，降低入池温度，控制用曲量，防止升温猛；严格使用85℃以上的热水打量水；坚持缓慢装甑，缓火蒸馏；量质摘酒；重视窖泥的养护；提高大曲质量；搞好环境卫生；利用抑制剂控制乳酸乙酯的生成。

（2）降低酒醅内单宁的含量。

（3）严格工艺操作，减少糠醛和杂醇油的生成。

（六）油味的生成和防治解决方法

1. 油味的生成

白酒风味与油味是不相容的，酒内如含有微量的油味，会严重损害白酒质量。一般含脂肪较高的原料，发酵后特别容易产生高级脂肪酸及其酯，使酒出现油味，同时也是低温低度时造成白酒浑浊的原因之一。

2. 油味的防治解决方法

（1）避免使用含脂肪较高的原料。

（2）正确地截头去尾，量质摘酒。

（3）避免使用涂油或涂蜡的容器贮存酒。

（七）异杂味成分中有害物质的生成和防治解决方法

在白酒异杂味成分中，有一些是有害物质。主要包括甲醇、杂醇油、氰化物、铅、锰等，它们有的是从原料带入的，有的是在生产过程中产生的，有的是受设备的影响而带入酒中的。因为其对人体有很大的危害性，国家还出台了相应的国家标准，以确保消费者的健康不受损害。

为了使它们的含量不超过标准，可从以下几方面来防治解决：

（1）选择质量高的原料。

（2）严格工艺操作和蒸馏。

（3）目前市售的酒精脱臭除异味机采用吸附原理，对去除白酒中的异杂味和有害物质有很好的效果。

小　结

1. 白酒中异杂味的种类。
2. 白酒中异杂味的来源。
3. 白酒中异杂味防治解决措施。

关键概念

白酒；异杂味；防治

思考与练习

1. 如何识别白酒中的异杂味？
2. 防治异杂味生成的根源在哪里？

拓展阅读

拓展阅读一　浓香型白酒中的主要微量成分

浓香型白酒中的微量成分主要有酯类、醇类、有机酸类、羰基类及其他。详见表1。

表1　浓香型白酒中主要微量成分含量

名　称		含量/（mg/L）
酯类	甲酸乙酯	14.3
	乙酸乙酯	1714.6
	丙酸乙酯	22.5
	丁酸乙酯	147.9
	乳酸乙酯	1410.4
	戊酸乙酯	152.7
	己酸乙酯	1849.9
	庚酸乙酯	44.2
	丁二酸二乙酯	11.8
	辛酸乙酯	2.2
	苯乙酸乙酯	1.3
	癸酸乙酯	1.3
	乙酸丁酯	1.3
	乙酸异戊酯	7.5
	己酸丁酯	7.2
	壬酸乙酯	1.2
	月桂酸乙酯	0.4
	肉豆蔻酸乙酯	0.7
	棕榈酸乙酯	39.8
	亚油酸乙酯	19.5
	油酸乙酯	24.5
	硬脂酸乙酯	0.6
	总酯	5475.8
醇类	正丙醇	173.0
	2,3-丁二醇	17.9
	异丁醇	130.2
	正丁醇	67.8
	异戊醇	370.5
	己醇	161.9
	仲丁醇	100.3
	正戊醇	2.2
	β-苯乙醇	7.1
	总醇	1030.9

续表

名　　称		含量/（mg/L）
有机酸类	乙酸	646.5
	丙酸	22.9
	丁酸	139.4
	异丁酸	5.0
	戊酸	28.8
	异戊酸	10.4
	己酸	368.1
	庚酸	10.5
	辛酸	7.2
	壬酸	0.2
	癸酸	0.6
	乳酸	369.8
	棕榈酸	15.2
	亚油酸	7.3
	油酸	4.7
	苯甲酸	0.2
	苯乙酸	0.5
	总酸	1637.3
羰基类	乙醛	355.0
	乙缩醛	481.0
	异戊醛	54.0
	丙醛	18.0
	丙烯醛	0.2
	正丁醛	5.2
	异丁醛	13.0
	丙酮	2.8
	丁酮	0.9
	己醛	0.9
	双乙酰	123.0
	醋鎓	43.0
	总量	1097

续表

名　称	含量/（mg/L）
糠醛	20
对甲酚	0.0152
4 - 乙基愈创木酚	0.005
2 - 甲基吡嗪	0.021
2，6 - 二甲基吡嗪	0.376
2 - 乙基 - 6 - 甲基吡嗪	0.108
三甲基吡嗪	0.294
四甲基吡嗪	0.195
总量	21.0142

其他类

拓展阅读二　酒类产品中塑化剂的检测——HPLC 法

1. 适用范围

本方法适用于白酒酒类样品中 17 种邻苯二甲酸酯类的检测。

2. 样品准备/提取

准确量取 5mL 样品置于具塞玻璃管中，加入 10mL 正己烷：甲基叔丁基醚（1∶1），充分涡旋混合 2min，4000r/min 转速下离心 2min，取上清液，再用 10mL 正己烷：甲基叔丁基醚（1∶1）重复提取一次，合并两次上清液，于 40℃ 水浴中氮吹至近干，用正己烷定容至 2mL，待净化。

3. SPE 柱净化

柱净化的流程见表 1。

表 1　SPE 柱净化流程

项目	内容
（1）活化	向 SPE 小柱中加入 1.0g 无水硫酸钠，再依次加入 5mL 丙酮、5mL 正己烷，弃去流出液
（2）上样	加入待净化液，流速控制在 1mL/min 内，收集流出液
（3）洗脱	依次加入 5mL 正己烷、5mL 4% 丙酮 - 正己烷溶液，接收流出液，合并步骤（2）、（3）流出液
（4）重新溶解	40℃缓慢氮气流条件下吹至近干（约 0.5mL）后挥干，用乙腈定容至 1mL，供 HPLC 检测

4. 色谱条件

实验色谱条件见表2。

表2 实验色谱条件

色谱柱	Diamonsil C18（2），250mm × 4.6mm，5μm（Cat. #：99603）
流　速	1.0mL/min
检测器	UV 224nm
柱　温	30℃
进样量	20μL
流动相	A：水，B：乙腈

5. 添加回收结果

白酒中17种邻苯二甲酸酯类添加回收结果见表3，色谱图见图1。

表3 白酒中17种邻苯二甲酸酯回收结果

NO	分析物	添加水平/（mg/L）	回收率/%
1	DMEP	1.0	86.54
2	DMP	1.0	93.06
3	DEEP	1.0	93.41
4	DEP	1.0	79.93
5	邻苯二甲酸二苯酯	1.0	89.64
6	BBP	1.0	101.35
7	DIBP	1.0	106.18
8	DBP	1.0	94.58
9	DBEP	1.0	96.94
10	DPP	1.0	98.34
11	DCHP	1.0	99.93
12	BMPP	1.0	98.73
13	DHXP	1.0	100.00
14	DEHP	1.0	85.69
15	DNOP	1.0	93.45
16	DINP	5.0	105.58
17	DNP	1.0	99.85

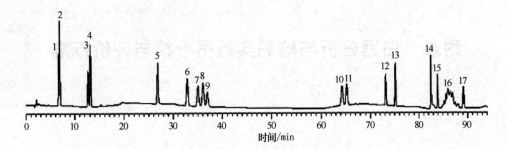

图1　白酒中的 17 种邻苯二甲酸酯回收谱图

附录　白酒分析与检测实验员考核与评价标准

本考核与评价标准参照中级食品检验工评分标准。

考核项目		分值	考核评估及评分标准
分析前的准备	常用化学分析仪器的洗涤	20	洗前检查（5分），洗涤步骤正确、手法正确（15分）。缺少一次洗涤和试漏、不清洁各扣1分，标液冲洗不正确扣2分，每项发生严重错误各扣5分
	称量	10	称量操作正确（6分），读数、记录正确（3分），善后工作（1分）。无零点校准、未归零、开门称样每次各扣0.5分；读数错误扣2分；样品洒出扣1分；记录错误扣1分；卫生差扣0.5分
	溶液的稀释定容	10	稀释操作正确（5分），转液操作正确（5分）。刻度不准、溶液洒出、动作不熟练每次各扣1分
酸碱滴定综合应用	试样溶液的制备1	7	操作正确（7分）。试液加入错误或漏加扣1分；操作不规范扣1~2分
	滴定	18	操作规范、动作协调（10），终点准确（5分），读数正确（3分）。未排气或排气不净扣2分；液面调节不准扣1分；滴定管未取下读数扣1分；无半滴操作每次扣1分；滴定过量每次扣1~2分；漏液扣2分；每次滴定未从零刻度开始扣1分；不及时记数扣1分
	分析台面卫生	5	台面整洁、卫生（5分）。分析过程卫生差扣1~2分；无最终的卫生清理扣1分
分光光度法的应用	试样溶液的制备2	7	操作正确（7分）。试液加入错误或漏加扣1~2分；操作不规范扣1~2分
	测定	18	步骤正确（10分），读数正确（3分），手法正确、操作熟练（5分）。开关机错误、未调零、未二次读数各扣1分；比色皿的取用手法不对扣1~2分；动作不熟练扣1分；读数不对、未及时记数扣1~2分
	善后工作	5	善后清理到位（5分）。未按要求清理或清理不彻底扣1~2分

续表

	考核项目	分值	考核评估及评分标准
数据处理与结果报告	原始记录与结果报告	5	原始记录准确（3分），有结果报告（2分）。记录不规范、涂改、无单位每次各扣1分；无结果报告扣2分；记录虚假不得分。未按时交分析报告，每超出5min扣2分，可扣成负分
	计算过程与结果准确性	20	过程完整（10分），结果准确（8~10分）。每缺一个过程扣2分；结果修约不正确每次扣1分；结果每超出标准0.5%扣1分
	精密度	5	精密度高（5分）。精密度计算错扣2分；精密度每超出标准0.2%扣1分
酸度计的使用	试样溶液的制备3	17	操作正确（17分）。试液加入错误或漏加扣1~2分；操作不规范扣1~2分
	分析测定	30	步骤正确（20分），读数正确（5分），手法正确、操作熟练（5分）。开关机错误、未调零、未二次读数各扣1分；秩序手法不对扣1~2分；动作不熟练扣1分；读数不对、未及时记数扣1~2分
	原始记录与结果报告	10	原始记录准确（7分），有结果报告（3分）。记录不规范、涂改、无单位每次各扣1分；无结果报告扣2分；记录虚假不得分。未按时交分析报告，每超出5min扣2分，可扣成负分
	精密度	5	精密度高（5分）。精密度计算错扣2分；精密度每超出标准0.2%扣1分
	善后工作	8	台面整洁、卫生（8分）。分析过程卫生差扣1~2分；无最终的卫生清理扣1分

注：色谱分析、原子吸收分析考核与评估评分标准参照分光光度法的应用。

参考文献

[1] 王福荣. 酿酒分析与检测. 北京：化学工业出版社，2012.

[2] 赖高淮. 白酒理化分析检测. 北京：中国轻工业出版社，2009.

[3] 章克昌. 酒精与蒸馏酒工艺学. 北京：中国轻工出版社，2008.

[4] 王传荣. 发酵食品生产技术. 北京：科学出版社，2008.

[5] 黄亚东. 白酒生产技术. 北京：中国轻工业出版社，2012.

[6] 肖冬光. 微生物工程原理. 北京：中国轻工业出版社，2004.

[7] 周恒刚，徐占成. 白酒生产指南. 北京：中国轻工业出版社，2000.

[8] 全国食品发酵标准化中心. 白酒标准汇编. 北京：中国标准出版社，2013.

[9] 赖高淮. 新型白酒勾调技术与生产工艺. 北京：中国轻工业出版社，2003.

[10] 孙清荣，王方坤. 食品分析与检验. 北京：中国轻工业出版社，2011.

[11] 王福荣. 生物工程分析与检验. 北京：中国轻工业出版社，2005.

[12] 甘晓玲. 微生物学检验. 北京：人民卫生出版社，2010.

[13] 翁鸿珍. 工业发酵分析与检验. 武汉：华中科技大学出版社，2012.

[14] 武汉大学. 分析化学. 北京：高等教育出版社，2013.